U0156065

[日] 我妻幸长 著
陈欢 译

写给新手的深度学习

——用Python学习神经网络和反向传播

中国水利水电出版社
www.waterpub.com.cn
· 北京 ·

内 容 提 要

《写给新手的深度学习——用 Python 学习神经网络和反向传播》一书以 Python 为基础，不借助 TensorFlow、PyTorch 等任何框架，以浅显易懂的语言，结合大量图示，对机器学习、深度学习、AI 相关技术中的通用技能进行了解说。主要内容包括深度学习的概念，Python 基础，深度学习必备数学知识，神经网络的结构及编程实现，反向传播算法原理，小型深度神经网络的构建，卷积神经网络 CNN 的原理及编程实现，最后一章对循环神经网络 RNN、自然语言处理、强化学习等内容进行了简要介绍。通过本书，读者可以从根本上理解深度学习技术的本质和相关算法原理，能够构建简单的深度学习模型，特别适合作为零基础读者学习深度学习技术的入门书，也适合作为高校人工智能相关专业的教材和参考书。

图书在版编目（CIP）数据

写给新手的深度学习 : 用 Python 学习神经网络和反向传播 / (日) 我妻幸长著 ; 陈欢译 . — 北京 : 中国水利水电出版社 , 2021.5

ISBN 978-7-5170-9061-8

Ⅰ . ①写… Ⅱ . ①我… ②陈… Ⅲ . ①机器学习 ②软件工具—程序设计 Ⅳ . ① TP181 ② TP311.561

中国版本图书馆 CIP 数据核字 (2020) 第 235045 号

北京市版权局著作权合同登记号　图字：01-2020-5680

HAJIMETE NO DEEP LEARNING:
PYTHON DE MANABU NEURAL NETWORK TO BACKPROPAGATION
Original Japanese edition published in 2018 by SB Creative Corp.
Copyright © 2018 Yukinaga Azuma
Chinese translation rights in simplified characters arranged with SB Creative Corp., Tokyo through Japan UNI Agency, Inc., Tokyo

版权所有，侵权必究。

书　　名	写给新手的深度学习 —— 用 Python 学习神经网络和反向传播 XIE GEI XINSHOU DE SHENDU XUEXI — YONG Python XUEXI SHENJING WANGLUO HE FANXIANG CHUANBO
作　　者	[日] 我妻幸长　著
译　　者	陈欢　译
出版发行	中国水利水电出版社 （北京市海淀区玉渊潭南路1号D座 100038） 网址：www.waterpub.com.cn E-mail：zhiboshangshu@163.com 电话：（010）62572966-2205/2266/2201（营销中心）
经　　售	北京科水图书销售中心（零售） 电话：（010）88383994、63202643、68545874 全国各地新华书店和相关出版物销售网点
排　　版	北京智博尚书文化传媒有限公司
印　　刷	北京天颖印刷有限公司
规　　格	148mm×210mm　32开本　9.75印张　374千字
版　　次	2021年5月第1版　2021年5月第1次印刷
印　　数	0001—5000册
定　　价	89.90元

凡购买我社图书，如有缺页、倒页、脱页的，本社营销中心负责调换

版权所有 • 侵权必究

前　言

众所周知，人类与人工智能（Artificial Intelligence，AI）共同生活的未来正在慢慢地成为现实。AI 技术，特别是作为其中分支技术之一的深度学习，正在受到世界范围内越来越多人的关注，在商业、艺术、科研，乃至宇宙探索等领域，都在对其应用进行摸索。此外，类似面部识别、语音识别等技术，也在慢慢浸入到人们日常生活的方方面面。这些技术的发展固然与硬件性能的提升以及互联网数据的收集息息相关，但在更大程度上，应归功于全世界众多研究者在相关算法研究上的不懈努力。

然而，对大多数人来说，学习深度学习相关算法的门槛非常高。除了必须掌握一定程度的线性代数、微积分等数学知识，以及 Python 等编程语言知识外，神经网络、反向传播等相关知识的积累也是不可或缺的。

随着各种深度学习专用的编程框架的出现，即使是不理解这些算法的人，也同样可以轻松地运用深度学习技术。但是，如果想在真正意义上理解深度学习技术，除了要掌握编程和数学等基础知识外，还需要从根本上理解这类算法的原理。

为了能让更多的人对深度学习技术的本质有所理解，本书的设计方针是让读者在动手实践的过程中，从基础的编程语言和数学知识开始逐步过渡到卷积神经网络技术的学习。此外，本书对所采用的示例代码的直观性和可读性也非常重视，包括对变量名和注释的处理，都尽可能地做到简洁和易于理解。

此外，本书中不涉及 TensorFlow 和 Chainer 等编程框架，因此读者可以学习到深度学习、AI 相关知识中所通用的技能。对于完成本书学习的读者，无论将来需要使用哪一种框架，都将是一件轻而易举的事情。

AI 可以说是一项集中了信息科学、数学、生物学、脑科学、心理学等不同知识领域的技术。因此，本书对与深度学习相关的生物学的背景知识、历史等内容也进行了讲解。这不仅使读者能够掌握深度学习技术的技能，更希望读者能从不同的视角对 AI 技术建立前瞻性的理解。

本书的读者对象是所有希望了解深度学习技术的人，但是如果读者已经掌握了下面两项相关技能将更加有利于对本书的学习。一是有任意面向对象编程语言的使用经验，掌握一定的面向对象编程技术。本书中有大量的篇幅都是使用 Python 语言编写的，因此对于从未接触过编程语言的读者，建议先从一些面向初学者的 Python 类书籍开始练习。另外就是熟练掌握初中和高中程度的数学知识。虽然在本书中也对学习深度学习技术所必备的线性代数和微积分等相关知识进行了讲解，但是如果有一定的数学知识基础则会更好。当然，读者也可以一边从其他书籍或网站对所欠缺的知识进行补充，一边学习本书。

本书中采用了大量的数学公式，如果读者对数学公式不适应，可以尝试根据本书的内容将数学公式转换成相应的 Python 代码进行学习。有很多人虽然在学生时代对数学毫无兴趣，但是当自己编写的程序按照数学公式的定义成功地运行起来之后，兴趣陡然倍增的也是大有人在。

对于深度学习的代码中所必需的 Python 编程和数学相关的知识，本书分别用了一章的篇幅进行讲解，读者在任何时候都可以再回到这两章对其中的知识进行复习。

需要说明的一点是，虽然仅仅通过阅读本书也能逐步完成学习，但是如果能一边尝试执行 Python 代码一边学习则效果更佳。本书中所使用的代码都可以从网站上直接下载，但是更建议读者能以这些代码为基础，动手编写完全属于自己的深度学习程序。在亲自编写程序的过程中，就会对其在各个领域中的实际应用涌现出更多的兴趣，这样也就为进一步深入的学习提供了动力。

深度学习程序的执行时间往往需要好几天，甚至好几个星期，本书中的代码即使是比较长的那些也只需要几十秒钟即可执行完毕。程序既保持了扩展性，也适用于多次进行小规模的试错尝试。请读者在保持好奇心的同时，不断地重复这些假设和验证的过程吧。

深度学习是以模仿人类大脑的神经网络结构的模型为基础的。通过自己编程实现智能，并使其重现的过程是非常激动人心的。当然，这一切也不是朝夕之间就可以速成的，但是只要肯花时间动脑的同时也勤动动手，无论是谁都一定能读懂深度学习的代码并构建属于自己的深度学习应用。最重要的是读者一定要保持自身的好奇心和执行力，另外再加上一点想象力。

学习深度学习技术并非计算机专家们的专利，对任何人来说学习这项技术都是一件非常有意义的事情。如果本书能成为更多的读者作为人工智能技术实践的起点，那将是笔者莫大的荣幸。

接下来，就让我们一起来开始深度学习世界的探险之旅吧！

我妻幸长

示例程序的下载方式及服务

本书中所介绍的 Python 示例程序文件，可通过下面的方式下载：

（1）扫描右侧的二维码，或在微信公众号中直接搜索“人人都是程序猿”，关注后输入 99618 并发送到公众号后台，即可获取资源的下载链接。

（2）将链接复制到计算机浏览器的地址栏中，按 Enter 键即可下载资源。注意，在手机中不能下载，只能通过计算机浏览器下载。

资源下载后可以在文件夹中看到各章节的 ipynb 文件（Jupyter Notebook 的 notebook 文件）。要打开每个 Notebook 文件，可以从 Jupyter Notebook 的命令面板中找到文件所在的文件夹，双击打开。

（3）读者也可加入 QQ 群:304992903，与其他读者交流学习。

本书读者对象

本书是一本写给深度学习初学者的入门书，不使用 TensorFlow、PyTorch 等任何深度学习框架，只使用 Python，从最基础的数学公式开始，以通俗易懂的语言，结合直观的插图和清晰明了的示例代码，详细介绍了数学公式的编码原理、深度学习的基础（神经网络）和反向传播（学习神经网络时使用的一种算法）的原理及模型实现，因此也适合作为全面学习 AI 开发技术的第一本书。

特别适合下列读者学习和参考：

- 深度学习初学者
- 高校人工智能相关专业学生
- 想夯实基础的 AI 开发人员
- 对人工智能、机器学习、深度学习技术感兴趣的所有人员

致谢

本书的顺利出版是作者、译者、所有编辑、排版、校对等人员共同努力的结果。在出版过程中，尽管我们力求完美，但因为时间、学识和经验有限，难免也有疏漏之处，请读者多多包涵。如果对本书有什么意见或建议，请直接将信息反馈到邮箱 2096558364@QQ.com，我们将不胜感激。

祝你学习愉快！并衷心祝愿你顺利掌握深度学习技术，早日踏入理想的工作领域！

编　者

本书中的系统、产品名称一般是属各公司所有的商标或注册商标。
在本书中，TM、® 标记没有明确标明。

本书内容受到著作权法保护。未经著作权人、出版权人的书面许可，禁止擅自复印、复制、转载本书内容的一部分或全部。

目　　录

第 3 章 深度学习中必备的数学知识

第 4 章

神经网络

第 5 章 反向传播

第 6 章 深度学习的编程实现

第 7 章 卷积神经网络（CNN）

第 8 章 深度学习的相关技术

第 1 章

何谓深度学习

深度学习技术的应用赋予了计算机程序高度的识别和判断能力。深度学习是机器学习技术中的一种方法，而机器学习又属于人工智能（AI）领域的一项分支技术。

在本章中，我们将对深度学习及人工智能相关的知识进行整体概括性讲解。

1.1 什么是智能

人工智能（Artificial Intelligence，AI）从字面意思上理解就是指由人工创造出来的智能。那么，究竟什么是智能呢？

在不同的专业领域中对“智能”的定义也有所不同，但大体上讲，可以把它想象成是具有解决问题、逻辑思考、语言对话、抽象思维，以及适应环境等各种各样的能力的智能。

在漫长的生命进化过程中，生物为了延续生命，灵活地运用智能对未知的机遇或危险进行预测。比如，原始的单细胞生物草履虫，当它触碰到物体时会改变游走的方向，遭遇到捕食者的袭击时会提高速度逃跑，所以智能的出现可以追溯到10亿年以前这些原始物种诞生的时代。

随着多细胞生物的进化，专门负责处理信息的细胞——神经细胞也随之诞生了。虽然每个神经细胞只能处理简单的计算，但是因为形成了网络，使得对复杂信息的处理也成为可能。人类就属于这类神经细胞网络极度发达的物种。掌管着人类智能——聚集了神经细胞的大脑，其重量虽然只有人体体重的2%~3%，但是在人体处于不活跃状态时，其消耗的卡路里却占据了整体热量消耗的25%左右，而其他的灵长类动物（猴子的同类）则只占8%左右。由此可见，人类属于在智能方面投入极大的物种。

人类的个体数量之所以压倒性地超过其他大型哺乳类动物，而且人口达到了惊人的70亿之多，可以说是由于人类对智能的投入所取得巨大成功的必然结果。人类不仅拥有其他物种所不具备的复杂的语言、文化知识等，而且还在不断地挑战各种各样的人类自身的极限。由此可见，智能这种东西还潜藏着不可小觑的适应性和潜在能力。

现在，人们将这种“智能”从生物体中分离开，并在人造的计算机中对其进行模拟。随着计算机的运算能力呈指数级提升，人工智能技术也处在迅猛发展的势头中。

事实上，在国际象棋、围棋、医疗用图像分析等特殊领域中，人工智能技术已经展示出了超越人类大脑的优异性能。虽然想要创造像人类一样具有高度适应性的高级智能依然十分困难，但是在某些应用领域中，人类正在被人工智能技术逐步取代。

未来如何与人工智能和谐共存、友好相处，将会是人类所面临的一项重要课题。从智能本身的价值方面来看，人工智能技术在某些层面上或许可以说是人类今后需要深入发掘的巨大的资源宝库。为了了解并适应这个正在以前所未有的速度迅猛发展的世界，学习人工智能技术具有重大的意义。

接下来给大家介绍一种生物。不知大家是否知道一种体长只有 1mm 名叫秀丽隐杆线虫的生物呢（见图 1.1）？

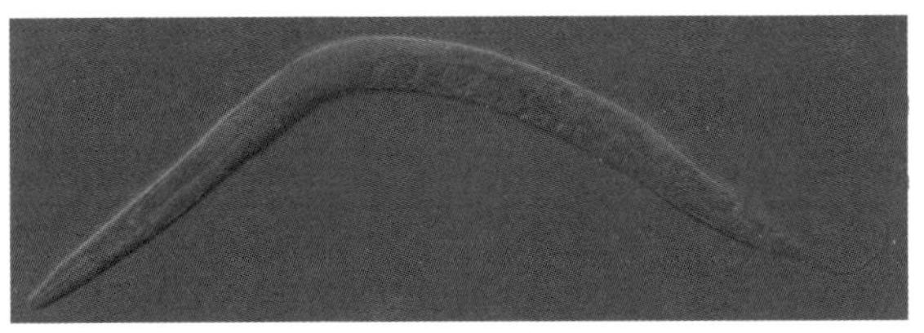

图 1.1　秀丽隐杆线虫[1]

实际上，这种线虫是一种曾经多次对诺贝尔奖作出过贡献的了不起的生物。它的身体里面每 1000 个细胞中就有大约 300 个是神经细胞，而且关于这种线虫的所有的神经细胞的连接已经被科学家探明。

我们将描绘神经细胞的连接状态的地图称为神经连接体，图 1.2 所示就是这种线虫的神经连接体。

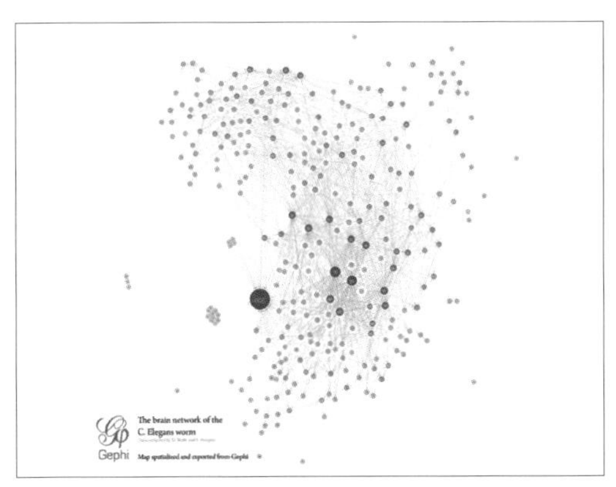

图 1.2　秀丽隐杆线虫的神经连接体[2]

从图 1.2 中可以看到，这就是自然界对智能的一种微观的实现。如果说智能的本质就是神经连接体的话，那么通过在计算机上模拟这种结构，也许我们就可以创造出类似生物的智能。

1、2　图片来自维基百科。

1.2 人工智能（AI）

首先，我们将对人工智能，也就是 AI 和机器学习、深度学习的概念进行整理。图 1.3 所示是人工智能、机器学习和深度学习之间的关系。在这些概念中，涵盖范围最广的是人工智能，人工智能中又包含着机器学习，而机器学习中的一个组成部分就是深度学习。

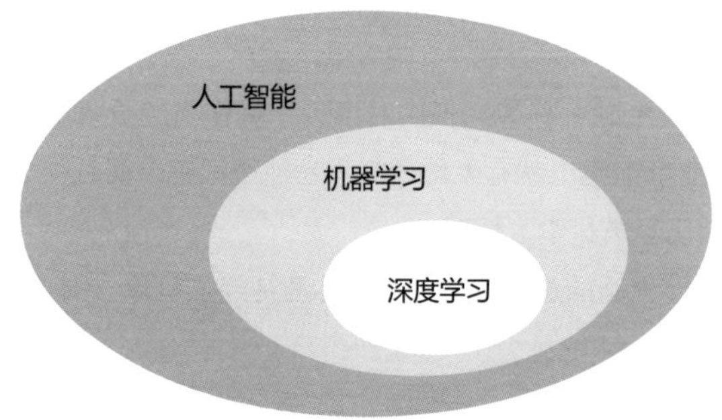

图 1.3　人工智能、机器学习、深度学习

在开始正式讲解深度学习技术之前，我们先依次对这些概念进行简单的介绍。

首先讲解什么是人工智能。人工智能是 Artificial Intelligence(AI) 的简称，这个名称在 1956 年的达特茅斯会议上初次被使用。对人工智能的定义虽有各种不同说法，但是大致上可以归纳为以下 3 种。

- 拥有自主思考能力的计算机程序。
- 基于计算机实现的智能化信息处理系统。
- 可以复制和模拟生物的智能甚至扩展其智能的技术。

人工智能又分为强人工智能（Strong AI）和弱人工智能（Weak AI）。强人工智能也称为通用人工智能（Artificial General Intelligence，AGI），具体是指接近生物，特别是指接近人类智能的人工智能。例如，像哆啦 A 梦（机器猫）、铁臂阿童木、星球大战中的 C-3PO 这些幻想出来的 AI 角色就属于强人工智能一类。

弱人工智能也称为专用人工智能（Applied AI，Narrow AI），是指专门用来解决特定的问题，或者用于进行推测处理的人工智能技术。例如，近年来非常引人注目的图像识别和自动驾驶及用于游戏竞技的人工智能等都属于弱人工智能一类。

目前已经实现的人工智能都属于弱人工智能，强人工智能至今还未能实现。在现阶段，即使是使用超级计算机也无法模拟出接近人类的大脑，但是通过对深度学习技术的运用，可以在极其有限的领域部分实现接近人类的智能。

那么，人工智能具体有哪些种类呢？表 1.1 列举了几个具体的示例。

表 1.1　人工智能的种类

种　类	说　明
机器学习	使用计算机中的算法进行学习和判断操作
遗传算法	模仿生物的遗传基因。在计算机上使用算法模拟遗传基因的突然变异及基因交配等行为
群智能	对生物的集群进行模仿。将按照简单规则行动的个体组成集合体，作为一个整体来共同表现复杂的行为
模糊控制	利用允许存在不确定性的模糊集实现。可以实现接近人类经验规则的控制系统，目前主要应用在家用电器中
专家系统	模仿人类专家的判断能力。能够根据自身拥有的知识进行推测和建议

如上所述，人工智能有各种各样的种类，在这些众多的人工智能技术中，接下来我们将把目光投向近年来取得了巨大应用成果的机器学习。

1.3　机器学习

机器学习（Machine Learning）是人工智能领域中的一项分支技术，具体而言就是将类似于人类自主学习的能力在计算机上进行重现的技术。

机器学习是近年来各个高科技企业大力投入的热门技术之一。

机器学习在搜索引擎、垃圾邮件检测、市场预测、DNA 分析、声音及文字的模式识别、医疗、机器人等众多行业中被广泛使用。根据应用的领域不同，所使用机器学习的方法也需要进行相应的选择。

关于机器学习，到目前为止研究者们提出了各种各样的方法。表 1.2 中列举了其中一些典型的方法。

表 1.2　机器学习的方法（部分）

方　法	说　　明
强化学习	让“机器人”通过反复地学习“如何行动才能在环境中发挥最大价值”来实现。例如，机器人在游戏对战中如果发挥良好的话，就可以逐渐摆脱对开发者所提供的对战方法的依赖，最终变得比开发者本人更厉害
决策树	通过将数组分为枝叶的形式对其分类。通过对树形结构的训练，实现对数据进行适当的预测
支持向量机	对多维超平面（对三维空间中平面的扩展）进行训练，实现对数据的分类。由于其优异的模式识别性能，在深度学习技术出现之前曾经有段时间非常流行
K 近邻算法	根据距离最近的 K 个点中的大多数点的分类进行分类的方法。这是最简单的机器学习算法
神经网络	从大脑的神经细胞网络中得到启示的数学模型。针对特定对象优化过的神经网络，屡屡表现出极为突出的性能

讲到这里，作为机器学习的方法之一的神经网络技术就隆重登场了。而深度学习技术就是基于神经网络实现的。

1.4　神经网络

在这一节中，我们将神经网络与人类大脑的神经细胞网络联系起来进行讲解。具体内容将在第 4 章的神经网络章节中进行详细的说明，在这里只对其概要进行简单的叙述。

首先，我们来看看生物大脑中的各个神经细胞。图 1.4 中显示的是被渲染成绿色的、老鼠大脑的新皮质中的神经细胞图片，细胞的大小只有大约几微米。从图中可以看出，神经细胞长得就像一棵树，有伸展的树干也有树根。

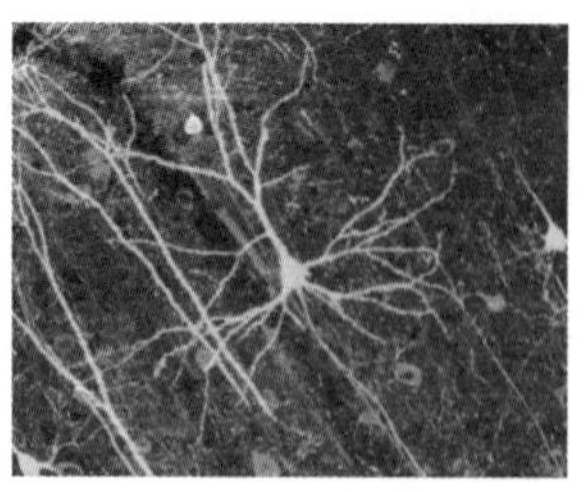

图 1.4　老鼠大脑的新皮质中的神经细胞[1]

1　图片来自维基百科。

生物的大脑中不仅有成千上万个类似于这样的神经细胞，而且这些神经细胞之间是相互连接的。从图 1.5 所示的示意图中可以看出，每个神经细胞都有很长的轴索，它们通过这些轴索向其他神经细胞输出脉冲信息。而这些脉冲信息将会被其他神经细胞中的树状突起所接收。神经元自身会在它所接收的信息的基础上进行计算，从而得出最新的输出信息。

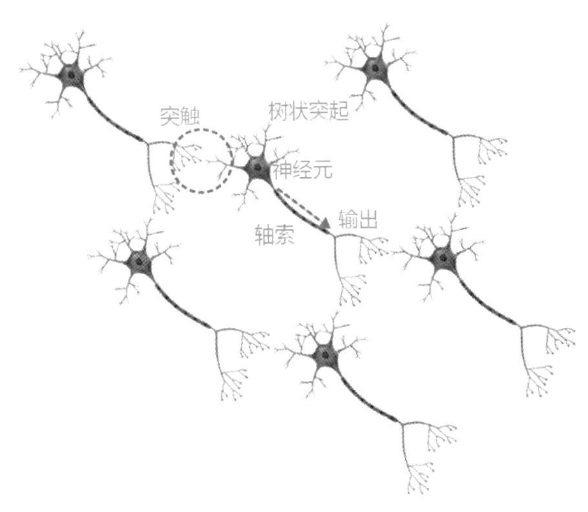

图 1.5　神经细胞的网络

另外，神经元与神经元之间相互连接的部位被称为突触，人们认为其间的连接强度就是"记忆"这一对象本身。人类大脑中大约有 1000 亿个神经细胞，而每个神经细胞中又包含了 1000 个突触。也就是说，整个大脑中包含着 100 万亿个突触，而这些突触又与复杂的记忆或意识息息相关，密不可分。

神经细胞在英语中被称为 neuron，在本书中，我们将在计算机上对这些神经细胞进行模拟的程序称为神经元。神经元在计算机上属于虚拟的神经细胞，它会像图 1.6 所显示的那样，将多个输入进行综合处理，并产生一个输出。

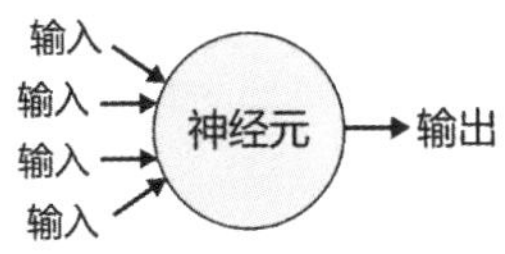

图 1.6　虚拟的神经细胞（神经元）

每个神经元都会从其他神经元处接收到多个输入信息，而接收到输入信息的神经元会将这些信息综合处理，作为新的输出信息。基于这种处理方式的计算方法将在第 4 章进行具体说明。

通过这些神经元的连接构建而成的网络被称为神经网络，而在这些神经网络中，神经元就像图 1.7 中所显示的那样，呈现出层状的排列结构。

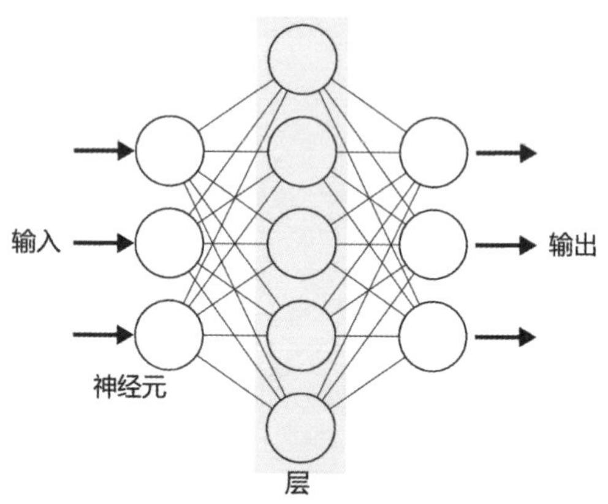

图 1.7　神经网络的示例

神经网络中除了包含多个输入信息和输出信息外，还包含多个参数。而神经网络可以通过调整这些参数来发挥出丰富的表现力。

在深度学习中，计算机通过将这些参数调整到最优化的结果来进行学习。学习得越准确，就越能对输入的信息做出正确的判断，从而得出准确的输出。关于神经网络的具体内容，我们将在第 4 章进行详细讲解。

1.5　深度学习概要

使用具有多个层状结构的深度神经网络所进行的学习，我们称其为深度学习（Deep Learning，也称深层学习）。图 1.8 所示为一个多层网络的示例。深度学习具有可以实现非常接近人类大脑一部分能力的极为复杂的学习的特征。在本书中，我们将从零开始实现这种深度学习。

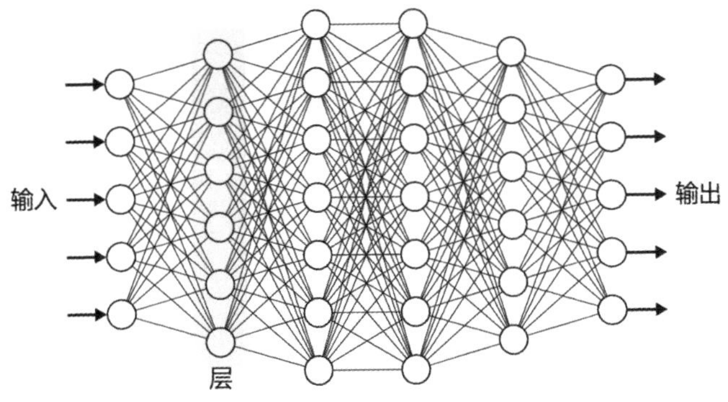

图 1.8　多层网络的示例

由多个层状结构组成的网络中不仅包含输入和输出，而且网络自身可以通过对网络的各个参数进行最优化调整来实现自我学习。

神经网络是通过一种名为反向传播的算法进行学习的。图 1.9 所示为反向传播原理的示意图，通过将数据反馈回神经网络中的方式，可以实现对网络各个层次参数的调整。

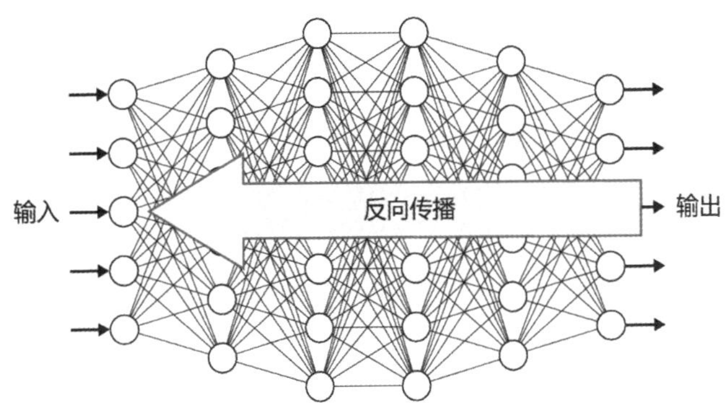

图 1.9　反向传播原理示意图

网络通过反复不断地调整各项参数进行学习，从而得出合适的输出数据。关于反向传播的详细内容，我们会在第 5 章进行讲解。

深度学习相关的技术及其各种各样的应用方法都在以日新月异的速度发展，如卷积神经网络（CNN）、循环神经网络（RNN）、长短期记忆网络（Long Short-Term Memory，LSTM）等，关于这些方法，我们将在第 7 章、第 8 章进行讲解。

那么，像这样的深度学习技术究竟有什么用途呢？表 1.3 中列举了几个具体应用的例子。

表 1.3　深度学习应用的例子

种　类	说　　明
图像识别	在图像及动画应用中，实现高精度的特征识别。应用于人脸识别、自动驾驶、患处检测等
自然语言处理	对文章进行结构分析及自动构建。应用于翻译引擎及文章的自动生成等
声音识别	语音的模式识别。应用于聊天机器人及设备的异常检测
游戏对战 AI	主要用于实现游戏机器人。用于代替围棋及象棋的对战对手，以及其他游戏的玩家
艺术	研究 AI 的画风模仿、画像和动画的自动生成等
其他	市场预测、艺术、安保、物流、宇宙观测等

结合表 1.3 的示例可以看出，深度学习技术在各种领域中都有着非常广泛的应用，那么，究竟是因为深度学习技术的什么特性才使得其应用如此广泛呢？

首先是深度学习技术的超高性能。人们常常会将深度学习与其他的方法进行比较，结果是深度学习技术屡屡表现出了压倒性的超高精度。它正在以前所未有的精度接近人类的认知能力。实际上，如果是比较单纯的模式识别应用的话，深度学习技术早已经超越了人类的大脑。

其次是深度学习技术所表现出的极高的适应性。深度学习是模拟人类的神经细胞网络结构的一种技术，以前在各个领域中只有人类才能够做到的事情，现在其中一部分已经逐渐被深度学习技术所取代。

除此之外，深度学习技术还有其他各种各样的优点，我认为它将在一些超乎人类意料的领域中逐渐地被广泛应用。

另一方面，深度学习技术也有其自身的缺点。首先，深度学习技术的运算时间很长。因为深度学习需要完成庞大的计算量，所以完成学习的过程常常需要花费数日乃至数周的时间。

此外，想要确定神经网络中网络层的数量及每个网络层中神经元的数量是件非常困难的事情。想要将网络形状最优化，即使对于资深的专家而言，也是一个相当棘手的问题。而且完成学习后的神经网络还存在无法处理未知数据的问题。这一问题，我们称为“过拟合”现象，更详细的内容将在第 6 章中进行讲解。

其实，究竟为什么深度学习能够顺利地完成任务，我们也不是十分清楚。因为一个优秀的深度学习系统的本质已经超出了发明者自身所能达到的理解能力。虽然近年来深度学习技术得到了飞速的发展，但实际上它携带着巨大的黑盒。除此之外，学习需要使用大量的训练数据，而为了准备合适的数据，往往需要花费研究人员及工程师们大量的时间。

综上所述，虽然深度学习不一定是万能的，但是它潜藏着很多的可能性，其成果将持续不断地给世界带来不同凡响的改变。从现在开始学习深度学习技术绝对不会是件徒劳无功的事情，那么，就让我们一起进入深度学习的世界并征服它吧。

1.6 人工智能、深度学习的历史

在本节中，我们将从人工智能的萌芽期到奇点理论，对人工智能与深度学习的历史进行讲解。通过对历史的了解，读者可以对深度学习技术的全貌建立更全面的理解。我们将把长达 70 年的人工智能的历史分为第 1 次 AI 热潮、第 2 次 AI 热潮、第 3 次 AI 热潮三个阶段进行讲解。

1.6.1 第 1 次 AI 热潮：20 世纪 50—60 年代

20 世纪上半叶，随着神经科学的发展，大脑与神经细胞的工作原理也随之浮出水面为世人所了解。与此同时，从 20 世纪中叶开始，在一些研究领域中出现了是否可以使用机器来实现智能的讨论。

其中，有两位人物被称为“人工智能之父”。一位是英国的数学家阿兰·图灵。他在 1947 年的伦敦数学学术会议上首次提出了人工智能的概念，并在 1950 年发表的具有里程碑性的论文中对创造出具有智能的机器的可行性进行了论述。

另外一位是美国的计算机科学家马文·明斯基。他在 1951 年制造了世界上第一台使用神经网络的机器学习设备。

1956 年的达特茅斯会议是美国的计算机科学家约翰·麦卡锡发起的第一次关于 AI 技术相关的会议。在此次会议中诞生了“人工智能”这一术语，人工智能作为一项崭新的学科领域自此创立。

当时的人们认为人类的大脑是用于发送电子信号的，所以可以用计算机代替。也正是因为人们抱有的这种乐观的态度，导致人工智能技术轰动一时，并掀起了一股热潮。然而，由于有相关言论指出人工智能存在处理能力方面的局限问题，所以这次热潮仅仅维持了 10 年的热度就沉寂了。作为现代神经网络原型的认知机，就是在这个时期由美国的心理学家弗兰克·罗森布拉特提出的。

1.6.2 第 2 次 AI 热潮：20 世纪 80—90 年代中期

在经历过第 1 次 AI 热潮的 20 年之后，AI 技术再次掀起了一股新的热潮。由于专家系统的诞生，人们将医疗、法律等相关专业知识导入人工智能后，对于一些实际的问题，专家系统也可以做出与人类专家相同的判断。由于人工智能应用于现实中的医疗诊断成为可能，因而再次引起了人们的热切关注。

例如，将医疗专家诊断各种病症的相关知识导入计算机，计算机就可以从中推断出患者的症状及疾病的名称。专家系统通过反复询问“您感觉发冷吗？”“您头痛吗？”之类的问题，来诊断患者患有哪种疾病的可能性最高。

然而，专家系统终究还是暴露出了自身所存在的缺陷。将人类专家的知识导入计算机需要输入大量的信息并制定大量的规则。而计算机对于模糊不清的问题往往很难做出正确的判断，针对规则之外的问题也往往无法处理。由于当时的人工智能技术中所存在的这些问题，第 2 次 AI 热潮也就这样昙花一现般地结束了。

虽然第 2 次 AI 热潮的时间很短，但是在这次热潮中，美国的认知心理学家大卫·鲁梅尔哈特提出了反向传播算法这一新的思路。自此，神经网络技术逐渐得到了广泛的应用。

1.6.3 第 3 次 AI 热潮：2000 年至今

2005 年，美国的未来学家雷·库兹韦尔提出了“奇点”（技术奇异点）的概念，即呈指数级高度发展的人工智能将在 2045 年左右超越人类。

2006 年，杰弗里·辛顿等研究者提出了深度学习这一概念，进而激起了第 3 次 AI 热潮。深度学习技术得到飞跃发展的背后，与技术研究的进步、IT 技术的普及、大数据的海量采集及计算机性能的飞速提升等因素是密不可分的。

2012 年，在图像识别竞赛 ILSVRC 中，由辛顿率领的多伦多大学的团队使用深度学习技术给机器学习的研究者们带来了巨大的震撼。使用以往的方法识别图像，错误率会占到 26% 左右；而使用深度学习技术，错误率则急剧地下降到了 17% 左右。从此之后，在每年都会举办的 ILSVRC 竞赛中，采用了深度学习技术的团队也都取得了优异的排名。

2015 年，DeepMind 公司开发的人工智能程序 AlphaGo 击败了世界围棋冠军，从此名声大噪。深度学习技术也因此得到了更加广泛的关注。实际上，世界各地的研究机构及各个行业的相关企业同样对深度学习技术抱有极大的好奇心，而且相继投入了数量庞大的研发资金。

与此同时，深度学习技术也逐渐渗透进了我们日常生活的方方面面，如语音识别、人脸识别、自动翻译等，人工智能已经成为我们日常生活中便利的工具。在这类专用型人工智能（弱人工智能）应用逐渐深入到人类世界的同时，通用型人工智能（强人工智能）研究也在有条不紊地进行中。虽然真正的通用型人工智能在现实世界中还不存在，但就像人类向往并对未知宇宙的探索一样，通用型人工智能的研究会持续不断地进行下去。

此外，伴随着 AI 技术热潮的兴起，人类对人工智能的研究也变得更具前沿性及多样化。下面列举几个前沿研究的示例。

- 大脑的逆向工程。
- 对完整生命体的仿真【人工生命】。
- 利用量子计算机实现人工智能。
- 大脑与硬件设备之间的交互界面。
- 利用深度学习进行基因研究。

虽然未来会变成什么样子是没有人能够预料的，但是通过这样的研究与深度学习技术的发展，奇点理论似乎也在逐渐地变为现实。虽然对于奇点理论依然存在着各种各样的反对意见，但毋庸置疑的是，在不远的未来，人类之外的智能必将给世界带来巨大而深远的影响。

小　　结

在本章中，我们就“智能是什么”这一问题进行了探讨，之后对人工智能、机器学习、深度学习等相关内容进行了讲解。此外，我们还对人工智能、深度学习技术的发展历史进行了简要的回顾。

在计算机上实现接近人类的智能的价值是不可估量的，深度学习技术已经在非常有限的范围内发挥出了不逊于人类大脑的性能。而深度学习技术的基础，则正是将人类的神经细胞网的结构进行了模型化的（人工）神经网络。

在本书中，我们将对深度学习技术的原理及其构建方法从基础部分开始逐步进行讲解。

读书笔记

第 2 章

Python 概要

在本书中，深度学习的程序代码是用 Python 语言编写的。因此，本章作为学习深度学习技术的铺垫，我们将对 Python 语言进行讲解。其中涉及的内容包括 Python 编程环境的设置、Python 语言的语法、数值计算软件库 NumPy、用于绘制图表的软件库 Matplotlib 等。

由于本章内容涵盖了深度学习所需使用到的 Python 的语法、NumPy 及 Matplotlib 的功能等，建议读者在完成本章学习之后，再根据自己的实际情况重新温习本章的内容。

2.1 为何要使用 Python

尽管 Python 语言的语法及其编程思想都是非常独特的，但是它仍然是一种简洁、易于阅读、容易掌握的编程语言，而且因为是开源软件，任何人都可以免费下载使用，因此在世界范围内得到了广泛的应用。

相较于其他编程语言，数值计算和数据分析是 Python 的一个强项，而且目前已成为人工智能技术开发领域的标准。此外，Python 的通用性也同样引人注目。例如，Web 应用开发、桌面软件开发、手机 App 开发、科学计算、统计处理等多方面的应用，同样也可以使用 Python 编写。实际上，在 Facebook、Google 等业界领先的高科技企业内部，Python 也已被广泛使用。

对于深度学习应用，Python 也能够胜任。即使不是专业的编程人员，也可以使用 Python 轻松地完成程序代码的编写。如果再配合使用数值计算软件库 NumPy，就能编写出高速的可并行计算的程序。实际上，著名的深度学习专用框架 TensorFlow 和 Chainer 等，都可以使用 Python 进行深度学习的操作和开发。

由于 Python 语法简洁，即使是对于那些初次尝试编程的人来说，Python 语言也是一种非常好的选择。除此之外，Python 语言还支持面向对象编程，可以编写高度抽象化的代码。当然，在 Python 中使用面向对象功能并不是必需的，即使不使用面向对象也完全可以编写出功能强大的代码。

此外，Python 是解释型的编程语言。将程序的源代码翻译成计算机能够理解的机器语言的过程称为编译，而 Python 是在将程序源代码一边进行顺序编译一边执行的，这类编程语言就被称为解释型编程语言。与此相对，那些将程序源代码一次性编译完后再执行的语言则被称为编译型编程语言。由于是解释型语言，Python 编译的过程不会耗费时间，也因此可以更加快速地确认执行结果。所以，使用 Python 编写各种实验用的代码是非常便捷的。

由此可见，Python 是一种学习门槛很低，而且使用起来非常方便的编程语言。此外，无论对于初学者还是计算机专家，Python 都是一种具有广泛应用价值的语言。而且，Python 在深度学习领域中也是一种被广泛使用的语言。基于上述理由，本书选择 Python 语言作为学习深度学习技术的最佳语言。

2.2 Anaconda、Jupyter Notebook的导入

本节我们将对 Anaconda 与 Jupyter Notebook 的导入方法进行讲解。通过导入这些软件，可以很大程度地降低用 Python 语言进行机器学习的门槛。虽然 Python 语言可以从 python.org 网站上下载并安装，但是如果是以这种方式安装，那么深度学习中所用到的软件包就需要手动地一个一个地进行下载。

Anaconda 是已经事先包含了各种用于数值计算及机器学习的外部软件包的 Python 的发行版本。使用这个安装包可以非常简单地对深度学习的运行环境进行设置。

此外，Anaconda 中还包括 Python 的运行环境 Jupyter Notebook。Jupyter Notebook 可以非常简便地实现对程序执行结果及当时的运行状态的保存。并且，对于深度学习的结果中需要显示的图像也可以通过内嵌的方式非常简单地进行绘制。

本书中所讲解的 Python 的示例代码将使用 Jupyter Notebook 格式进行保存。

2.2.1 Anaconda 的下载

Anaconda 系统提供了可运行于 Windows 系统、macOS 系统、Linux 系统的不同版本。打开下面的网址，将会显示下载用的按钮（见图 2.1），单击 Python 3X 下方的 Download 按钮下载即可。它会自动识别 OS 的种类及 64 位 /32 位的区别。

Anaconda 的下载

https://www.anaconda.com/download/

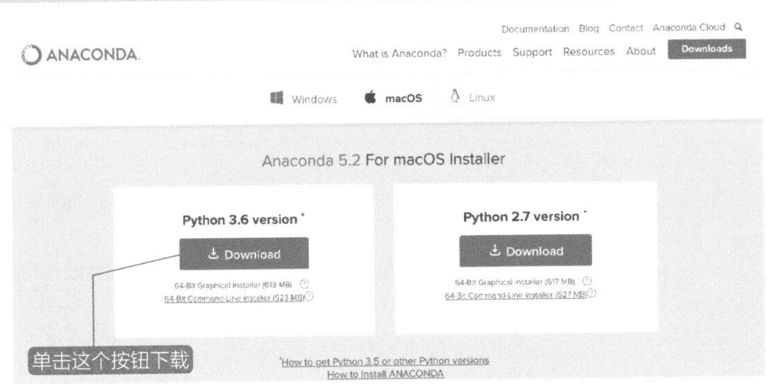

图 2.1　Anaconda 的下载页面

然后，Windows 系统将自动下载 exe 文件，macOS 系统将自动下载 pkg 文件，Linux 系统将自动下载 shell 脚本文件。

2.2.2 Anaconda 的安装

在 Windows 与 macOS 系统中，执行下载完毕的文件后，就可以像普通的应用软件一样进行安装了。通常按照安装程序中所提示的默认设置进行安装即可。

如果是 Linux 系统，则需要启动终端程序并将当前目录移动到下载文件所在的目录中，再执行 shell 脚本文件。下面是在 64 位 Ubuntu 操作系统中安装的例子。

```
$ bash ./Anaconda3-版本号-Linux-x86_64.sh
```

执行该命令后，就会启动文字界面的交互式安装程序，按照提示进行安装即可。安装完成后，为了慎重起见，建议将下面的路径进行导出。

```
$ export PATH=/home/用户名/anaconda3/bin:$PATH
```

接下来请确认路径是否已成功地被导出。如果系统不报错，应该会显示类似下面的版本信息。

```
$ conda –V
conda 4.4.10
```

至此，我们就完成了所需软件的安装。安装程序除了会安装 Python 相关的文件以外，还会同时安装被称作 Anaconda Navigator 的启动程序。

2.2.3 Jupyter Notebook 的启动

接下来，我们将启动 Jupyter Notebook 软件。如果是 Windows 系统，需在“开始”菜单中执行 Anaconda3 → Anaconda Navigator 命令。如果是 macOS 系统，需从“应用程序”文件夹中启动 Anaconda–Navigator.app。Anaconda Navigator 启动后的页面如图 2.2 所示。

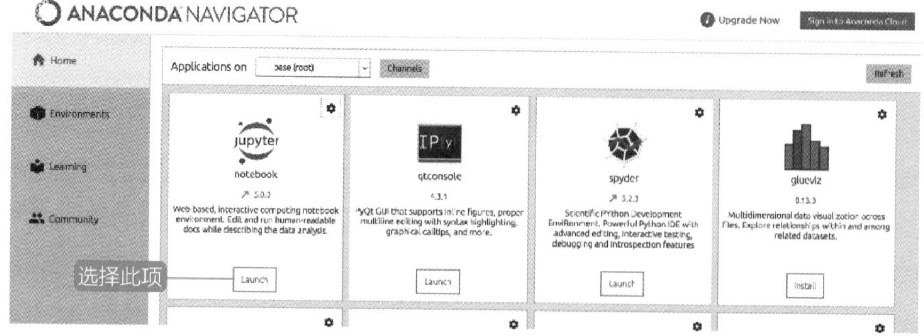

图 2.2　Anaconda Navigator 启动后的页面

Anaconda Navigator 程序启动之后，单击 Jupyter Notebook 的 Launch 按钮，浏览器就会自动启动，并显示类似图 2.3 所示的页面。

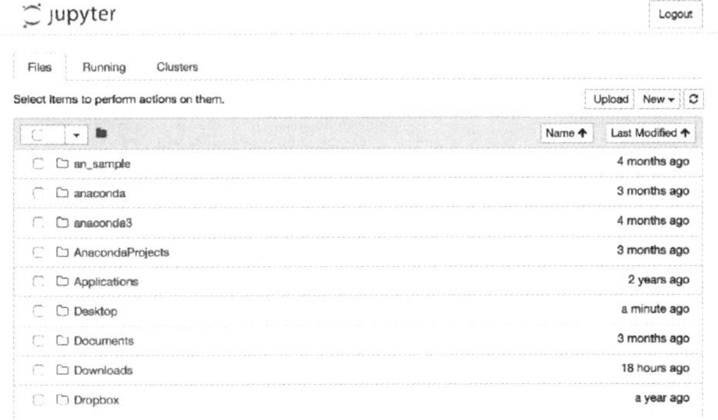

图 2.3 Jupyter Notebook 的命令面板

这个被称为命令面板的页面可以像 Windows 的资源管理器和 macOS 的访达（Finder）一样，进行文件夹的移动和文件的创建等操作。默认情况下，程序会显示每个用户的 home 目录中的内容。

在 Linux 系统中启动 Jupyter Notebook 时，则需要在终端执行下列命令来启动 Anaconda Navigator 程序。

```
$ anaconda-navigator
```

由于我们并不知道在不同的 Linux 的发行版与 GUI 软件包的组合中是否都能成功启动，因此读者最好能够记住直接启动 Jupyter Notebook 的命令。下面这个命令也同样适用于远程启动 Jupyter Notebook 软件的场合。

```
$ jupyter notebook
```

2.2.4 Jupyter Notebook 的使用

因为 Jupyter Notebook 程序是在浏览器上运行的，所以它的操作方法无论是在哪个操作系统平台上都是一样的。接下来，我们将对在 Jupyter Notebook 软件中执行简单的 Python 程序的步骤进行讲解。

首先，需要创建一个 Notebook。从位于命令面板右上方的 New 按钮中选择 Python 3 选项，如图 2.4 所示。

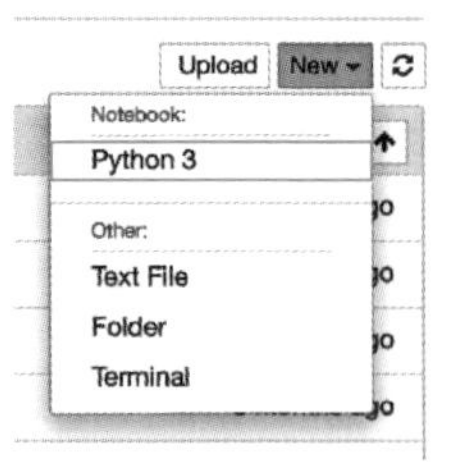

图 2.4　生成 Notebook

然后，程序就会生成一个 Notebook（见图 2.5），并显示出一个新的标签页面。这个 Notebook 对象实际上是一个带有 .ipynb 扩展名的文件，创建于命令面板上显示的文件夹中。

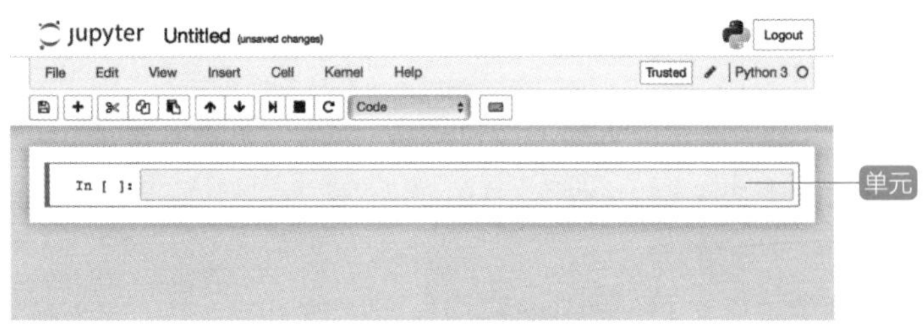

图 2.5　Notebook 的页面

在 Notebook 的页面上方显示有菜单及工具栏，用户可以在这里进行各种各样的操作。例如，生成一个 Notebook 之后，其文件名称默认为 Untitled，此时可以通过选择菜单里的“文件”→ Rename 选项对名称进行修改。如可以将 Notebook 的名称更改为 first_notebook 等自己喜欢的名称。

Python 程序的输入是在页面中央被称作单元的地方进行的，我们可以尝试着在其中输入下面的代码，然后再按 Shift+Enter（macOS 系统中按 Shift+Return）组合键。

```
print("hello world")
```

代码执行完毕，将在单元的下方显示其执行的结果，如图 2.6 所示。这就表示已经在 Jupyter Notebook 程序中成功执行了代码。另外，如果单元位于最下方，那么新的单元将会自动添加到该单元的下方。

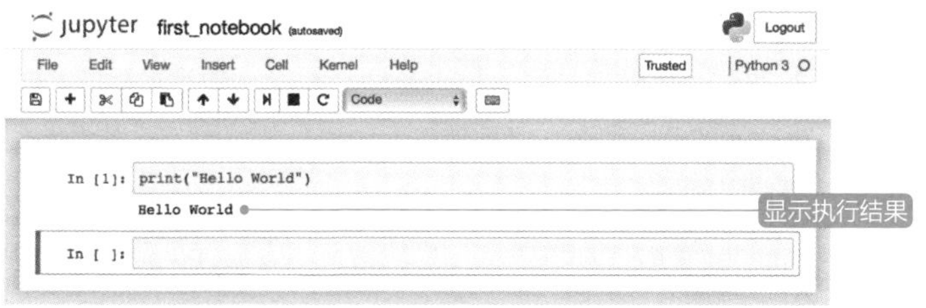

图 2.6　代码的执行

接下来，我们试着对图表进行操作。将下面的程序输入到新的单元中，按 Shift+Enter（Shift+Return）组合键。

```
%matplotlib inline

import numpy as np
import matplotlib.pyplot as plt

x = np.linspace(–np.pi, np.pi)
plt.plot(x, np.cos(x))
plt.plot(x, np.sin(x))
plt.show()
```

图表显示在单元的下方，如图 2.7 所示。

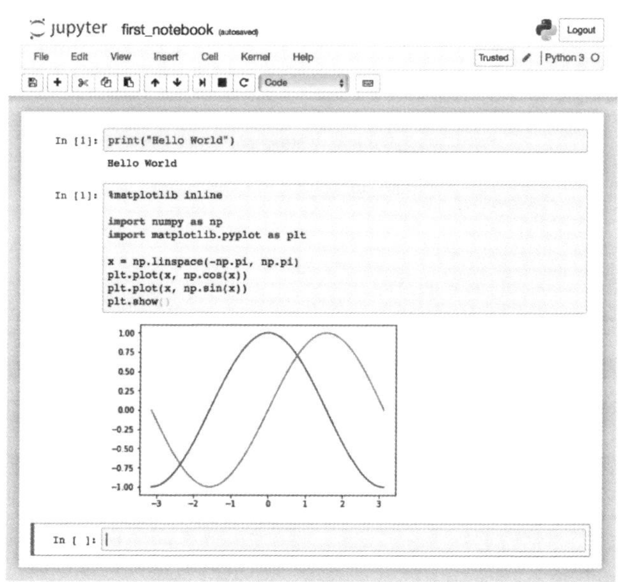

图 2.7　图表的显示

上面的程序中使用了 NumPy 这个数值计算模块和用于显示图表的 matplotlib 模块，从 import 开始的两行代码就是用来导入这些模块的。如果这样的 import 语句在 Notebook 中执行过一次的话，那么在之后的单元中也是共用的，不需要再次执行。而变量的值的定义也是同样的道理。

此外，关于 NumPy 与 matplotlib 及其他模块的使用方法将在后面的章节中进行更详细的讲解。

2.2.5 关闭 Notebook

由于 Notebook 是通过 Jupyter Notebook 服务器模块作为一个进程启动的，因此即使关闭了显示 Notebook 的浏览器页面，这个进程也不会被关闭。

如果要关闭 Notebook，需要在菜单里选择 File → Close and Halt 并执行。这样，关闭标签页面的同时也就关闭了进程。如果不小心将 Web 浏览器的标签页面关闭了，则可以在命令面板的 Running 标签页中对进程进行终止操作，如图 2.8 所示。

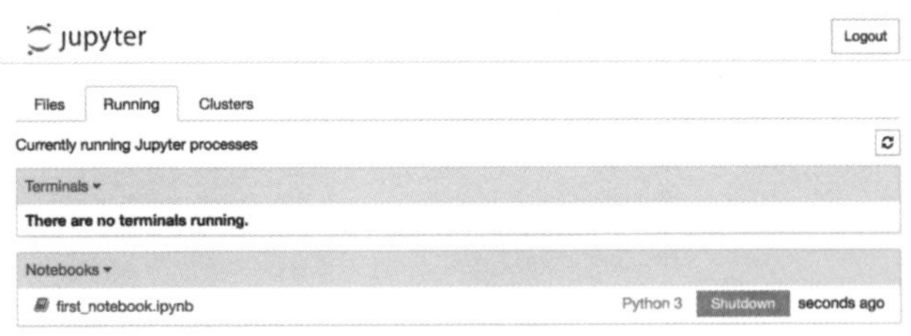

图 2.8 Jupyter 命令面板的 Running 页面

另外，对于被关闭了的 Notebook 进程，还可以通过单击命令面板中的文件将其再次打开。

2.3 Python 的语法

为了帮助读者理解本书中所介绍的程序，本节将对 Python 的语法进行讲解。但是，学习本章内容的前提是要求读者具有一定程度的面向对象编程的经验，因此本章中不包含编程语言相关的基础知识。如果是对编程毫无经验的初学者，建议先学习其他相关技术书籍，在掌握了一定程度的相关知识的基础上再继续对本书的学习。

此外，本书中侧重介绍在深度学习代码中会频繁使用到的 Python 语言的功能，如果想要了解更详细的 Python 语言的相关知识和技术，建议参考 Python 语言官方网站的说明文档及其他 Python 语言相关的技术书籍。

2.3.1 变量与类型

在 Python 语言中，变量使用之前不需要做任何特别的声明。将值代入变量时就完成了变量的声明操作，如下所示。

```
a = 123
```

Python 与 Ruby 语言相同，属于动态类型语言，因此不需要对变量进行类型声明。例如，将字符串代入整数型变量中，变量的类型就会自动变为字符串类型。

上述代码中可以直接代入变量中的数据类型在 Python 中被称为嵌入类型，主要的嵌入类型有以下几种。# 符号表示注释，同一行内位于其后的内容不会被当作代码执行。

```
# 各种各样的嵌入类型
a = 123                    # 整数型（int）
b = 123.456                # 浮点小数型（float）
c = "Hello World!"         # 字符串型（str）
d = True                   # 布尔型（bool）
e = [1, 2, 3]              # 列表型（list）
```

使用 type 函数可以对变量的类型进行确认。

检查变量的类型

```
a = 123
print(type(a))
```

```
<class 'int'>
```

此外，布尔型的值可以当作数值来使用。True 被当作 1，False 被当作 0。在下面的示例中，对 True 和 False 进行加法运算，得到的结果是 0 和 1 的和，也就是 1。

bool 型的加法运算

```
a = True; b = False                # 两个bool型的变量
print(a+b)
......................................................
1
```

在 Python 中，使用上述代码中的分号（；）对语句进行分隔，因此可以在一行代码中写入多个命令语句。

此外，还可以用指数形式来表示浮点小数类型的值。如下面的代码所示，可以使用 e 来声明小数。

```
1.2e5                              # 1.2×10的5次幂 120000
1.2e-5                             # 1.2×10的-5次幂 0.000012
```

2.3.2 运算符

Python 语言中对运算符的规定与其他编程语言没有太大的区别。

各种运算

```
a = 3; b = 4

c = a + b                          # 加法运算
print(c)

d = a < b                          # 比较（相比是大还是小）
print(d)

e = 3 < 4 and 4 < 5                # 逻辑与运算
print(e)
......................................................
7
True
True
```

Python 的主要运算符如表 2.1 所示。

表 2.1　Python 的主要运算符

运算符	说　明	
算术运算符	+	加法
	−	减法
	*	乘法
	/	除法（带小数）
	//	除法（取整数）
	%	求余
	**	幂运算
比较运算符	<	小于
	>	大于
	<=	小于等于
	>=	大于等于
	==	相等
	!=	不相等
逻辑运算符	in	包含
	and	与（两者都满足）
	or	或（满足任意一者）
	not	非（不满足）

in 运算符是按“x in y”这样的格式使用的，表示如果 y 中包含 x 的话就返回 true。y 中通常是使用后面将会讲到的列表或者元组对象。

此外，+ 运算符也可以用于字符串对象，以及后面讲到的列表对象的合并中。

字符串及列表的合并

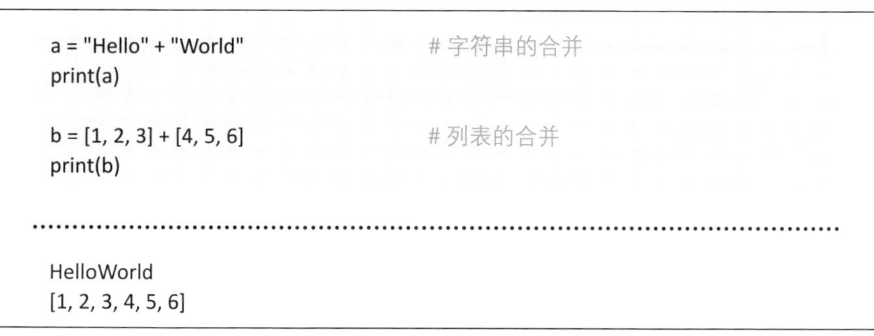

```
a = "Hello" + "World"          # 字符串的合并
print(a)

b = [1, 2, 3] + [4, 5, 6]      # 列表的合并
print(b)

.......................................................

HelloWorld
[1, 2, 3, 4, 5, 6]
```

2.3.3 列表

列表类型是在处理多个数值时使用的类型。列表的全体元素使用 [ ] 包围起来，每个元素用逗号（,）分隔。Python 的列表可以保存任意类型的数值，也可以在列表中包含列表对象。与 Java 等语言的列表不同，Python 的列表不要求其中的元素都是相同类型的对象。

访问列表中的元素与访问普通的数组一样，都是使用索引定位，也可以对列表中的元素进行添加和替换等操作。

列表的操作

```
a = [1, 2, 3, 4, 5]                # 列表的创建

b = a[2]                           # 获取第三个元素
print(b)

a.append(6)                        # 向列表末尾添加元素
print(a)

a[2] = 7                           # 替换列表中的元素
print(a)
```

```
3
[1, 2, 3, 4, 5, 6]
[1, 2, 7, 4, 5, 6]
```

2.3.4 元组

元组与列表一样，可以用来同时集中处理多个数值，但是无法对元组中的元素进行添加、删除及替换等操作。元组对象的全体元素是用括号（ ）包围起来的，各个元素之间使用逗号（,）进行分隔。如果不打算对元素进行更改的话，使用元组类型比使用列表类型更好。

元组的操作

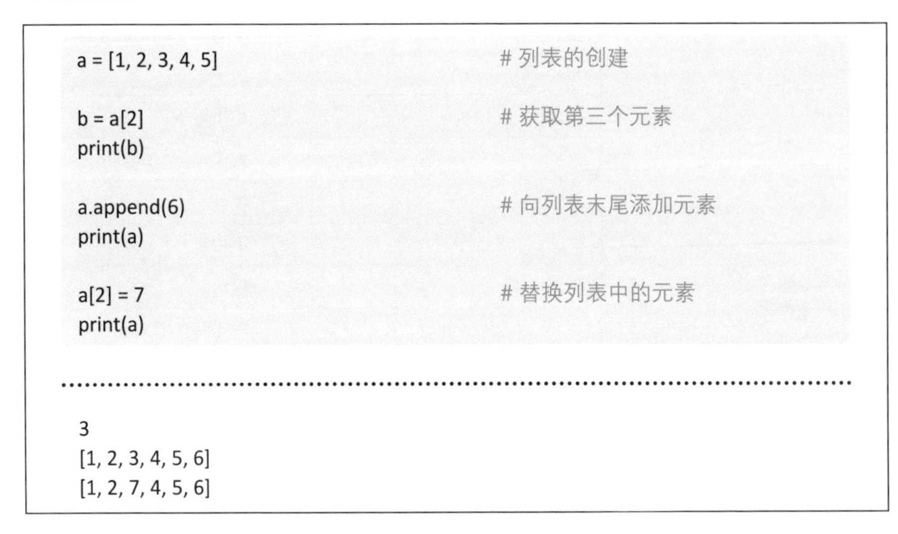

```
a = (1, 2, 3, 4, 5)                # 元组的创建
```

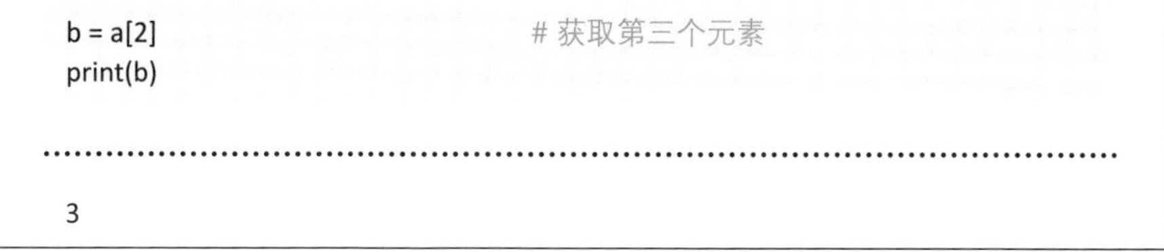

```
b = a[2]                              # 获取第三个元素
print(b)
......................................................................
3
```

即使是只包含一个元素的元组，在定义时也需要像下面这样在元素的后面加上逗号。

```
(3，)
```

使用 + 运算符可以将两个元组进行合并产生一个新的元组对象。

元组间的加法运算

```
print(a + (6, 7, 8, 9, 10))
______________________________________________________________________
(1, 2, 3, 4, 5, 6, 7, 8, 9, 10)
```

此外，列表和元组的元素还可以使用下面的方法对变量进行集中赋值。

将元素集中代入变量中

```
a = [1, 2, 3]
a1, a2, a3 = a                        # 将列表中的元素分别代入不同变量中
print(a1, a2, a3)

b = (4, 5, 6)
b1, b2, b3 = b                        # 将元组中的元素分别代入不同变量中
print(b1, b2, b3)
......................................................................
1 2 3
4 5 6
```

元组在稍后介绍的函数和数据处理中会经常使用到。

2.3.5 字典

字典类型是将键名与数值组合起来进行保存的数据类型。下面是 Python 字典类型的使用示例，将字符串作为键名创建字典，并进行数值的获取、替换、元素的添加

等操作。

字典的操作

```
a = {"Apple":3, "Pineapple":4}        # 字典对象的创建

print(a["Apple"])                     # 获取键名为Apple的值

a["Pineapple"] = 6                    # 元素的替换
print(a["Pineapple"])

a["Melon"] = 3                        # 元素的添加
```

```
3
6
{ 'Apple': 3, 'Pineapple': 6, 'Melon': 3}
```

在上面的示例中使用字符串作为键名，实际上 Python 支持数值、字符串、元组等对象作为键名。

2.3.6 if 语句

在 Python 中，条件判断是使用 if 语句实现的。如果 if 的条件没有得到满足，就按照从上到下的顺序对 elif 的条件进行判断。如果所有这些条件都不满足，就执行 else 内的程序代码。

在大多数编程语言中，条件语句和函数块都使用 {} 表示，但是在 Python 中则是通过插入缩进来表示。也就是说，如果遇到没有缩进的行，就意味着这一行代码前的代码块执行的结束。缩进符号通常使用四个半角的空格表示。

If 语句的执行

```
a = 7
if a < 12:
    print("Good morning!")
elif a < 17:
    print("Good afternoon!")
elif a < 21:
    print("Good evening!")
else:
    print("Good night!")
```

```
..............................................................
Good morning!
```

2.3.7 for 语句

在 Python 中，要实现通过指定次数对程序进行循环执行，需要使用 for 语句。为了指定循环的范围，可以将列表或 range 函数与 in 运算符结合起来使用。range 函数的使用方法如下所示，被 [] 包围起来的参数部分是可以省略的。

```
range([起始编号,] 终止编号 [, 步长数])
```

例如，range(3) 表示的是从 0 到 2 之间的范围。

使用 for 语句进行循环

```
for a in [4, 7, 10]:                    # 使用了列表的循环
    print(a)

for a in range(3):                      # 使用了range函数的循环
    print(a)

..............................................................
4
7
10
0
1
2
```

2.3.8 while 语句

在 Python 中，要实现在满足特定条件的区间内对代码进行循环执行的话，需要使用 while 语句。

使用 while 语句进行循环

```
a = 0
while a < 3:
```

```
print(a)
a += 1
```

```
0
1
2
```

2.3.9 闭包语法

在 Python 中，闭包语法可以用来实现通过对列表的元素的操作来创建新的列表对象的目的。通常都是使用 for 语句的循环来实现这个功能，但是使用闭包语法来编写同样的代码，可以极大地简化循环处理代码的编写。闭包语法的具体形式如下所示。

```
新的列表 = [对元素的处理 for 元素 in 列表]
```

上面的代码将列表内的元素逐个取出，并对取出的元素进行处理之后创建成新的列表对象。

列表的闭包语法

```
a = [1, 2, 3, 4, 5, 6, 7]
b = [c*2 for c in a]                # 将a的元素乘以2再存放到新创建的列表对象中
print(b)
```

```
[2, 4, 6, 8, 10, 12, 14]
```

此外，还可以像下面的示例那样，在闭包语法中加入 if 语句来对条件进行判断。

```
新的列表 = [对元素的处理 for 元素 in 列表 if 条件表达式]
```

在这种情况下，程序只对列表中满足 if 条件表达式的元素进行处理，然后再用处理后的元素组成新的列表对象。

指定了条件的列表闭包语法

```
a = [1, 2, 3, 4, 5, 6, 7]
b = [c*2 for c in a if c < 5]
print(b)

..........................................................................

[2, 4, 6, 8]
```

在 Python 中，对于元组和字典类对象也同样可以使用闭包语法来编写代码。

2.3.10 函数

在 Python 中，可以通过使用函数来实现对多行代码进行集中处理的目的。函数的定义方法是在 def 的后面加上函数的名称，再在括号（ ）中对函数的参数进行定义。return 语句后面的数值将被作为函数的返回值。

函数的定义与执行

```
def add(a, b):                          # 函数的定义
    c = a + b
    return c

print(add(3, 4))                        # 函数的执行

..........................................................................

7
```

其中，函数的参数是可以指定缺省值的。当对函数的参数指定了缺省值时，在调用函数时就可以省略对参数的定义。在下面的示例中，函数的第二个参数被设置了缺省值。

指定了缺省值的函数

```
def add(a, b=4):                        # 为第二个参数设置缺省值
    c = a + b
    return c

print(add(3))                           # 不指定第二个参数

..........................................................................
```

```
7
```

此外，在 Python 中通过添加星号（*）到元组中，可以实现对多个参数的函数进行一次性的参数传递。

使用元组传递多个参数

```
def add(a, b ,c):                        # 对三个参数进行加法运算的函数
    d = a + b + c
    print(d)

e = (1, 2, 3)                            # 将要传递的参数保存到元组中
add(*e)                                  # 添加星号到元组实现一次性参数传递
```

```
6
```

2.3.11 变量的作用域

在 Python 中，在函数内部定义的变量属于局部变量，在函数外部定义的变量属于全局变量。局部变量只能在对其定义的函数内部进行访问，全局变量则可以从程序的任何地方访问。

全局变量与局部变量

```
a = 123                                  # 全局变量

def showNum():
    b = 456                              # 局部变量
    print(a, b)

showNum()
```

```
123 456                                  # 在函数内部对这两个变量都可以进行访问
```

在 Python 中，如果在函数内部对全局变量进行赋值操作，会导致全局变量被当作局部变量来处理。在下面的示例中，虽然在函数内部对全局变量 a 进行了数值的代入操作，但是全局变量 a 的数值并没有发生变化。

定义同名的局部变量

```
a = 123

def setLocal():
    a = 456                                   # a被当作局部变量进行处理
    print("Local:", a)

setLocal()
print("Global:", a)
```

```
Local: 456
Global: 123
```

如果要在函数内部对全局变量进行更改，必须使用 global 或者 nonlocal 关键字来明确指定变量不是局部的。

使用了 global 关键字的全局变量的操作

```
a = 123

def setGlobal():
    global a                                  # 也可以使用nonlocal关键字
    a = 456
    print("Global:", a)

setGlobal()
print("Global:", a)
```

```
Global: 456
Global: 456
```

2.3.12 类

在 Python 中，也可以使用面向对象的方法进行编程。所谓面向对象编程，是指通过对象之间的相互作用来实现对系统行为进行控制的一种编程思想。

在面向对象编程中，有类和实例两种概念。具体来讲，类就相当于设计图一样的东西，而实例则是指对象的实体。使用同一个类可以生成多个实例。类和实例统称为对象。

在 Python 中，要对类进行定义就需要用到 class 关键字。使用类定义可以将多个方法集中到一处。其方法与函数类似，使用 def 关键字来定义。

在下面的示例中，Calc 类的内部定义并实现了 __init__ 方法、add 方法、multiply 方法等类成员方法。

Calc 类的定义

```
class Calc:
    def __init__(self, a):
        self.a = a

    def add(self, b):
        print(self.a + b)

    def multiply(self, b):
        print(self.a * b)
```

在 Python 中，类成员方法具有使用 self 接收参数的特征。通过使用这一 self 关键字，可以对实例的变量进行访问。所谓实例变量，是指在通过对类的实例化生成的对象中可以访问的变量。

其中 __init__ 是特殊的方法，也被称为类的构造函数。在这个方法中可以对类的实例进行初始化操作。在上面的类的示例中，self.a = a 语句的作用是将作为参数获取的值代入实例变量 a 中。

add 方法和 multiply 方法则是将作为参数获取的数值与实例变量 a 进行运算。通过这样的方式，使用方法代入过一次到实例变量中的数值，在同一个实例中的任意一个方法内部都可以进行访问。

使用上面示例中定义的 Calc 类，可以在成功创建其实例之后对类的成员方法进行调用。在下面的示例中，使用 Calc(3) 语句生成新的实例，并将实例对象代入 calc 变量中。

类的操作

```
calc = Calc(3)
calc.add(4)
calc.multiply(4)

......................................................................
```

```
7
12
```

初始化时指定的 3 这个值被传递给实例，然后调用 add 方法和 multiply 方法。执行的程序就得到 4+3 和 4×3，计算结果被分别显示出来。

此外，Python 的类中还有继承的概念。通过对类进行继承操作，可以从现有的类中派生出新的类并对其进行定义。在下面的示例中，通过对 Calc 类的继承创建了新的 CalcPlus 类的定义。

CalcPlus 类的定义

```
class CalcPlus(Calc):                                # 继承Calc类
  def subtract(self, b):
    print(self.a – b)

  def divide(self, b):
    print(self.a / b)
```

由于这个 CalcPlus 类继承自 Calc 类，因此在 Calc 类中定义的构造函数、add 方法、multiply 方法在新的类中也同样可以直接使用。此外，在 CalcPlus 类的内部还增加了新的 subtract 方法和 divide 方法的定义。接下来，我们使用 CalcPlus 方法创建新的实例，并调用实例中的方法。

CalcPlus 类的使用

```
calc_plus = CalcPlus(3)                     # 生成CalcPlus类的实例
calc_plus.add(4)                            # Calc类的方法
calc_plus.multiply(4)                       # Calc类的方法
calc_plus.subtract(4)                       # CalcPlus类的方法
calc_plus.divide(4)                         # CalcPlus类的方法
.....................................................................
7
12
–1
0.75
```

如上所示，在作为祖先的 Calc 类中被定义的方法，和在对其进行继承所创建的 CalcPlus 类中的方法，都可以通过同样的方式进行调用。通过使用这种继承方式，可以将多个类中公用的部分集中到祖先类的代码中实现。

2.4 NumPy

本节将对 NumPy 进行概要性的讲解。NumPy 是 Python 的一个扩展模块，可以通过简洁的表达式来高效地对数据进行操作。NumPy 对多维数组提供了强大的支持，由于其内部是使用 C 语言编写的，因此执行效率很高。

此外，NumPy 还拥有庞大的数学函数库，运算功能非常完善。在对深度学习进行编程实现的过程中，需要频繁地使用矢量和矩阵，因此 NumPy 是一款非常实用的、强大的工具。

由于 Anaconda 本身就包含了 NumPy 软件库，因此无须安装就可以直接对其进行导入来运用。但是，如果没有使用 Anaconda 环境，就需要自己另外安装 NumPy。

注意，本节中对 NumPy 的讲解仅限于理解深度学习代码所需要的较小范围的相关知识。如果想深入了解 NumPy 的功能和使用方法，请参考官方网站公布的帮助文档。

2.4.1 NumPy 的导入

模块是指可以在 Python 程序中重复使用的脚本文件。在 Python 中，可以通过 import 关键字导入指定的模块。由于 NumPy 是一个 Python 模块，在使用 NumPy 之前，需要在代码的开头加上如下命令。

```
import numpy
```

此外，还可以通过 as 关键字为模块指定一个不同的名字。

```
import numpy as np
```

通过使用上面的命令，就可以在这行命令之后使用 np 这个名字对 NumPy 模块进行访问和调用了。

2.4.2 NumPy 的数组

在深度学习的计算中经常会用到数组和向量，要对这类数据对象进行编程则需要用到 NumPy 的数组对象。向量和矩阵相关的内容将在下一章中继续着重讲解，本章暂时将 NumPy 的数组看作是将很多数据重叠排列的一种东西就可以了。在后文中，我们统一用数组来指代 NumPy 数组对象。

通过使用 array 函数，可以很容易地从 Python 列表中创建 NumPy 数组。

数组的创建

```
a = np.array([0, 1, 2, 3, 4, 5])
print(a)
```

```
[0 1 2 3 4 5]
```

类似上面这种需要使用外部模块中的函数的应用，是通过在模块名和函数名之间加上小数点来实现的。

另外，在 Python 中也可以创建由数组叠加在一起形成的二维数组。生成二维数组，可以将数组的数组作为元素（双重列表）来创建。

二维数组的创建

```
b = np.array([[0, 1, 2], [3, 4, 5]])          # 将数组的元素保存到变量中
print(b)
```

```
[[0 1 2]
 [3 4 5]]
```

用同样的方式还可以创建三维数组。三维数组是进一步对二维数组进行叠加，使用三重列表来创建的。

三维数组的创建

```
c = np.array([[[0, 1, 2], [3, 4, 5]], [[5, 4, 3], [2, 1, 0]]])
print(c)
```

```
[[[0 1 2]
  [3 4 5]]

 [[5 4 3]
  [2 1 0]]]
```

用同样的方式还可以继续创建更高维度的数组。实际上，在第 7 章所讲解的卷积神经网络中，最高需要使用到六维的数组。

数组的形状(每个维度的元素的数量)可以通过 shape 函数获取。数组所包含元素的总数量可以用 size 函数获取。对于形状为（2，2，3）的数组 c，可以使用下面的方法来调用上述函数。

形状和元素数目的获取

```
print(np.shape(c))
print(np.size(c))
```

```
(2, 2, 3)
12
```

如上所示，数组的形状可以通过元组来获取。

此外，用于获取列表元素个数的 len 函数，如果用在数组对象上，会返回初始维度的元素的总数量。

len 函数

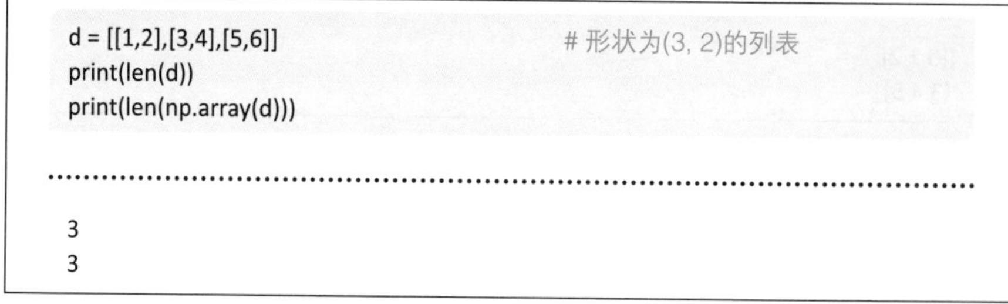

```
d = [[1,2],[3,4],[5,6]]                    # 形状为(3, 2)的列表
print(len(d))
print(len(np.array(d)))
```

```
3
3
```

2.4.3 各种用于生成数组的函数

除了 array 函数，在 NumPy 中还提供了其他几个用于创建数组的函数。在下面的代码中分别展示了用于创建所有元素为 0.0 的数组、所有元素为 1.0 的数组、所有元素为随机数的数组等函数。

用于生成数组的函数

```
print(np.zeros(10))                    # 全部为0的数组
print(np.ones(10))                     # 全部为1的数组
print(np.random.rand(10))              # 随机的数组

.............................................................

[ 0.  0.  0.  0.  0.  0.  0.  0.  0.  0.]
[ 1.  1.  1.  1.  1.  1.  1.  1.  1.  1.]
[ 0.42646559  0.80542342  0.19510076  0.127243   0.84602667  0.76868912  0.0758889
  0.79080281  0.62899633  0.0331602 ]
```

其中，zeros 函数和 ones 函数的参数中也可以指定元组对象。在这种情况下，生成的数组就是元组形状的多维数组。

使用函数生成多维数组

```
print(np.zeros((2, 3)))
print(np.ones((2, 3)))

.............................................................

[[ 0.  0.  0.]
 [ 0.  0.  0.]]
[[ 1.  1.  1.]
 [ 1.  1.  1.]]
```

通过使用 arange 函数，可以生成由连续的数字作为元素组成的数组。使用 arange 函数可以通过下面的方式对参数进行设置。

arange(起始值，终止值，步长)

在下面的示例中，通过使用 arange 函数创建了一个数值在 0 到 1 之间变化、步长为 0.1 的数组。

arange 函数的使用

```
print(np.arange(0, 1, 0.1))

.............................................................

[ 0.   0.1  0.2  0.3  0.4  0.5  0.6  0.7  0.8  0.9]
```

另外，在调用时可以省略对开始值和步长的设置。在这种情况下，开始值自动设为从 0 开始，步长为 1。在下面的示例中，生成的是一个从 0 到 9 连续变化的数值所组成的数组。

仅指定终止值

```
print(np.arange(10))
..............................................................................................
[0 1 2 3 4 5 6 7 8 9]
```

在与 arange 函数类似的函数中还有一个叫 linspace 的函数。与 arange 函数不同，它的第三个参数不是步长，而是元素的个数。linspace 函数的参数设置如下所示。

linspace (起始值，终止值，元素数量)

在下面的示例中，使用 linspace 函数生成元素的值位于 0 到 1 范围之内、元素数量为 11 个的数组。此时元素值变化的步长是 0.1。

使用 linspace 函数

```
print(np.linspace(0, 1, 11))
..............................................................................................
[ 0.  0.1  0.2  0.3  0.4  0.5  0.6  0.7  0.8  0.9  1. ]
```

linspace 函数的第三个参数是可以省略的，如果省略的话，生成的数组中元素的个数就是 50 个。下面的代码是生成一个包含取值范围在 0 到 1 之间、变化间距相等的 50 个元素的数组。

元素数量的省略

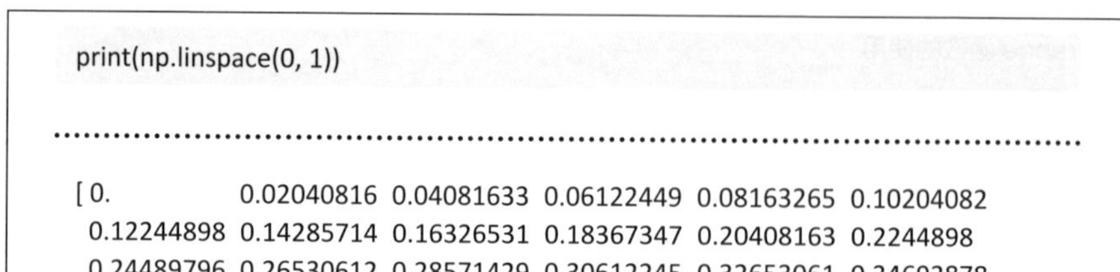

```
print(np.linspace(0, 1))
..............................................................................................
[ 0.          0.02040816  0.04081633  0.06122449  0.08163265  0.10204082
  0.12244898  0.14285714  0.16326531  0.18367347  0.20408163  0.2244898
  0.24489796  0.26530612  0.28571429  0.30612245  0.32653061  0.34693878
```

```
0.36734694 0.3877551  0.40816327 0.42857143 0.44897959 0.46938776
0.48979592 0.51020408 0.53061224 0.55102041 0.57142857 0.59183673
0.6122449  0.63265306 0.65306122 0.67346939 0.69387755 0.71428571
0.73469388 0.75510204 0.7755102  0.79591837 0.81632653 0.83673469
0.85714286 0.87755102 0.89795918 0.91836735 0.93877551 0.95918367
0.97959184 1.        ]
```

类似 linspace 函数这样的功能，在绘制图表横轴的取值时经常会用到。

2.4.4 使用 reshape 进行形状变换

使用 reshape 方法可以对数组的形状进行变换。在下面的示例中，元素数量为 8 的一维数组将被变换为形状为（2，4）的二维数组。

使用 reshape 方法对形状进行变换

```
a = np.array([0, 1, 2, 3, 4, 5, 6, 7])          # 创建数组
b = a.reshape(2, 4)                              # 变换成形状为(2, 4)的二维数组
print(b)
..........................................................................
[[0 1 2 3]
 [4 5 6 7]]
```

需要注意的一点是，这里的 reshape 方法是数组对象所特有的成员方法。NumPy 的一大特点是，对于同一种操作既可以使用函数实现，也可以使用方法实现。从下面的示例中可以看到，即使使用 reshape 函数也能得到相同的结果。

```
b = np.reshape(a,(2,4))
```

在本书中会根据函数和方法的具体情况来灵活地使用。

通过使用 reshape，可以实现类似下面这样将二维数组变换为三维数组的操作。由于元素数量仍然为 2×2×2=8，因此内容保持不变。

变换为三维数组

```
c = b.reshape(2, 2, 2)                           # 变换为(2, 2, 2)的三维数组
print(c)
..........................................................................
[[[0 1]
```

```
 [2 3]]

[[4 5]
 [6 7]]]
```

同样地，我们也可以将三维数组变换为指定形状的二维数组。

三维数组到二维数组的变换

```
d = c.reshape(4, 2)                    # 变换为(4, 2)的二维数组
print(d)
```

```
[[0 1]
 [2 3]
 [4 5]
 [6 7]]
```

通过此类操作，只要元素的总数量保持不变，就可以通过使用 reshape 将数组变换成任意的形状。

此外，如果将 reshape 的参数设置为 –1，无论是任何形状的数组都会被变换为一维数组。

变换为一维数组

```
e = d.reshape(–1)                      # 变换为一维数组
print(e)
```

```
[0 1 2 3 4 5 6 7]
```

如果将多个参数中的一个设置为 –1，对应维度的元素数量就会自动被计算出来。在下面的示例中，原本参数应当设置为 2 和 4 的，现在被设置为 2 和 –1。NumPy 会自动地从元素的总数量 8 除以 2 得到结果 4。

自动计算元素的数量

```
f = e.reshape(2, –1)
print(f)
```

```
........................................................................

[[0 1 2 3]
 [4 5 6 7]]
```

本书的深度学习程序代码中频繁使用了 reshape，因此加深对使用 reshape 进行维度变换操作的印象是非常必要的。此外，reshape 也是非常重要的概念，在下一章的线性代数一节中将继续讲解相关的知识。

2.4.5 数组的运算

数组与数组或者数组与数值之间也可以通过使用运算符进行运算。在下面的示例中，我们将进行数组与数值之间的计算。其中，将会在数组的各个元素与数值之间进行运算。

数组与数值的运算

```
a = np.array([0, 1, 2, 3, 4, 5]).reshape(2, 3)    # 创建2行3列的数组
print(a)
print(a + 3)                                        # 对每个元素加3
print(a * 3)                                        # 对每个元素乘3

........................................................................

[[0 1 2]
 [3 4 5]]

[[3 4 5]
 [6 7 8]]

[[ 0  3  6]
 [ 9 12 15]]
```

下面是对数组与数组之间进行运算的示例。其中，将在两个数组对应元素之间进行计算。需要注意的是，如果用于计算的两个数组的形状不同，会导致程序运行错误。但是如果能满足下文中介绍的广播条件的话，即使是形状不同的数组之间也可以进行计算。

数组与数组之间的运算

```
b = np.array([5, 4, 3, 2, 1, 0]).reshape(2, 3)
print(b)
print(a + b)                                    # 在不同数组之间进行加法运算
print(a * b)                                    # 在不同数组之间进行乘法运算
```

```
[[5 4 3]
 [2 1 0]]

[[5 5 5]
 [5 5 5]]

[[0 4 6]
 [6 4 0]]
```

2.4.6 广播

在 NumPy 中，如果能够满足特定的条件，即使是形状不同的数组之间也可以进行各种运算操作。这种机制被称为广播。广播机制中的那些严谨的规则稍微有些复杂，如果全部写出来，其内容会非常长，因此在本书中我们只对其中必须使用到的部分进行讲解。

例如，下列所示的两个数组。其中的二维数组为了便于阅读，中间加入换行，元素的数值按照方格的形状排列在一起。

```
a = np.array([[1, 1],
              [1, 1]])                          # 二维数组
b = np.array([1, 2])                            # 一维数组
```

这里的这两个数组的维度是不同的，但是使用广播机制就可以对它们进行运算操作。

不同维度的数组间的加法运算

```
print(a + b)
```

```
[[2 3]
 [2 3]]
```

这个运算过程可以通过如图 2.9 所示的示意图来描述。

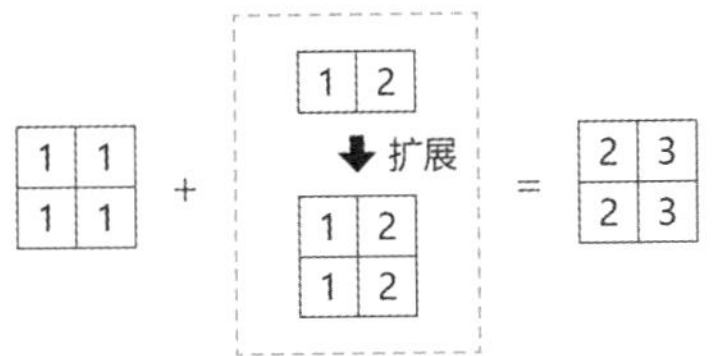

图 2.9　使用广播进行纵向扩展

通过对一维数组进行纵轴方向上的扩展，最终就变成了对两个相同形状的二维数组进行运算操作。

接下来，让我们思考下面的二维数组。

```
c = np.array([[1],
              [2]])                       # 二维数组
```

这是一个形状为（2，1）的二维数组，我们将这个数组与形状为（2，2）的二维数组 a 进行加法运算。尽管这两个数组的形状是不同的，但是通过广播机制仍然可以对其进行运算处理。

形状不同的数组之间的加法运算

```
print(a + c)
.............................................................
[[2 2]
 [3 3]]
```

这个运算过程可以通过如图 2.10 所示的示意图来描述。

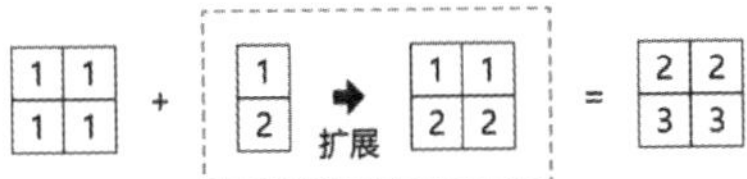

图 2.10　使用广播机制进行横向扩展

通过对数组进行横轴方向上的扩展，两个数组的形状被统一，这就使得两个数组之间的运算处理成为可能。

如上所述，只要在某个方向上对数组进行扩展使数组形状一致，通过广播机制就能够在形状不同的数组之间进行运算处理。如果想进一步了解有关广播机制的内容，请参考 NumPy 官方的帮助文档。

2.4.7 对元素的访问

要实现对数组中各个元素的访问，其方法与访问列表的元素是一样的，需要使用到索引。对于一维数组，可以使用类似下面的方法，通过在 [] 中指定索引值来实现对数组中元素的读取。

使用索引访问数组元素

```
a = np.array([0, 1, 2, 3, 4, 5])
print(a[2])
```

```
2
```

在上面的代码中，数组附带的索引值是从头开始的 0，1，2，…，使用索引值 2 读取数组中的元素。

此外，也是与操作列表类似，通过指定索引值可以对数组中的元素进行替换操作。在下面的代码中，将索引值为 2 的元素替换成 9。

一维数组元素的替换

```
a[2] = 9
print(a)
```

```
[0 1 9 3 4 5]
```

对二维数组的元素进行访问时，需要同时指定纵横两个方向的索引值。可以使用逗号（,）将索引值分隔排列在一起，也可以将索引值并排放入方括号（[]）中。在下面的示例中，对纵向的索引值是 1、横向的索引值是 2 的元素进行读取操作。

对二维数组元素的访问

```
b = np.array([[0, 1, 2],
              [3, 4, 5]])
print(b[1, 2])                    # 与b[1][2]作用相同
```

```
5
```

对二维数组的元素进行替换时，同样也需要指定两个索引值。

二维数组元素的替换

```
b[1, 2] = 9
print(b)
```

```
[[0 1 2]
 [3 4 9]]
```

对于三维以上的数组的操作也是同样的，需要通过同时指定多个索引值来实现对数组中元素的访问。

此外，如果所指定的索引值的数量少于数组的维度数量，就可以对数组的一部分进行访问。在下面的示例中，虽然被访问的对象是二维数组，但是只指定了一个索引值。在这种情况下，最开头的维度中索引值为 1 的元素被作为数组返回。

数组的取得

```
c = np.array([[0, 1, 2],
              [3, 4, 5],
              [6, 7, 8]])
print(c[1])                    # 只指定了一个索引值
```

```
[3 4 5]
```

同样地，也可以通过这样的方式指定索引值来对指定元素中的数组进行替换。

数组的替换

```
c[1] = np.array([9, 10, 11])   # 使用数组替换元素
print(c)
```

```
[[ 0  1  2]
 [ 9 10 11]
 [ 6  7  8]]
```

此外，还可以像下面的代码那样，在 [] 中指定条件，达到仅对那些符合条件的元

素进行读取操作的目的。在下面的示例中，只有那些被 2 除余数为 0 的元素，也就是偶数会被读取出来。

↓ 指定条件的替换

```
d = np.array([0, 1, 2, 3, 4, 5, 6, 7, 8, 9])
print(d[d%2 == 0])                          # 在[ ]中指定条件
```

```
[0 2 4 6 8]
```

此外，将数组作为索引也是可以的。在这种情况中，可以实现对多个元素的集中访问。在下面的示例中，通过将两个数组指定为索引，实现了对数组 e 中多个元素的替换操作。

↓ 指定数组作为索引

```
e = np.zeros((3, 3))                        # 二维数组，元素全部为0
f = np.array([8, 9])                        # 用于替换的值

e[np.array([0, 2]), np.array([0, 1])] = f   # 将两个数组指定为索引
print(e)
```

```
[[ 8.  0.  0.]
 [ 0.  0.  0.]
 [ 0.  9.  0.]]
```

2.4.8 切片

使用 NumPy 的切片机制，可以很方便地实现对数组中的一部分元素进行自由读取和替换的操作。对于一维数组，可以使用类似下面的方法对其中的一部分元素进行访问操作。

```
数组名[此索引之后：此索引之前]
```

切片机制就是通过使用冒号（：）来指定对数组进行访问的范围。在下面的示例中，通过指定切片将一维数组的一部分元素提取出来。

提取从第 2 个到第 7 个之间的元素

```
a = np.array([0, 1, 2, 3, 4, 5, 6, 7, 8, 9])
print(a[2:8])

…………………………………………………………………………

[2 3 4 5 6 7]
```

上面的代码是将数组中索引值大于等于 2 但是小于 8 的元素提取出来，结果是一个一维数组。这个操作与访问数组的元素是不同的，被提取出来的数组的维度与原有数组的维度是相同的。

此外，还可以按下面的方法对提取的步长进行指定，即在跳跃性的范围内实现提取操作。

数组名[此索引之后：此索引之前：步长]

下面是指定了步长的示例。在索引值大于等于 2 且小于 8 的范围内，以 2 为步长对元素进行提取操作。

指定步长

```
print(a[2:8:2])

…………………………………………………………………………

[2 4 6]
```

如果在 [ ] 中只使用冒号，就是指定对所有的元素进行提取操作。

指定全部元素

```
print(a[:])

…………………………………………………………………………

[0 1 2 3 4 5 6 7 8 9]
```

对于二维数组，可以使用逗号隔开对每个维度所指定的范围。在下面的示例中，指定将数组 b 中左上的 2×2 的区域中的元素提取出来。

指定范围的切片（二维数组）

```
b = np.array([[0, 1, 2],
              [3, 4, 5],
              [6, 7, 8]])
print(b[0:2, 0:2])                # 指定每个维度的范围
```

```
[[0 1]
 [3 4]]
```

使用切片机制也可以对指定区域的元素进行替换操作。接下来，让我们尝试对数组 b 中左上 2×2 区域内的元素进行替换操作。

使用切片指定替换范围

```
b[0:2, 0:2] = np.array([[9, 9],
                        [9, 9]])          # 替换左上的2×2区域
print(b)
```

```
[[9 9 2]
 [9 9 5]
 [6 7 8]]
```

左上的 2×2 区域中的元素被全部替换为 9。运用切片机制就可以通过这样的方式将对数组中元素的替换操作限制在指定区域内。

下面继续尝试对三维数组中的区域进行元素替换操作。首先，创建一个所有元素都为 0 的数组。

创建三维数组

```
c = np.zeros(18).reshape(2, 3, 3)
print(c)
```

```
[[[ 0.  0.  0.]
  [ 0.  0.  0.]
  [ 0.  0.  0.]]
```

```
[[ 0.  0.  0.]
 [ 0.  0.  0.]
 [ 0.  0.  0.]]]
```

接下来我们对这个数组的一部分使用一个元素全部为 1 的 2 × 2 的数组进行替换。同时对三个维度分别指定了置换操作的范围，不过第一个维度中没有使用冒号，而是直接指定的索引值。

使用切片指定替换范围（三维数组）

```
c[0, 0:2, 0:2] =  np.ones(4).reshape(2, 2)
print(c)
```

```
[[[ 1.  1.  0.]
  [ 1.  1.  0.]
  [ 0.  0.  0.]]

 [[ 0.  0.  0.]
  [ 0.  0.  0.]
  [ 0.  0.  0.]]]
```

通过类似这样的方式，就能实现对三维数组中特定区域内的元素的替换操作。同样地，对于更高维度的数组也可以采用类似的方式对指定区域内的元素进行提取和替换操作。特别是在第 7 章卷积神经网络中，需要对高维度数组进行多次的切片操作，因此建议大家通过本小节的学习，进一步加深对切片操作的印象。

2.4.9 轴与 transpose 方法

NumPy 中包含轴（axis）这一概念。所谓轴，就如其字面意思表示坐标轴，对于数组来说就是数值排列的方向。轴的数量与维度的数量是相等的。例如，在一维数组中就只有一个轴，二维数组中则有两个轴，三维数组中则有三个轴，以此类推。

作为示例，我们思考一下下面的二维数组的轴的问题。

↓ 二维数组的例子

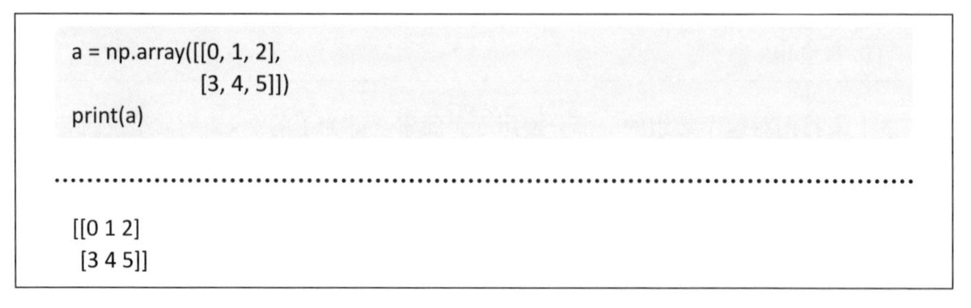

```
a = np.array([[0, 1, 2],
              [3, 4, 5]])
print(a)
```

```
[[0 1 2]
 [3 4 5]]
```

这个数组的轴如图 2.11 所示。

在轴上面分别有各自的索引值。在二维数组中，纵向轴的索引是 axis=0，横向轴的索引是 axis=1。

axis=1
axis=0
0 1 2
3 4 5

图 2.11　二维数组的轴

接下来对这个轴进行调换。transpose 是用于对数组的轴进行调换的方法。在下面的代码中，使用 transpose 对 axis=0 和 axis=1 进行调换。随着数组的轴被调换，数组中数据的方向也随之调换，轴的索引值也同时被更新，如图 2.12 所示。

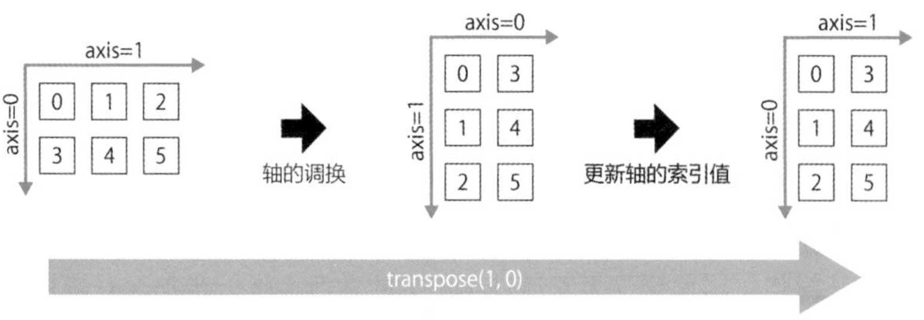

图 2.12　使用 transpose 进行轴的调换（二维数组）

↓ 使用 transpose 方法进行轴的调换

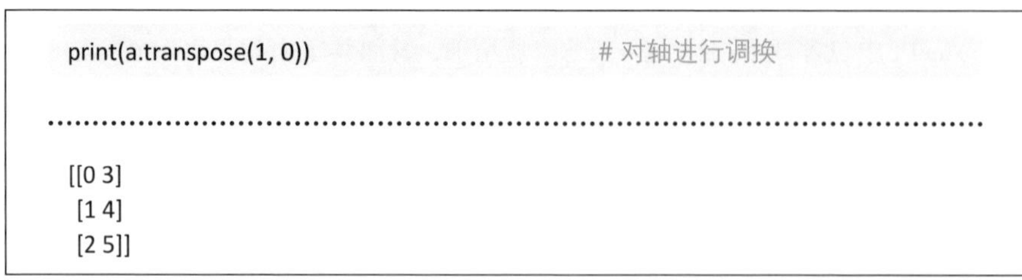

```
print(a.transpose(1, 0))                # 对轴进行调换
```

```
[[0 3]
 [1 4]
 [2 5]]
```

此外，transpose(1, 0) 也可以用如下代码来完成相同的操作。T 是转置操作，关于转置操作将在下一章中继续深入地讲解。

使用 T 属性进行转置

```
print(a.T) # 转置
```

```
[[0 3]
 [1 4]
 [2 5]]
```

接下来尝试对三维数组的轴进行调换操作。我们参考如下的三维数组。

三维数组的创建

```
b = np.arange(12).reshape(2, 2, 3)
print(b)
```

```
[[[ 0  1  2]
  [ 3  4  5]]

 [[ 6  7  8]
  [ 9 10 11]]]
```

这个数组的轴如图 2.13 所示。

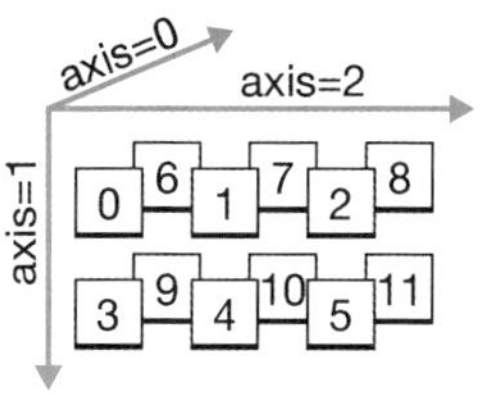

图 2.13　三维数组的轴

由于是三维数组，若要对所有的轴进行表示，除了横向和纵向的轴之外，还需要使用由外向内的竖轴。这就相当于将两个二维数组在竖轴（axis=0）由外向内的方向上排列，共同组成了这个三维数组。

接下来对这个三维数组的轴进行调换操作。如果使用 transpose(1, 2, 0) 命令，axis=0 就变成了 axis=1，axis=1 就变成了 axis=2，axis=2 就变成了 axis=0。实际的代码如下所示。

↓ 使用 transpose 方法对轴进行调换（三维数组）

```
print(b.transpose(1, 2, 0))
```

```
[[[ 0  6]
  [ 1  7]
  [ 2  8]]

 [[ 3  9]
  [ 4 10]
  [ 5 11]]]
```

数据的方向按照 transpose 指定的方向被调换了。这个三维数组的轴的调换过程如图 2.14 所示。

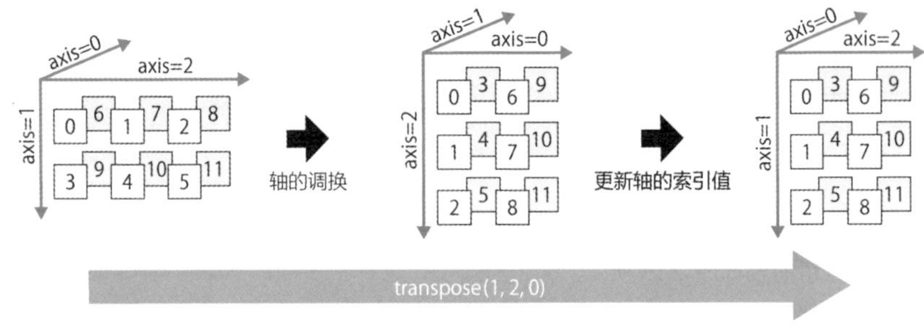

图 2.14　调换三维数组的轴

对于四维以上的数组，也同样可以使用 transpose 进行轴的调换。如果结合 reshape 一起使用，就可以对高维度的数组的形状进行自由变换。transpose 和调换等操作在深度学习中的使用频率是非常高的，因此请对数据方向的调换规律在脑海中形成相应的印象。此外，有关 transpose 的内容将在下一章的线性代数的小节中继续深入讲解。

2.4.10　NumPy 的函数

接下来对在深度学习的程序代码中经常会使用到的几个 NumPy 函数进行简要的介绍。

1. sum 函数

数组的所有元素的和

```
a = np.array([[0, 1],
              [2, 3]])
print(np.sum(a))
……………………………………………………………………………………
6
```

NumPy 中的一些函数，可以通过在参数中指定 axis 来实现在特定的轴的方向上进行运算操作。例如，参数设为 0 就是在纵向上进行运算，参数设为 1 就是在横向上进行运算。下面是使用 sum 函数对 axis=0 轴进行计算的例子。

元素在纵向上的和

```
print(np.sum(a, axis=0))
……………………………………………………………………………………
[2 4]
```

上面的代码对数组 a 在纵向的轴上进行求和计算，最终得到元素数量为 2 的新的一维数组。同样地，也可以通过指定 axis=1 对这个数组在横向上进行求和计算。

元素在横向上的和

```
print(np.sum(a, axis=1))
……………………………………………………………………………………
[1 5]
```

纵横轴向的调换很容易把人绕晕，调换的结果是对数组 a 在横向上求和，变成了包含两个元素的数组。像上面的代码里那样，指定 axis 参数会导致数组被降低一个维度，如果设置 keepdims=True 参数就能保持原有数组的维度不变。

保持数组维度

```
print(np.sum(a, axis=1, keepdims=True))
```

```
··········
[[1]
 [5]]
```

2. max 函数

max 函数用来取得数组中最大值的元素。

↓ 所有元素的最大值

```
print(np.max(a))
··········
3
```

与 sum 函数类似，max 函数也可以指定轴向参数。在下面的示例中，对数组 a 在 axis=0 方向上，也就是纵轴方向上求取最大值的元素，结果是包含两个元素的新数组。

↓ 纵向上的最大值

```
print(np.max(a, axis=0))
··········
[2 3]
```

3. argmax 函数

argmax 函数用来获取数组中最大值的索引值。在下面的示例中，在 axis=0 方向上，也就是纵轴方向上求取数组最大值的索引值。

↓ 取得纵向上最大值的索引

```
print(np.argmax(a, axis=0))
··········
[1 1]
```

由于数组中元素的索引值被设定为 0，1，2，…，因此程序就能取得纵轴方向上最大值 2 和 3 的索引值。

4. where 函数

where 函数用来根据指定的条件对数组进行更改，创建出新的数组。where 函数的参数设置如下所示。

np.where（条件，满足条件的情况下的值，不满足条件的情况下的值）

对原有数组中所有的元素进行检查，根据符合条件与否来决定在生成新的数组时是否使用不同的元素值。下面是使用 where 函数的示例，在新生成的数组中，如果满足条件就将元素设置为 9，如果不满足条件就保持原有数组的元素值不变。

使用 where 函数创建新的数组

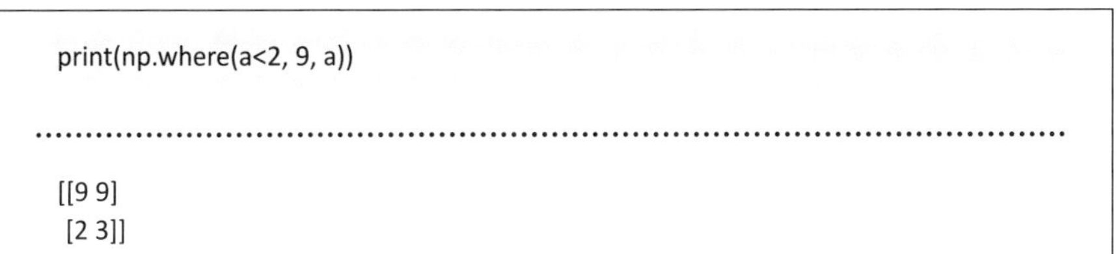

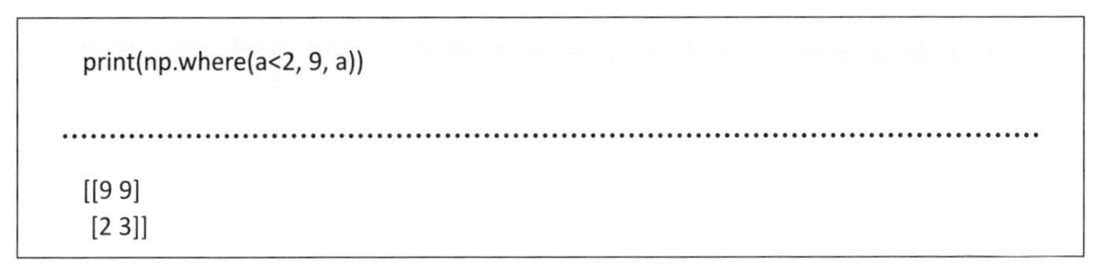

```
print(np.where(a<2, 9, a))
..................................................
[[9 9]
 [2 3]]
```

在数组 a 中，对于满足 a<2 这个条件的元素，即上面的 0 和 1 这两个元素，在新的数组中就被替换成 9。与此相对的，对于不满足这一条件的元素，也就是下段中的 2 和 3，在新的数组中将保持不变。这样就能实现根据不同的条件将数组设置成不同的值的操作。

2.5 Matplotlib

Matplotlib 与 NumPy 一样，属于 Python 的外部模块，使用这一模块可以实现图表的绘制、图像的显示，以及制作简单的动画。在深度学习中，由于对数据进行可视化操作是极其重要的，因此在本节中将对 Matplotlib 绘制图表的具体操作方法进行讲解。

2.5.1 模块的导入

要实现图表的绘制操作，首先需要导入 Matplotlib 中的 Pyplot 模块。Pyplot 模块专门提供图表绘制功能。由于数据需要使用到 NumPy 数组，所以也需要导入 NumPy 模块。

此外，如果需要使用 Jupyter Notebook 对 matplotlib 图表以内嵌方式显示，则需要在代码的开头加上 %matplotlib inline 语句。

```
%matplotlib inline

import numpy as np
import matplotlib.pyplot as plt
```

本小节中的代码都是以上述这段代码为前提的。但是，在下一章节之后编写的代码将会省略 %matplotlib inline 语句。如果执行代码时无法正常显示图表，就将上面的语句加在代码的开头部分。

2.5.2　绘制图表

接下来的示例，我们将使用 pyplot 对正弦函数进行绘制。使用 NumPy 的 linspace 函数将 x 坐标的数据创建为数组对象，然后使用 NumPy 的 sin 函数求出其正弦值，并将结果作为 y 坐标。之后，使用 pyplot 的 plot 函数对 x 坐标、y 坐标进行绘制，并使用 show 函数将图表显示出来。

绘制正弦函数的图表

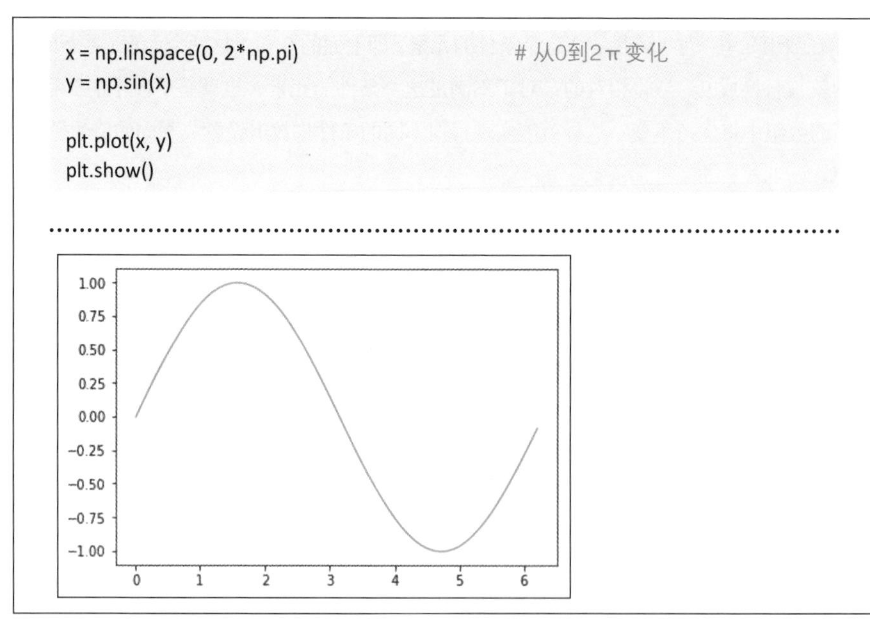

2.5.3 修饰图表

接下来对轴的标签与图表的标题及凡例进行绘制，并修改绘制过程中所使用的线条的样式，让图表显得更加富有层次。

修饰后的绘制图表

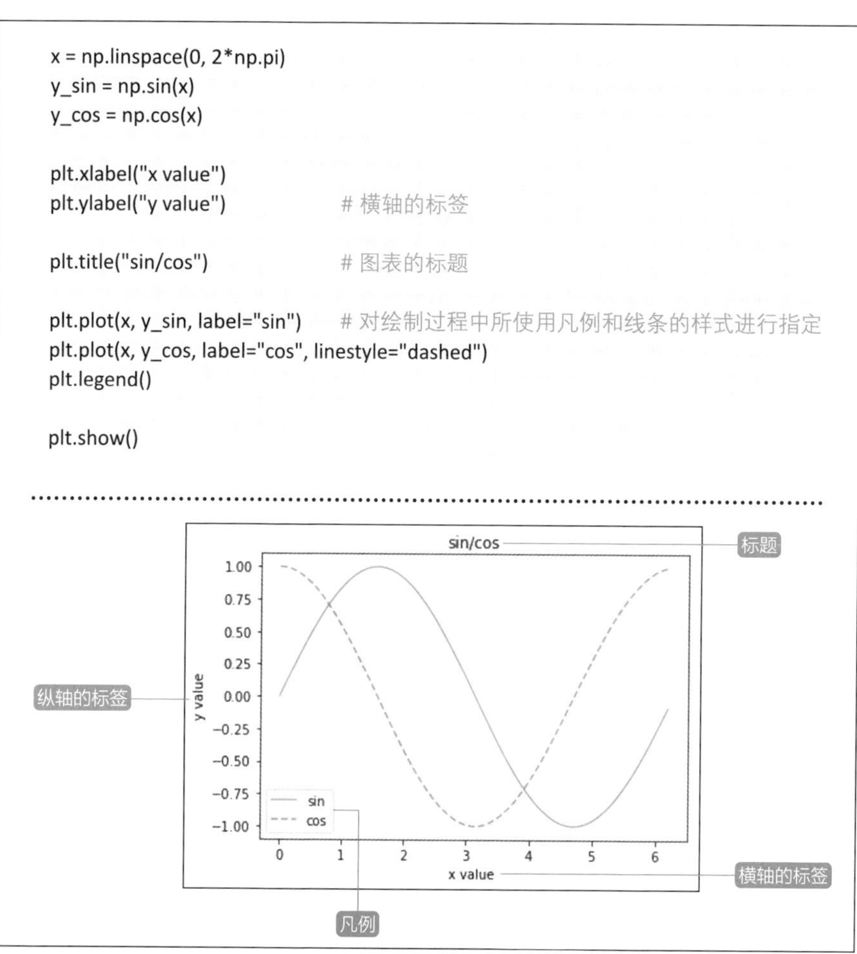

```
x = np.linspace(0, 2*np.pi)
y_sin = np.sin(x)
y_cos = np.cos(x)

plt.xlabel("x value")
plt.ylabel("y value")                # 横轴的标签

plt.title("sin/cos")                 # 图表的标题

plt.plot(x, y_sin, label="sin")      # 对绘制过程中所使用凡例和线条的样式进行指定
plt.plot(x, y_cos, label="cos", linestyle="dashed")
plt.legend()

plt.show()
```


在 plot 函数中所指定的 label 参数的值将在对凡例进行绘制时被用到。此外，如果我们在 linestyle 参数中指定 dashed，则绘制图表时所使用的线条就是虚线。

2.5.4 散点图的显示

通过使用 scatter 函数，可以实现对散点图的绘制。通过下面的代码可以绘制出任意两组 x 坐标、y 坐标数据的散点图。

散点图的绘制

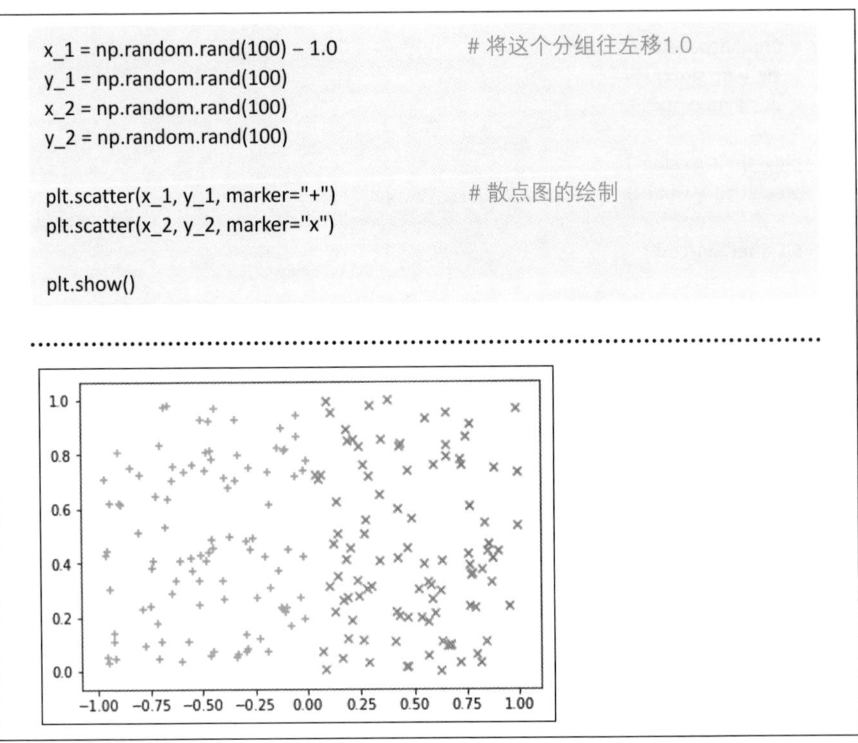

```
x_1 = np.random.rand(100) – 1.0                    # 将这个分组往左移1.0
y_1 = np.random.rand(100)
x_2 = np.random.rand(100)
y_2 = np.random.rand(100)

plt.scatter(x_1, y_1, marker="+")                  # 散点图的绘制
plt.scatter(x_2, y_2, marker="x")

plt.show()
```


可以在 scatter 函数的参数中指定绘制时所使用的标识。系统本身自带了多种不同风格的标识，在上面的这段代码中，指定使用 + 标识与 × 标识。

2.5.5 图像的显示

通过使用 Pyplot 的 imshow 函数，可以将数组作为图像进行显示。

将数组显示为图像

```
img = np.array([[0, 1, 2, 3],
                [4, 5, 6, 7],
                [8, 9, 10,11],
                [12,13,14,15]])

plt.imshow(img, "gray")                    # 使用灰阶值进行标识
plt.colorbar()                             # 显示颜色条

plt.show()
```

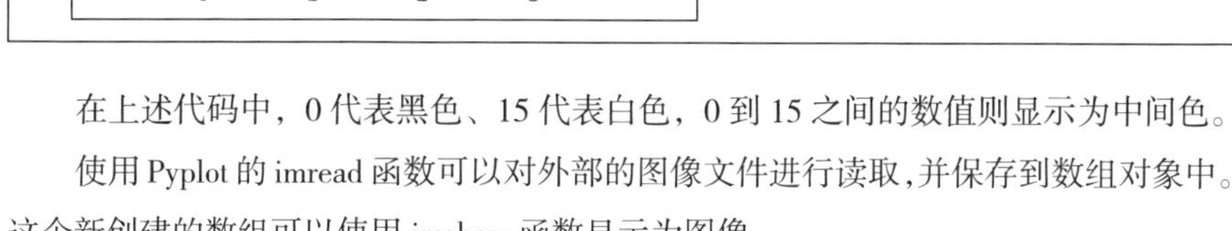

在上述代码中，0 代表黑色、15 代表白色，0 到 15 之间的数值则显示为中间色。

使用 Pyplot 的 imread 函数可以对外部的图像文件进行读取，并保存到数组对象中。这个新创建的数组可以使用 imshow 函数显示为图像。

使用 matplotlib 显示图像

```
img = plt.imread("flower.png")

plt.imshow(img)
plt.show()
```

使用 Jupyter Notebook 程序执行代码时，被打开的 Notebook 所在的文件夹会变成当前路径的文件夹，因此如果没有明确指定文件的路径，最好将图像文件放到该文件夹中。

小　结

在本章中，我们将 Python 编程语言的基础知识作为理解深度学习技术的前期准备进行了讲解。虽然 Python 语言具有比较独特的语法，但是对于有一定编程基础的人来说，会发现它的语法与其他编程语言相比并没有太大的差别。

在本章中，还对深度学习中需要使用的 NumPy 与 Matplotlib 模块进行了讲解。

NumPy 的数组结构为深度学习代码的编写提供了很多便利的功能。通过使用 NumPy 的数组对象，可以实现高速的数据运算。此外，NumPy 的数组对象还可以作为数学上的矢量及矩阵来使用，关于这部分的内容将在之后的有关数学知识的章节中进行讲解。

此外，使用 Matplotlib 编写代码可以轻而易举地实现图表的绘制。本章中只对编写深度学习软件所需要的最基本的 Python 语言的相关知识进行了讲解，如果想要了解更详细的 Python 语言的相关知识和技术，建议参考 Python 语言的官方网站的帮助文档及其他 Python 语言相关的技术书籍。

Python 的官方文档
https://www.python.org/doc/

第3章 深度学习中必备的数学知识

本章将对深度学习中所必备的数学知识进行讲解。通过运用数学知识，可以将深度学习中所必需的数据操作用简洁而优美的数学公式来总结和表达。

由于深度学习中所必需的数学领域是有所偏重的，因此本章只对特定的数学领域的相关知识进行讲解，所涉及的内容主要包括向量和矩阵等线性代数，偏微分、连锁律、全微分等微分知识。如果读者对线性代数和微分等知识比较了解，可直接跳过本章的学习。

3.1 关于数学符号

首先，对本书中所使用的几种数学符号进行讲解。

3.1.1 求和符号西格玛（$\sum$）

使用西格玛（$\sum$）符号可以简洁地表示多个数值的总和。例如，求 n 个数的数值总和的问题。

$$a_1, a_2, \cdots, a_n$$

它们的总和可以用下面的公式来表达。

$$a_1 + a_2 + \cdots + a_n \tag{3-1}$$

但是，如果每次都用这样的写法来表示总和就会显得非常麻烦。因此，式（3–1）可以表示为下面的形式。

$$\sum_{k=1}^{n} a_k$$

上式表示a_n的下标k从 1 变化到n，也就是表示对a_1到a_n的 n 个数字进行加法运算。相较式（3–1），这种写法更为简洁。

这种表示方法如果用 NumPy 的 sum() 函数来编写，可以使用下面的代码来实现。

元素的总和

```
import numpy as np
a = np.array([1, 2, 3, 4, 5])
print(np.sum(a))
```

```
15
```

此外，如果 n 是已知的，也可以用下面的公式来简化表示。

$$\sum_{k} a_k$$

接下来看一个更复杂的例子。在这个示例中，$\sum$中有两个下标 k。

$$\sum_k a_k b_k \tag{3-2}$$

式（3–2）表示的是对a_k和b_k的乘积的总和进行计算。该式也可以用类似下面的代码来实现。

数组元素乘积的总和

```
import numpy as np
a = np.array([2, 1, 2, 1, 2])
b = np.array([1, 2, 1, 2, 1])
print(np.sum(a*b))
```

```
10
```

上述代码中，首先对 a 和 b 的每个元素的乘积进行计算，然后使用 sum 函数求取结果的总和，式（3–2）的定义可以使用代码来实现。综上所述，使用$\sum$符号可以很简洁地表达求和计算，而使用了$\sum$的公式也可以很简单地用 NumPy 进行编程实现。

3.1.2 自然常数 e

自然常数 e 在数学中是一个具有非常便利特性的数。自然常数与圆周率 π 类似，它的值是小数位数可以无限持续的小数。

$$e = 2.718281828459045235360287471352\cdots$$

自然常数在下面这种幂运算中经常会使用到。

$$y = e^x \tag{3-3}$$

式（3–3）具有对其进行微分也不会发生任何变化的特性，关于这一点将在稍后的小节中继续讲解。

式（3–3）还可以用下面的表达式来表示。这个表达式在（ ）里面包含很多表达式的情况下使用是非常方便的，因为，如果在e的右上角用较小的字符写很多表达式的话，非常难以阅读。

$$y = \exp(x) \tag{3-4}$$

式（3–4）可以通过使用 NumPy 的 exp 函数来实现，代码如下。

将自然常数的幂运算定义为函数

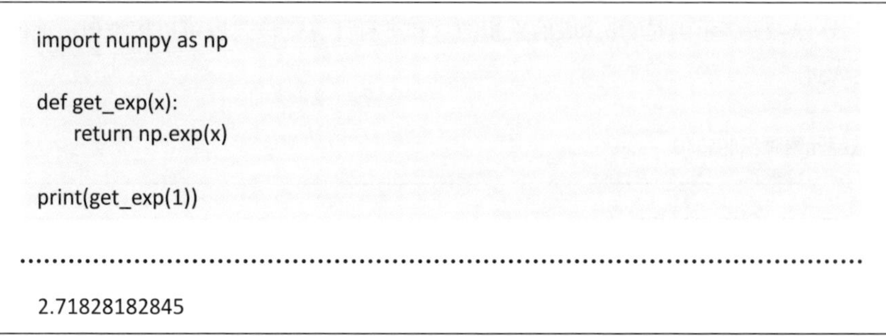

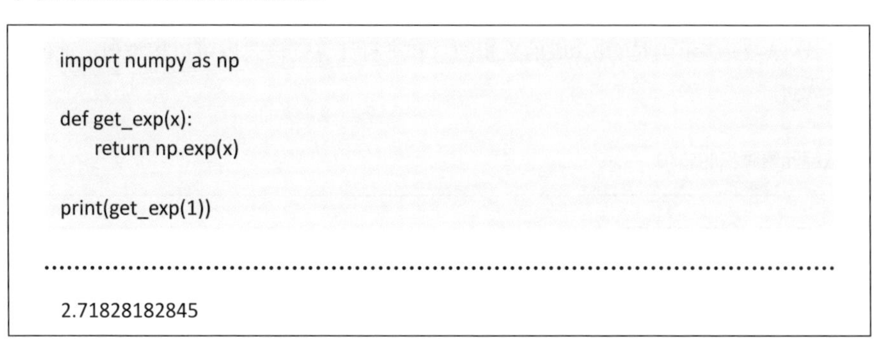

```
import numpy as np

def get_exp(x):
    return np.exp(x)

print(get_exp(1))
```

```
2.71828182845
```

exp 是用于计算自然常数的幂运算的函数。如果参数指定为 1，函数返回的就是自然常数的一次方，也就是自然常数本身。另外，使用 np.e 也同样可以获取自然常数的数值。在深度学习的数学公式中，会经常使用到这样的自然常数。

需要注意的是，自然常数e与 1.2e5 等代码中所使用的小数的定义式是没有任何关系的。

3.1.3 自然对数 log

如果对式（3–3）进行变形，将 x 移到等式的左边，就可以用 log 符号来表示。

$$x = \log_{e} y$$

再将 x 与 y 的位置进行互换。

$$y = \log_{e} x$$

式中，$\log_{e} x$被称为自然对数。如果对这个公式中的 e 的 y 次幂进行计算，结果就是 x。自然对数表示的就是对 e 进行几次幂运算能得到 x。在这个表示法中还可以省略 e，使用下面的表达方式。

$$y = \log x \tag{3–5}$$

虽然在后面的小节中才会详细讲解，但需要知道的是自然对数可以实现完美的微分计算，在数学上的处理是很轻松的事情。式（3–5）可以通过使用 NumPy 的 log 函数来实现，代码如下。

↓ 定义用于取得自然对数的函数

```
import numpy as np

def get_log(x):
    return np.log(x)

print(get_log(1))
```

```
0
```

对 e 进行 0 次方运算的结果是 1，因此 1 的自然对数就是 0。在后续章节中的交叉熵误差计算中会使用自然对数。

知识栏 数学中的函数与编程语言中的函数的区别

数学中的函数与编程中的函数使用的是相同的称谓，这可能是造成很多人理解上混乱的根源。

数学中所说的函数，通常都是使用类似$y=f(x)$这样的表达式来记述的，表示对输入给函数 f 的输入值 x，通过函数进行处理，并最终得到计算结果 y 的值。

编程中所说的函数，则包含输入给函数的参数值，而函数的计算结果则作为返回值。从这个意义上讲，编程中的函数与数学中的函数是很相似的，但是编程语言中的函数也可能不包含参数和返回值。

此外，在本书中经常需要使用编程语言对数学中的函数进行实现，而计算机与数学的世界则是不同的，只能使用跳跃的数值（离散），因此计算机对数字的处理充其量只是对数学意义上的数值的近似模拟。

综上所述，虽然数学中的函数与计算机编程语言中的函数有相似的地方，但是从本质上讲则是完全不同的概念，在学习中需要注意区分。

3.2 线性代数

线性代数是专门用于处理向量和矩阵等的数学理论分支之一。在深度学习中需要对大量的数值进行处理，如果使用线性代数的话，就可以对大量的数据处理通过非常简洁的数学公式进行表达，而且这些数学公式可以使用 NumPy 编写成计算机可以执行的程序代码。

如果想要系统学习线性代数知识，需要花费大量的精力和时间，因此在本节中，我们只对本书中深度学习所需要的线性代数知识进行讲解。线性代数中，对数值进行集中表现的几个主要概念包括标量、向量、矩阵、张量等，接下来对这几个概念进行讲解。

3.2.1　标量

标量（Scalar）是指 1、5、12、−7 等这些普通的数值。本书的数学公式中的字母或希腊文字的小写字母表示标量（如 a、ρ、α、γ）。

Python 中所支持的普通数值对应的就是这些标量。下面的程序代码就是在 Python 中使用标量的例子。

```
a = 1
b = 1.2
c = -0.25
d = 1.2e5
```

3.2.2　向量

向量是将标量排列在直线上形成的。在本书的数学公式中，小写英文字母的上方加了小箭头就表示是向量。下面是向量表达式的例子。

$$\vec{a}=\begin{pmatrix}1\\2\\3\end{pmatrix}$$

$$\vec{b}=(-2.3,0.25,-1.2,1.8,0.41)$$

$$\vec{p}=\begin{pmatrix}p_1\\p_2\\\vdots\\p_m\end{pmatrix}$$

$$\vec{q}=(q_1,q_2,\cdots,q_n)$$

向量中既有像$\vec{a}$、$\vec{p}$这样数值竖着排列的纵向量，也有像$\vec{b}$、$\vec{q}$这样数值横着排列的横向量。在本书的后续章节中主要使用的是横向量，如果没有特别指明的话，向量都是指横向量。

此外，正如在$\vec{p}$、$\vec{q}$的表达式中所看到的那样，使用变量表示向量的元素时，下标的数量是一个。向量可以使用 NumPy 中的一维数组表示，代码如下。

```
import numpy as np

a = np.array([1, 2, 3])
b = np.array([-2.3, 0.25, -1.2, 1.8, 0.41])
```

在本书中，这些向量都被当作横向量来处理。对于神经网络的输入数据和输出数据也可以使用向量来表示。

3.2.3 矩阵

矩阵是将标量排列在方格中形成的，可以使用下面这样的式子表示。

$$\begin{pmatrix} 0.12 & -0.34 & 1.3 & 0.81 \\ -1.4 & 0.25 & 0.69 & -0.41 \\ 0.25 & -1.5 & -0.15 & 1.1 \end{pmatrix}$$

在矩阵中，水平方向上排列的标量被称为行，而在垂直方向上排列的标量被称为列，如图 3.1 所示。

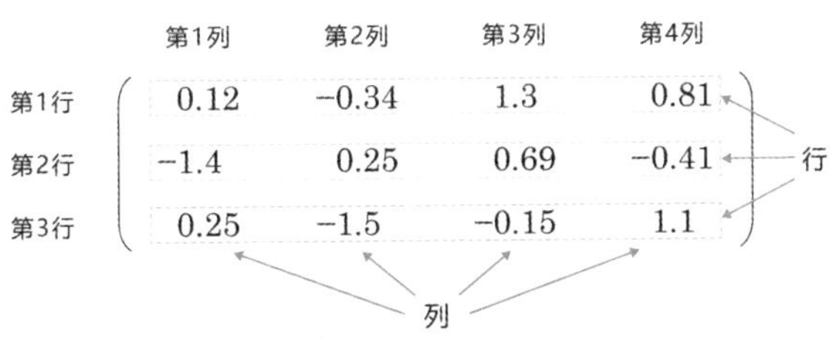

图 3.1　矩阵的行与列

对于行有 m 个、列有 n 个的矩阵，可使用 $m \times n$ 的矩阵来表示。因此，图 3.1 所示的矩阵就称为 3×4 的矩阵。

此外，纵向量可以看作是列数为 1 的矩阵，而横向量则可以看作是行数为 1 的矩阵。

在本书的数学公式中，统一使用斜体的大写英文字母来表示矩阵。下面是矩阵表达式的示例。

$$A=\begin{pmatrix} 0 & 1 & 2 \\ 3 & 4 & 5 \end{pmatrix}$$

$$P=\begin{pmatrix} p_{11} & p_{12} & \cdots & p_{1n} \\ p_{21} & p_{22} & \cdots & p_{2n} \\ \vdots & \vdots & \ddots & \vdots \\ p_{m1} & p_{m2} & \cdots & p_{mn} \end{pmatrix}$$

矩阵 A 是 2×3 的矩阵，矩阵 P 则是 $m\times n$ 的矩阵。另外，如在矩阵 P 中所看到的那样，用变量表示矩阵的元素时，下标的数字有两个。可以使用 NumPy 的二维数组表示矩阵，实现代码如下。

```
import numpy as np

a = np.array([[1, 2, 3],                    # 2×3的矩阵
              [4, 5, 6]])
b = np.array([[0.21, 0.14],                 # 3×2的矩阵
              [-1.3, 0.81],
              [0.12, -2.1]])
```

深度学习中所进行的运算绝大部分都是矩阵之间的运算，有关矩阵间的运算知识将在后续章节进行讲解。

知识栏　数组与矩阵的区别

数组与矩阵是很容易混淆的概念。首先，数组是编程语言中的概念，如一维数组、二维数组、三维数组等用来表示多个维度的对象。而矩阵则是数学中的概念，是指将数值纵横排列成二维网格状。

很容易产生混淆的原因之一是，编程语言中的数组也经常被称为矩阵。这是因为，编程语言中的二维数组也可以用来表示数学中的矩阵。与此类似，编程语言中的一维数组也被称为向量，三维以上的数组也被称为张量。

3.2.4　张量

由于张量是标量在多个维度中排列形成的，因此其中包含了标量、向量和矩阵，如图 3.2 所示。

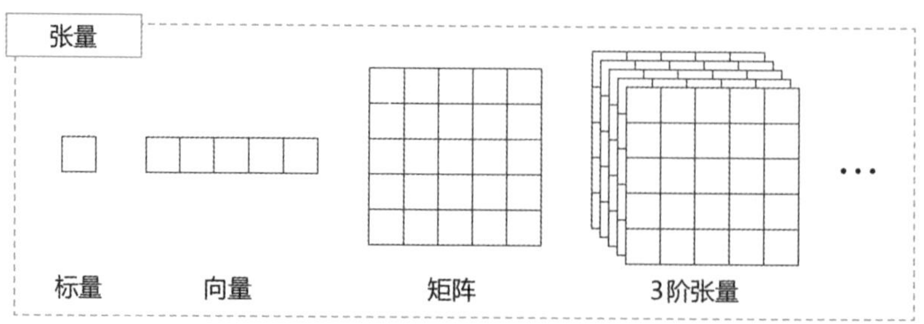

图 3.2　张量示意图

其中，张量中各个元素所附带的下标数字被称为此张量的阶数。标量没有下标，因此其阶数就为 0。向量的下标用一个数值表示，因此就是 1 阶张量，矩阵的下标用两个数值表示，因此就是 2 阶张量。对于更高维度的张量，则称为 3 阶张量、4 阶张量，等等。

3 阶张量可以使用 NumPy 的多维数组对象实现，代码如下。

```
import numpy as np

a = np.array([[[0, 1, 2, 3],
               [2, 3, 4, 5],
               [4, 5, 6, 7]],                  # (2, 3, 4)的3阶张量
              [[1, 2, 3, 4],
               [3, 4, 5, 6],
               [5, 6, 7, 8]]])
```

在上述代码中，变量 a 中保存的就是 3 阶张量对象。使用 NumPy 的数组对象还可以实现更高维度的数组。

上述代码中的 3 阶张量 a 的形状可用下面的形式表达。

（2，3，4）

如果使用变量，可以用类似下面的形式来表示张量的形状。

（a, b, c, d）
（p, q, r, s, t, u）

对于此类张量的形状可以使用第 2 章中所讲解的 reshape 方法进行自由转换。在下面的示例中，将张量的形状作为参数传递给 reshape 方法，并对张量的形状进行变换。

创建 2 阶张量

```
b = np.array([1,2,3,4,5,6,7,8,9,10,11,12,13,14,15,
              16,17,18,19,20,21,22,23,24])        #1阶张量（向量）
b = b.reshape(4, 6)                                #2阶张量（矩阵）
print(b)
```

```
[[ 1  2  3  4  5  6]
 [ 7  8  9 10 11 12]
 [13 14 15 16 17 18]
 [19 20 21 22 23 24]]
```

在上述代码中，通过使用 reshape 方法，将包含 24 个元素的 1 阶张量（向量）变换为形状为（4，6）的 2 阶张量。

在下面的代码中，可继续将这个张量变换为 3 阶张量。

变换为 3 阶张量

```
b = b.reshape(2, 3, 4)
print(b)
```

```
[[[ 1  2  3  4]
  [ 5  6  7  8]
  [ 9 10 11 12]]

 [[13 14 15 16]
  [17 18 19 20]
  [21 22 23 24]]]
```

程序执行后，张量的形状就变成了（2，3，4）。我们还可以继续将 3 阶张量变换为 4 阶张量。

变换为 4 阶张量

```
b = b.reshape(2, 2, 3, 2)
print(b)
```

```
[[[[ 1 2]
   [ 3 4]
   [ 5 6]]

  [[ 7  8]

   [ 9 10]
   [11 12]]]

 [[[13 14]
   [15 16]
   [17 18]]

  [[19 20]
   [21 22]
   [23 24]]]]
```

程序执行后，张量的形状就变成了（2，2，3，2）。由于 $2\times2\times3\times2=24$，因此原有的向量和元素数量并没有发生变化。同理，只要元素的数量是一致的，就可以用 reshape 方法对张量的形状进行自由转换。例如，形状为（a，b，c，d）的张量，可以通过 reshape 方法变换成如下形式。

$$
\begin{gathered}
(abc, d)\\
(ab, cd)\\
(a, bcd)\\
(1, abcd)\\
(a, bc, d)
\end{gathered}
$$

此外，利用第 2 章中所讲解的 transpose 方法还可以对数组的坐标轴进行切换。使用这个方法可以将张量的形状（a, b, c, d）变换成如下形式。

$$
\begin{gathered}
(b, a, d, c)\\
(d, c, b, a)\\
(c, d, a, b)\\
(d, a, b, c)
\end{gathered}
$$

接下来我们看一个具体的 transpose 示例。下面的代码使用 transpose 对形状为(2，3，4) 的张量的坐标轴进行切换。

使用 transpose 方法切换坐标轴 1

```
c = np.array([[[1,2,3,4],              # 创建形状为（2，3，4）的3阶张量
               [2,0,0,0],
               [3,0,0,0]],

              [[2,0,0,0],
               [0,0,0,0],
               [0,0,0,0]]])

c = c.transpose(0, 2, 1)               # 切换坐标轴→(2, 4, 3)
print(c)
```

```
[[[1 2 3]
  [2 0 0]
  [3 0 0]
  [4 0 0]]

 [[2 0 0]
```

第3章　深度学习中必备的数学知识

```
[0 0 0]
[0 0 0]
[0 0 0]]]
```

上述代码使用 transpose 方法对后面两个维度进行切换，将张量的形状变形为（2，4，3）。接下来，使用 transpose（2，0，1）将位于最后的维度往前移动一个位置。

使用 transpose 方法切换坐标轴 2

```
c = c.transpose(2, 0, 1)(3, 2, 4)
print(c)

……………………………………………………………………

[[[1 2 3 4]
  [2 0 0 0]]

 [[2 0 0 0]
  [0 0 0 0]]

 [[3 0 0 0]
  [0 0 0 0]]]
```

经过上述代码的变换，张量的形状变成了（3，2，4）。接下来使用 transpose（1，0，2）将张量的形状恢复到初始状态。

使用 transpose 方法切换坐标轴 3

```
c = c.transpose(1, 0, 2)(2, 3, 4)
print(c)

……………………………………………………………………

[[[1 2 3 4]
  [2 0 0 0]
  [3 0 0 0]]
 [[2 0 0 0]
  [0 0 0 0]
  [0 0 0 0]]]
```

张量的形状恢复到了最初的（2，3，4）。通过此类操作可以使用 transpose 方法来实现对维度顺序的变换（切换坐标轴）。

通过 reshape 方法和 transpose 方法的搭配使用，就可以实现对张量形状的任意变换。例如，可以将形状为（a, b, c, d）的张量变换为下面的形状。

$$(ad, bc)$$
$$(d, abc)$$
$$(bcd, a, 1)$$
$$(c, ab, d)$$

需要注意的是，无论形状如何变化，元素的总数量都是保持不变的。在深度学习的程序代码中，经常需要根据具体的需求将张量的形状转换为可用于运算的形状。

3.2.5 标量与矩阵的乘积

在本书中会经常使用到向量和矩阵，但是由于纵向量可以看作是列数为 1 的矩阵，而横向量可以看作是行数为 1 的矩阵，因此接下来的内容将主要针对矩阵进行讲解。

矩阵与标量的乘积运算，是将矩阵的每个元素与标量的值进行乘法运算。接下来，让我们思考下面这个 $m \times n$ 的矩阵 A。

$$A = \begin{pmatrix} a_{11} & a_{12} & \cdots & a_{1n} \\ a_{21} & a_{22} & \cdots & a_{2n} \\ \vdots & \vdots & \ddots & \vdots \\ a_{m1} & a_{m2} & \cdots & a_{mn} \end{pmatrix}$$

将这个矩阵与标量 c 进行乘法运算，可得到下面的结果。

$$cA = \begin{pmatrix} ca_{11} & ca_{12} & \cdots & ca_{1n} \\ ca_{21} & ca_{22} & \cdots & ca_{2n} \\ \vdots & \vdots & \ddots & \vdots \\ ca_{m1} & ca_{m2} & \cdots & ca_{mn} \end{pmatrix}$$

矩阵的每个元素变成了相应的元素与 c 的乘积。例如，对于下面的情况

$$c = 2$$
$$A = \begin{pmatrix} 0 & 1 & 2 \\ 3 & 4 & 5 \\ 6 & 7 & 8 \end{pmatrix}$$

A 与 c 的乘积如下所示。

$$cA = \begin{pmatrix} 2\times 0 & 2\times 1 & 2\times 2 \\ 2\times 3 & 2\times 4 & 2\times 5 \\ 2\times 6 & 2\times 7 & 2\times 8 \end{pmatrix}$$

$$
= \begin{pmatrix} 0 & 2 & 4 \\ 6 & 8 & 10 \\ 12 & 14 & 16 \end{pmatrix}
$$

将上述矩阵用 NumPy 进行编程实现，代码如下。

矩阵与标量的乘积

```
import numpy as np

c = 2
a = np.array([[0, 1, 2],
              [3, 4, 5],
              [6, 7, 8]])
print(c*a)
```

```
[[ 0  2  4]
 [ 6  8 10]
 [12 14 16]]
```

与乘法运算类似，其他的运算如标量与矩阵的加法、减法、除法等，也是对标量与矩阵的每个元素进行计算。

3.2.6　元素项的乘积

矩阵的每个元素项的乘积被称为哈达玛积（Hadamard Product），表示对矩阵的每个元素进行乘法运算。假设有下面的矩阵 A 和 B。

$$
A = \begin{pmatrix} a_{11} & a_{12} & \cdots & a_{1n} \\ a_{21} & a_{22} & \cdots & a_{2n} \\ \vdots & \vdots & \ddots & \vdots \\ a_{m1} & a_{m2} & \cdots & a_{mn} \end{pmatrix}
$$

$$
B = \begin{pmatrix} b_{11} & b_{12} & \cdots & b_{1n} \\ b_{21} & b_{22} & \cdots & b_{2n} \\ \vdots & \vdots & \ddots & \vdots \\ b_{m1} & b_{m2} & \cdots & b_{mn} \end{pmatrix}
$$

对矩阵的每个元素进行乘法运算，可以使用运算符 $\circ$ 表示为下面的表达式。

$$A \circ B = \begin{pmatrix} a_{11}b_{11} & a_{12}b_{12} & \cdots & a_{1n}b_{1n} \\ a_{21}b_{21} & a_{22}b_{22} & \cdots & a_{2n}b_{2n} \\ \vdots & \vdots & \ddots & \vdots \\ a_{m1}b_{m1} & a_{m2}b_{m2} & \cdots & a_{mn}b_{mn} \end{pmatrix}$$

例如，对于下列情况

$$A = \begin{pmatrix} 0 & 1 & 2 \\ 3 & 4 & 5 \\ 6 & 7 & 8 \end{pmatrix}$$

$$B = \begin{pmatrix} 0 & 1 & 2 \\ 2 & 0 & 1 \\ 1 & 2 & 0 \end{pmatrix}$$

矩阵 A 与 B 的元素项乘积的运算如下：

$$A \circ B = \begin{pmatrix} 0\times0 & 1\times1 & 2\times2 \\ 3\times2 & 4\times0 & 5\times1 \\ 6\times1 & 7\times2 & 8\times0 \end{pmatrix}$$

$$= \begin{pmatrix} 0 & 1 & 4 \\ 6 & 0 & 5 \\ 6 & 14 & 0 \end{pmatrix}$$

将上述的表达式使用 NumPy 进行编程实现，代码如下。

矩阵间的乘积

```
import numpy as np

a = np.array([[0, 1, 2],
              [3, 4, 5],
              [6, 7, 8]])
b = np.array([[0, 1, 2],
              [2, 0, 1],
              [1, 2, 0]])
print(a*b)
```

```
[[ 0  1 4]
 [ 6  0 5]
 [ 6 14 0]]
```

要对矩阵的元素项的乘积进行计算，需要参与计算的数组的大小完全相同。不过，通过使用 NumPy 的广播机制（第 2.4.6 小节），即使数组的大小不同，也可以对矩阵的元素项乘积进行计算。

与元素项的乘法运算类似，其他的运算如加法（+）、减法（–）、除法（/）、求余（%）等，也可以用于元素项的运算。下面是不同元素项运算的示例。

加法

```
print(a+b)
```

```
[[0 2 4]
 [5 4 6]
 [7 9 8]]
```

减法

```
print(a-b)
```

```
[[0 0 0]
 [1 4 4]
 [5 5 8]]
```

除法（加 1 是为了防止除以零）

```
print(a/(b+1))
```

```
[[ 0.   0.5          0.66666667]
 [ 1.   4.           2.5       ]
 [ 3.   2.33333333   8.        ]]
```

求余（加 1 是为了防止除以零）

```
print(a%(b+1))
```

```
[[0 1 2]
 [0 0 1]
 [0 1 0]]
```

3.2.7 矩阵乘法

当说到“矩阵积”或者“矩阵乘法”时，通常都意味着比元素项的乘积要稍微复杂一些的运算。例如，将一个 3 行 ×4 列的矩阵与 4 行 ×3 列的矩阵进行乘法运算时，是将前一个矩阵的第一行与后一个矩阵的第一列之间进行运算，如图 3.3 所示。

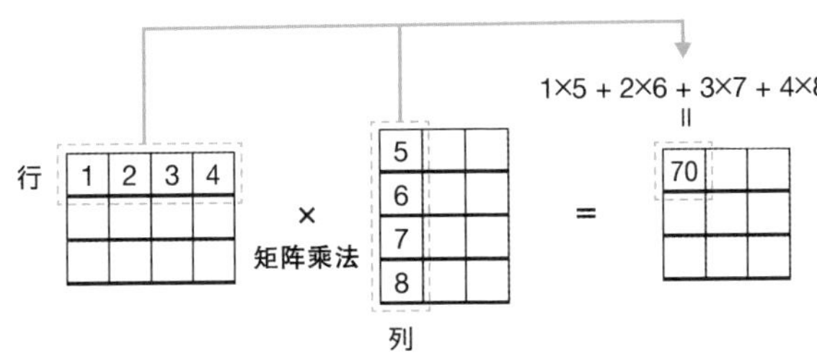

图 3.3 矩阵的乘积（第一行与第一列的各个元素乘积的总和）

矩阵乘法是将前一个矩阵中每行的各个元素与后一个矩阵中每列的各个元素相乘，并对相乘的结果进行求和计算，而最终的结果将作为新的矩阵的元素。同样地，对前一个矩阵的第一行与后一个矩阵的第二列的计算，如图 3.4 所示。

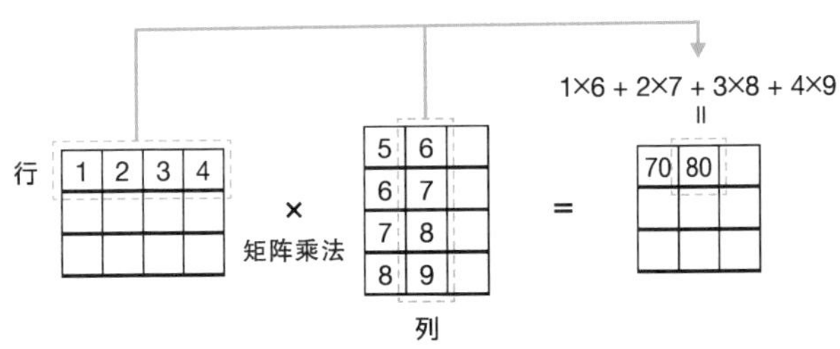

图 3.4 矩阵的乘积（第一行与第二列的各个元素乘积的总和）

通过这种方式，对左边矩阵中所有的行与右边矩阵中所有的列进行组合运算，就可以生成一个新的矩阵。

接下来看一个矩阵乘法的具体示例。首先，将矩阵 A 和矩阵 B 设置为下面的形式。

$$A = \begin{pmatrix} a_{11} & a_{12} & a_{13} \\ a_{21} & a_{22} & a_{23} \end{pmatrix}$$

$$B = \begin{pmatrix} b_{11} & b_{12} \\ b_{21} & b_{22} \\ b_{31} & b_{32} \end{pmatrix}$$

A 是 2×3 的矩阵，B 是 3×2 的矩阵。那么，A 与 B 的乘积可以表示为下面的形式。

$$AB = \begin{pmatrix} a_{11} & a_{12} & a_{13} \\ a_{21} & a_{22} & a_{23} \end{pmatrix} \begin{pmatrix} b_{11} & b_{12} \\ b_{21} & b_{22} \\ b_{31} & b_{32} \end{pmatrix}$$

$$= \begin{pmatrix} a_{11}b_{11} + a_{12}b_{21} + a_{13}b_{31} & a_{11}b_{12} + a_{12}b_{22} + a_{13}b_{32} \\ a_{21}b_{11} + a_{22}b_{21} + a_{23}b_{31} & a_{21}b_{12} + a_{22}b_{22} + a_{23}b_{32} \end{pmatrix}$$

$$= \begin{pmatrix} \sum_{k=1}^{3} a_{1k}b_{k1} & \sum_{k=1}^{3} a_{1k}b_{k2} \\ \sum_{k=1}^{3} a_{2k}b_{k1} & \sum_{k=1}^{3} a_{2k}b_{k2} \end{pmatrix}$$

对 A 的每一行和 B 的每一列的各个元素进行乘法运算，并将乘法运算结果的总和作为新的矩阵中各个元素的值。在上述的矩阵乘法表达式中使用了求和符号 $\sum$，这在矩阵乘法的求和运算中经常会被使用到。在深度学习中，需要频繁地对乘积进行求和运算，因此矩阵乘法运算操作是必不可少的。

接下来尝试对矩阵中的数值进行计算。假设有下面的矩阵 A 和矩阵 B。

$$A = \begin{pmatrix} 0 & 1 & 2 \\ 1 & 2 & 3 \end{pmatrix}$$

$$B = \begin{pmatrix} 2 & 1 \\ 2 & 1 \\ 2 & 1 \end{pmatrix}$$

对于这两个矩阵的乘积，可以使用下列方式进行计算。

$$AB = \begin{pmatrix} 0 & 1 & 2 \\ 1 & 2 & 3 \end{pmatrix} \begin{pmatrix} 2 & 1 \\ 2 & 1 \\ 2 & 1 \end{pmatrix}$$

$$= \begin{pmatrix} 0 \times 2 + 1 \times 2 + 2 \times 2 & 0 \times 1 + 1 \times 1 + 2 \times 1 \\ 1 \times 2 + 2 \times 2 + 3 \times 2 & 1 \times 1 + 2 \times 1 + 3 \times 1 \end{pmatrix}$$

$$= \begin{pmatrix} 6 & 3 \\ 12 & 6 \end{pmatrix}$$

与标量的乘法不同，对于矩阵乘法，除特定条件外，前一个的矩阵与后一个的矩阵是不能交换的。而且，为了能够进行矩阵的乘法运算，前一个矩阵的列数与后一个矩阵的行数必须一致。例如，前一个矩阵的列数为 3，则后一项矩阵的行数也必须为 3。

$l \times m$ 的矩阵与 $m \times n$ 的矩阵的乘积是一个 $l \times n$ 的矩阵。前一个矩阵的行数与后一个矩阵的列数被作为新生成矩阵的行数和列数，如图 3.5 所示。

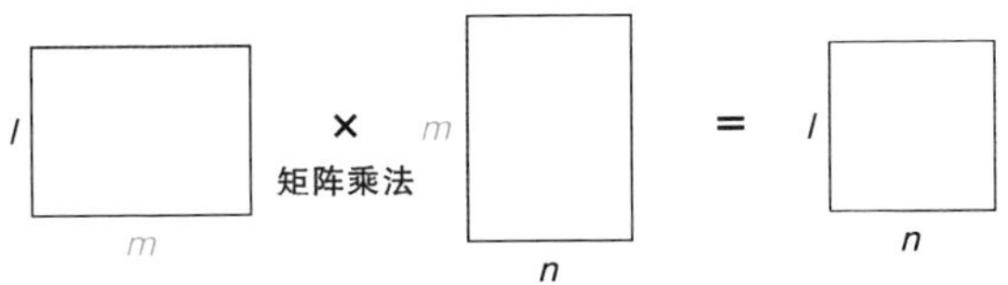

图 3.5　关于矩阵乘法的行数与列数

矩阵乘法可以用更为普遍的表达式记述。下面列举的是 $l \times m$ 矩阵 A 与 $m \times n$ 矩阵 B 的矩阵乘积。

$$AB = \begin{pmatrix} a_{11} & a_{12} & \cdots & a_{1m} \\ a_{21} & a_{22} & \cdots & a_{2m} \\ \vdots & \vdots & \ddots & \vdots \\ a_{l1} & a_{l2} & \cdots & a_{lm} \end{pmatrix} \begin{pmatrix} b_{11} & b_{12} & \cdots & b_{1n} \\ b_{21} & b_{22} & \cdots & b_{2n} \\ \vdots & \vdots & \ddots & \vdots \\ b_{m1} & b_{m2} & \cdots & b_{mn} \end{pmatrix}$$

$$= \begin{pmatrix} \sum_{k=1}^{m} a_{1k}b_{k1} & \sum_{k=1}^{m} a_{1k}b_{k2} & \cdots & \sum_{k=1}^{m} a_{1k}b_{kn} \\ \sum_{k=1}^{m} a_{2k}b_{k1} & \sum_{k=1}^{m} a_{2k}b_{k2} & \cdots & \sum_{k=1}^{m} a_{2k}b_{kn} \\ \vdots & \vdots & \ddots & \vdots \\ \sum_{k=1}^{m} a_{lk}b_{k1} & \sum_{k=1}^{m} a_{lk}b_{k2} & \cdots & \sum_{k=1}^{m} a_{lk}b_{kn} \end{pmatrix}$$

如果采取对矩阵中所有的行与列进行乘积运算的方式进行矩阵乘法运算，是非常麻烦的。不过，如果使用 NumPy 的 dot 函数，就可以非常简单地实现矩阵的乘法运算。

使用 dot 函数实现矩阵的乘法运算

```
import numpy as np

a = np.array([[0, 1, 2],
              [1, 2, 3]])
b = np.array([[2, 1],
              [2, 1],
```

```
              [2, 1]])
print(np.dot(a, b))
```

```
[[ 6 3]
 [12 6]]
```

如果 a 的列数与 b 的行数不一致，执行时 NumPy 就会返回错误。

我们可以将横向量看作是行数为 1 的矩阵，而纵向量则可看作是列数为 1 的矩阵。因此，元素数量为 m 的横向量$\vec{a}$和 $m \times n$ 的矩阵 B 的乘积可以用下面的式子进行计算。

$$\vec{a}B = (a_1, a_2, \cdots, a_m)\begin{pmatrix} b_{11} & b_{12} & \cdots & b_{1n} \\ b_{21} & b_{22} & \cdots & b_{2n} \\ \vdots & \vdots & \ddots & \vdots \\ b_{m1} & b_{m2} & \cdots & b_{mn} \end{pmatrix}$$

$$= \left(\sum_{k=1}^{m} a_k b_{k1}, \sum_{k=1}^{m} a_k b_{k2}, \cdots, \sum_{k=1}^{m} a_k b_{kn}\right)$$

NumPy 的 dot 函数也可用于矩阵与向量（一维数组）之间的乘法计算。例如，在下面的场合中，向量$\vec{a}$被当作行数为 1 的矩阵进行处理。

矩阵与向量的乘积

```
import numpy as np
a = np.array([1, 2, 3])                    # 作为行数为1的矩阵进行处理
b = np.array([[1, 2],
              [1, 2],
              [1, 2]])
print(np.dot(a, b))
```

```
[ 6 12]
```

通过使用矩阵乘法，可以一次性对大量数据进行高速的运算处理。矩阵乘法对于深度学习来说也是实现高速化运算的重要计算方法。

3.2.8 矩阵的转置

在对矩阵进行的操作中，矩阵转置是非常重要的操作之一。通过对矩阵的转置操作可以对矩阵的行和列进行切换。下面是矩阵转置的示例，例如对于矩阵 A 的转置矩阵用 A^{T} 来表示。

$$A=\begin{pmatrix}1 & 2 & 3\\ 4 & 5 & 6\end{pmatrix}$$

$$A^{\mathrm{T}}=\begin{pmatrix}1 & 4\\ 2 & 5\\ 3 & 6\end{pmatrix}$$

$$B=\begin{pmatrix}a & b\\ c & d\\ e & f\end{pmatrix}$$

$$B^{\mathrm{T}}=\begin{pmatrix}a & c & e\\ b & d & f\end{pmatrix}$$

在 NumPy 中，只要在表示矩阵的数组名后面添加上 .T 就能实现对矩阵的转置变换。

使用 T 属性进行转置

```
import numpy as np

a = np.array([[1, 2, 3],
              [4, 5, 6]])
print(a.T)                                   # 转置
```

```
[[1 4]
 [2 5]
 [3 6]]
```

在矩阵乘法运算中，通常都要求前一个矩阵的列数与后一个矩阵的行数保持一致。然而，对于行数与列数不一致的矩阵，经过转置变换也可以满足矩阵乘法运算的要求。

假设有 $l \times n$ 的矩阵 A 和 $m \times n$ 的矩阵 B，且 $n \neq m$，如图 3.6 所示。

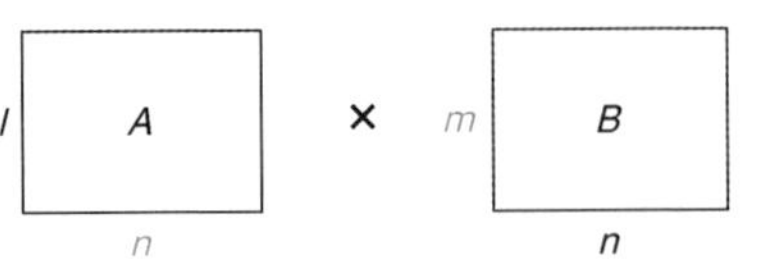

图 3.6　无法进行矩阵乘法运算的例子

在这种情况中，矩阵 A 的列数为 n，矩阵 B 的行数为 m，且它们是不相等的，因此无法进行矩阵乘法运算。不过，只要对矩阵 B 进行转置操作，就能满足矩阵乘法运算的要求，如图 3.7 所示。

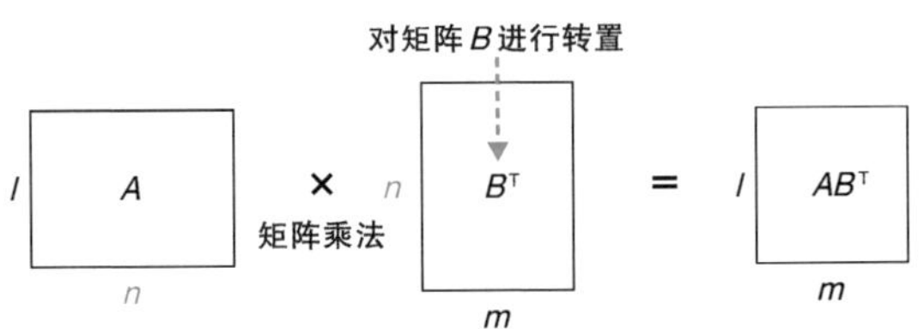

图 3.7　通过转置使矩阵乘法运算变为可能

矩阵 A 的列数与矩阵 B^T 的行数相等，因此可以对两者进行矩阵乘法运算。

在深度学习的程序代码中，会经常使用到类似的转置操作。下面是对 NumPy 的矩阵进行转置并对矩阵进行乘法运算的例子。在数组名后面添加 .T 就可以实现对矩阵的转置操作。

通过转置操作使矩阵乘法运算变为可能

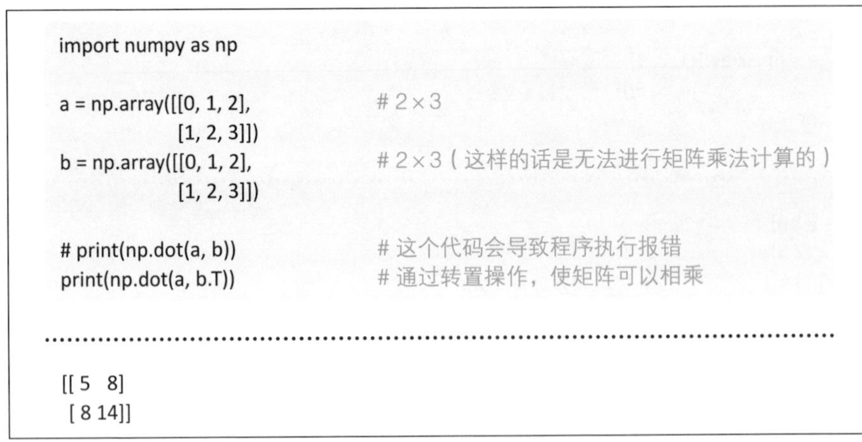

```
import numpy as np

a = np.array([[0, 1, 2],              # 2×3
              [1, 2, 3]])
b = np.array([[0, 1, 2],              # 2×3（这样的话是无法进行矩阵乘法计算的）
              [1, 2, 3]])

# print(np.dot(a, b))                 # 这个代码会导致程序执行报错
print(np.dot(a, b.T))                 # 通过转置操作，使矩阵可以相乘

................................................................

[[ 5  8]
 [ 8 14]]
```

在上述代码中，经过转置操作，矩阵 b 的行数变为 3，与矩阵 a 的列数相等，因此就可以对两者进行矩阵乘法运算了。在前一章中简单介绍过用 transpose(1,0) 也可以完成转置操作，如果需要对更高阶的张量进行坐标轴切换，就可以使用 transpose 方法。

3.3 微分

微分是指某个函数上的每一个点的变化程度。作为深度学习技术的背景理论，微分相关的数学知识是不可或缺的。在本节中，我们将从微分的基础部分开始，对由多个变量组成的函数的微分、由多个函数组成的复合函数的微分等知识进行讲解。

需要注意的是，本节中所介绍的微分相关知识有些地方可能缺乏严谨性。不过，对于学习深度学习技术而言，培养理解矩阵和微分等理论的想象力更为重要，相比严谨地理解这些理论而言，更应当重视对知识整体的脉络进行把握。

3.3.1 常微分

对于 x 的微小的变化Δx占函数$f(x)$整体变化的比例，可以用下面的公式表示。

$$\frac{f(x+\Delta x)-f(x)}{\Delta x}$$

在这个公式中，当Δx的值无限逼近 0 的时候，就可以得到新的函数$f'(x)$。

$$f'(x)=\lim_{\Delta x\to 0}\frac{f(x+\Delta x)-f(x)}{\Delta x}$$

这时，函数$f'(x)$就被称为$f(x)$的导数。而从函数$f(x)$得到函数$f'(x)$的过程就被称为对函数$f(x)$进行微分。

导数也可以使用下面的形式表示，$\frac{\mathrm{d}}{\mathrm{d}x}$表示使用 x 进行微分。

$$f'(x)=\frac{\mathrm{d}}{\mathrm{d}x}f(x)$$

这种情况下，函数只有 x 这一个自变量，通常将这种对拥有一个自变量的函数（一元函数）进行微分的计算称为常微分。

在本书中，我们将 x 的变化相对于$f(x)$的变化所占的比例称为梯度，而通过使用导数可以对一元函数上的某个点的梯度进行求解。函数$f(x)$上的某个点$(a, f(a))$的梯度就是$f'(x)$。

在图 3.8 中，虚线表示的是曲线上点$(a, f(a))$的切线，这个切线的梯度$f'(a)$与曲线在这个点上的梯度是相同的。

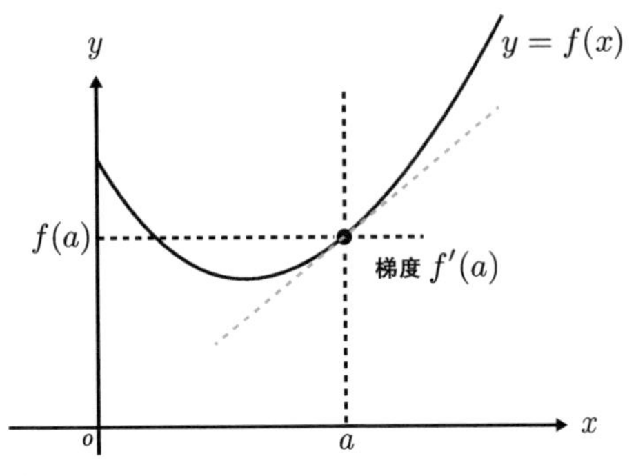

图 3.8　导数与梯度

在后面的章节中会对所谓的梯度下降法进行讲解，那个时候类似这种函数的梯度将是非常重要的概念。

3.3.2　微分公式

很多函数都可以通过使用微分公式对导数进行非常简单的求解计算。接下来介绍几组微分方程的公式。

当任意实数 r 被代入$f(x)=x^r$中时，则下面的公式是成立的。

$$\frac{\mathrm{d}}{\mathrm{d}x} f(x)=r x^{r-1} \tag{3-6}$$

此外，当对函数的和$f(x)+g(x)$进行微分时，可以对这两个函数分别进行微分，然后将结果相加。

$$\frac{\mathrm{d}}{\mathrm{d}x}(f(x)+g(x))=\frac{\mathrm{d}}{\mathrm{d}x} f(x)+\frac{\mathrm{d}}{\mathrm{d}x} g(x) \tag{3-7}$$

对于函数的乘积$f(x)g(x)$，则可以使用下面的公式进行微分计算。

$$\frac{\mathrm{d}}{\mathrm{d}x}(f(x) g(x))=f(x) \frac{\mathrm{d}}{\mathrm{d}x} g(x)+g(x) \frac{\mathrm{d}}{\mathrm{d}x} f(x)$$

对于常量，可以直接提取到微分计算的外部。当 k 为任意实数时，则下面的公式是成立的。

$$\frac{\mathrm{d}}{\mathrm{d}x}kf(x)=k\frac{\mathrm{d}}{\mathrm{d}x}f(x) \tag{3-8}$$

对于幂运算，当 a 为任意实数时，则下面的公式是成立的。

$$\frac{\mathrm{d}}{\mathrm{d}x}a^x=a^x\log a$$

对于上述公式，当 a 为自然常数 e 时，则下面的公式是成立的，这也是为什么使用自然常数很方便的原因之一。

$$\frac{\mathrm{d}}{\mathrm{d}x}\mathrm{e}^x=\mathrm{e}^x$$

自然对数的导数是 x 的倒数，如下所示。

$$\frac{\mathrm{d}}{\mathrm{d}x}\log x=\frac{1}{x}$$

接下来，作为示例我们尝试对下面的函数进行微分。

$$f(x)=3x^2+4x-5$$

对于上述函数，我们可以用式（3–6）、式（3–7）、式（3–8）进行微分计算。

$$\begin{aligned}f'(x)&=\frac{\mathrm{d}}{\mathrm{d}x}(3x^2)+\frac{\mathrm{d}}{\mathrm{d}x}(4x^1)-\frac{\mathrm{d}}{\mathrm{d}x}(5x^0)\\&=3\frac{\mathrm{d}}{\mathrm{d}x}(x^2)+4\frac{\mathrm{d}}{\mathrm{d}x}(x^1)-5\frac{\mathrm{d}}{\mathrm{d}x}(x^0)\\&=6x+4\end{aligned}$$

通过这种方式，就可以使用各种公式的组合对函数的导数进行求解。

3.3.3 连锁律

在开始学习连锁律之前，我们先了解一下复合函数。

$$y=f(u)$$

$$u=g(x)$$

所谓复合函数，就是像上述这样，将多个函数合并在一起的函数。例如，函数 $y=(x^2+1)^3$ 可看作是下面这样包含 u 的复合函数。

$$y=u^3$$
$$u=x^2+1$$

对于复合函数的微分，可以使用组成复合函数的各个函数的导数的乘积来表示。

这就是所谓的连锁律（chain rule）。连锁律可以用下面的公式表示。

$$\frac{\mathrm{d}y}{\mathrm{d}x}=\frac{\mathrm{d}y}{\mathrm{d}u}\frac{\mathrm{d}u}{\mathrm{d}x} \tag{3-9}$$

当 y 是 u 的函数，而 u 又是 x 的函数时，通过这个公式就可以用 x 对 y 进行微分。例如，让我们尝试对下面的函数进行微分。

$$y=\left(x^3+2x^2+3x+4\right)^3$$

对于这个函数式，我们可以将 u 进行如下设定。

$$u=x^3+2x^2+3x+4$$

这样一来，y 就可以用下面的等式表示。

$$y=u^3$$

此时，使用式（3–9）的连锁律公式就可以用 x 对 y 进行微分。

$$\begin{aligned}\frac{\mathrm{d}y}{\mathrm{d}x}&=\frac{\mathrm{d}y}{\mathrm{d}u}\frac{\mathrm{d}u}{\mathrm{d}x}\\&=3u^2\left(3x^2+4x+3\right)\\&=3\left(x^3+2x^2+3x+4\right)^2\left(3x^2+4x+3\right)\end{aligned}$$

如上所示，对于复合函数我们可以使用连锁律对其进行微分。

微分的连锁律可以用下面的方法进行验证。假设当$y=f\left(u\right)$、$u=g\left(x\right)$时，y 的导数用 x 可表示为

$$\begin{aligned}\frac{\mathrm{d}y}{\mathrm{d}x}&=\lim_{\Delta x\to 0}\frac{f(g(x+\Delta x))-f(g(x))}{\Delta x}\\&=\lim_{\Delta x\to 0}\left(\frac{f(g(x+\Delta x))-f(g(x))}{g(x+\Delta x)-g(x)}\cdot\frac{g(x+\Delta x)-g(x)}{\Delta x}\right)\end{aligned}$$

此时，如果我们设置$\Delta u=g\left(x+\Delta x\right)-g\left(x\right)$，则当$\Delta x\to 0$时，可知$\Delta u\to 0$，因此可以推导出连锁律公式，如下所示。

$$\begin{aligned}\frac{\mathrm{d}y}{\mathrm{d}x}&=\lim_{\Delta x\to 0}\left(\frac{f(u+\Delta u)-f(u)}{\Delta u}\cdot\frac{\Delta u}{\Delta x}\right)\\&=\lim_{\Delta u\to 0}\left(\frac{f(u+\Delta u)-f(u)}{\Delta u}\right)\cdot\lim_{\Delta x\to 0}\frac{\Delta u}{\Delta x}\\&=\frac{\mathrm{d}y}{\mathrm{d}u}\frac{\mathrm{d}u}{\mathrm{d}x}\end{aligned}$$

微分的连锁律将在第 5 章的反向传播中使用到。

3.3.4 偏微分

在包含多个自变量的函数中，如果只对其中一个自变量进行微分就称为偏微分。在偏微分中，其他的自变量被当作常数来处理。例如，由两个自变量组成的函数$f(x,y)$的偏微分可以表示为下面的公式。

$$\frac{\partial}{\partial x}f(x,y)=\lim_{\Delta x\to 0}\frac{f(x+\Delta x,y)-f(x,y)}{\Delta x} \tag{3-10}$$

只对 x 进行非常微小量的Δx变化，而Δx是无限趋近于零的，而 y 不会发生微小的变化，因此进行偏微分计算时将其作为常量。图 3.9 所示为偏微分方程示意图。

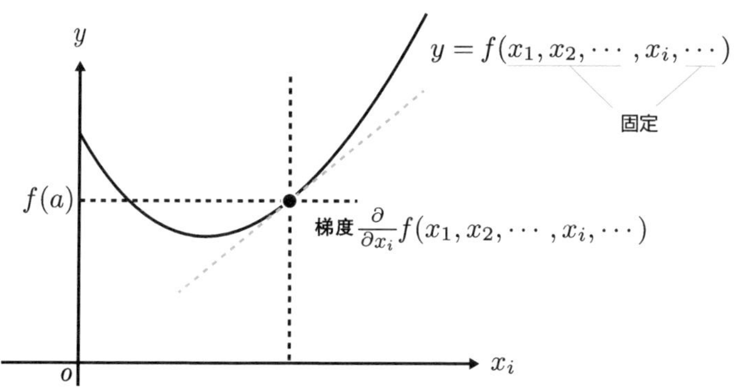

图 3.9 偏微分方程示意图

在偏微分计算中，我们将除了自变量x_i以外的变量都作为常量，只对x_i的变化相对于$f(x_1,x_2,\cdots,x_i,\cdots)$的变化的比例，也就是梯度进行求解。例如，假设现有下列包含自变量 x、y 的函数$f(x,y)$。

$$f(x,y)=3x^2+4xy+5y^3$$

我们对这个函数进行偏微分的时候，将 y 作为常量，并使用微分公式对 x 进行微分，结果如下。在偏微分中，通常不使用 d 而是使用∂符号来表示。

$$\frac{\partial}{\partial x}f(x,y)=6x+4y$$

这种通过偏微分推导出来的函数被称为偏导数。这种情况下，偏导数表示的是当 y 值固定时，x 的变化相对于$f(x,y)$变化的比例。

如果对$f\left(x,y\right)$的 y 进行偏微分，则可得到如下表达式。这种情况下，自变量 x 被作为常量处理。

$$\frac{\partial}{\partial y}f\left(x,y\right)=4x+15y^2$$

上面是当 x 的值固定不变时，y 的变化相对于$f(x,y)$的变化的比例。

运用偏微分，可以通过特定参数的微小变化，对运算结果所造成的影响进行预测。偏微分主要在第 5 章的反向传播中会使用到。

3.3.5　全微分

接下来，对多个自变量的变化相对于函数值的变化所在的比例进行求解。例如，现有一个函数$z=f\left(x,y\right)$。将 x 的微小变化用Δx表示，将 y 的微小变化用Δy表示，则 z 的微小变化Δz可表示为如下形式。

$$\begin{aligned}\Delta z&=f(x+\Delta x,y+\Delta y)-f(x,y)\\&=f(x+\Delta x,y+\Delta y)-f(x,y+\Delta y)+f(x,y+\Delta y)-f(x,y)\\&=\frac{f(x+\Delta x,y+\Delta y)-f(x,y+\Delta y)}{\Delta x}\Delta x+\frac{f(x,y+\Delta y)-f(x,y)}{\Delta y}\Delta y\end{aligned}$$

在这个表达式中，Δx和Δy如下所示无限趋近于零。

$$\begin{aligned}\lim_{\substack{\Delta x\to0\\\Delta y\to0}}\Delta z=&\lim_{\substack{\Delta x\to0\\\Delta y\to0}}\frac{f(x+\Delta x,y+\Delta y)-f(x,y+\Delta y)}{\Delta x}\Delta x\\&+\lim_{\substack{\Delta x\to0\\\Delta y\to0}}\frac{f(x,y+\Delta y)-f(x,y)}{\Delta y}\Delta y\end{aligned}$$

在这个表达式中，如果Δx和Δy足够小的话，右边第一项的Δy就可以忽略不计。然后，套用式（3–10）的偏微分方程，将左边变为$\mathrm{d}z$，微小量Δx和Δy置换为$\mathrm{d}x$和$\mathrm{d}y$，则可以推导出如下公式。

$$\mathrm{d}z=\frac{\partial z}{\partial x}\mathrm{d}x+\frac{\partial z}{\partial y}\mathrm{d}y$$

这个$\mathrm{d}z$就被称为$z=f\left(x,y\right)$的全微分。为了处理自变量多于两个的函数，可以将其转化为更通用的形式。通用的全微分公式为

$$\mathrm{d}z=\sum_i\frac{\partial z}{\partial x_i}\mathrm{d}x_i \tag{3–11}$$

通过使用全微分，我们就可以对包含多个自变量的函数的微小变化量用各个自变量的偏微分进行求解。神经网络就是由包含多个参数的多变量函数组成的，在对微小的变化量进行求解时，全微分能帮助我们解决问题。

3.3.6 多变量的连锁律

接下来，对由多变量构成的复合函数使用微分连锁律。首先，假设有如下复合函数。

$$z = f(u,v)$$

$$u = g(x)$$

$$v = h(x)$$

z 是 u 和 v 的函数，而 u 和 v 又分别是 x 的函数。下面就对这个复合函数求取$\frac{dz}{dx}$。在这种情况下，由式（3–11）可知，下列等式是成立的。

$$dz = \frac{\partial z}{\partial u}du + \frac{\partial z}{\partial v}dv$$

对上述等式的两边除以微小量dx，则由复合函数 z 对 x 的微分可以推导出下面的公式。

$$\frac{dz}{dx} = \frac{\partial z}{\partial u}\frac{du}{dx} + \frac{\partial z}{\partial v}\frac{dv}{dx} \tag{3–12}$$

对以上公式进行一般化可得到下面的公式。

$$\frac{dz}{dx} = \sum_i \frac{\partial z}{\partial u_i}\frac{du_i}{dx}$$

其中，u_i是类似上面的 u、v 的中间函数。与之前我们介绍过的式（3–9）不同的地方，就是增加了一个求和符号$\sum$。

接下来，我们尝试对下面的复合函数也采用相同的方法进行变换。

$$z = f(u,v)$$

$$u = g(x,y)$$

$$v = h(x,y)$$

其中，z 是 u 和 v 的函数，同时 u 和 v 又是 x 和 y 的函数。在这种情况中，z 相对于 x 的变化比例，和 z 相对于 y 的变化比例可以用偏微分表示。对上述方程应用公式（3-12）可以推导出下面的等式。

$$\frac{\partial z}{\partial x}=\frac{\partial z}{\partial u}\frac{\partial u}{\partial x}+\frac{\partial z}{\partial v}\frac{\partial v}{\partial x}$$

$$\frac{\partial z}{\partial y}=\frac{\partial z}{\partial u}\frac{\partial u}{\partial y}+\frac{\partial z}{\partial v}\frac{\partial v}{\partial y}$$

接下来，我们将以上公式一般化。当x_i为构成 z 的自变量之一时，则下面的关系是成立的。

$$\frac{\partial z}{\partial x_i}=\sum_j \frac{\partial z}{\partial u_j}\frac{\partial u_j}{\partial x_i}$$

此外，我们使用上述公式来表示向量与矩阵的矩阵乘法。其中，z 是自变量$x_1,x_2,\cdots,x_n$的函数，当存在 m 个中间函数时，下列关系是成立的。

$$\left(\frac{\partial z}{\partial x_1},\frac{\partial z}{\partial x_2},\cdots,\frac{\partial z}{\partial x_n}\right)=\left(\frac{\partial z}{\partial u_1},\frac{\partial z}{\partial u_2},\cdots,\frac{\partial z}{\partial u_m}\right)\begin{pmatrix} \frac{\partial u_1}{\partial x_1} & \frac{\partial u_1}{\partial x_2} & \cdots & \frac{\partial u_1}{\partial x_n} \\ \frac{\partial u_2}{\partial x_1} & \frac{\partial u_2}{\partial x_2} & \cdots & \frac{\partial u_2}{\partial x_n} \\ \vdots & \vdots & \ddots & \vdots \\ \frac{\partial u_m}{\partial x_1} & \frac{\partial u_m}{\partial x_2} & \cdots & \frac{\partial u_m}{\partial x_n} \end{pmatrix}$$

$$=\left(\sum_{k=1}^{m}\frac{\partial z}{\partial u_k}\frac{\partial u_k}{\partial x_1},\sum_{k=1}^{m}\frac{\partial z}{\partial u_k}\frac{\partial u_k}{\partial x_2},\cdots,\sum_{k=1}^{m}\frac{\partial z}{\partial u_k}\frac{\partial u_k}{\partial x_n}\right)$$

使用矩阵乘法可以一次性对所有自变量的偏导数进行求解。通过上述推导可得到连锁律的通用公式。由于神经网络可看作是包含多个自变量的复合函数，因此通过运用多变量的连锁律，可以计算出网络中的各个参数对网络整体的影响效果。

3.4 正态分布

正态分布（Normal Distribution）通常也称为高斯分布（Gaussian Distribution），是一种对自然界及人类的行动或性质等现象所对应数据的分布状态的描述。例如，产品的尺寸、人体的身高、考试的成绩等数据，大体上都服从正态分布的规律。正态分布可以用图 3.10 所示的钟形图表示。

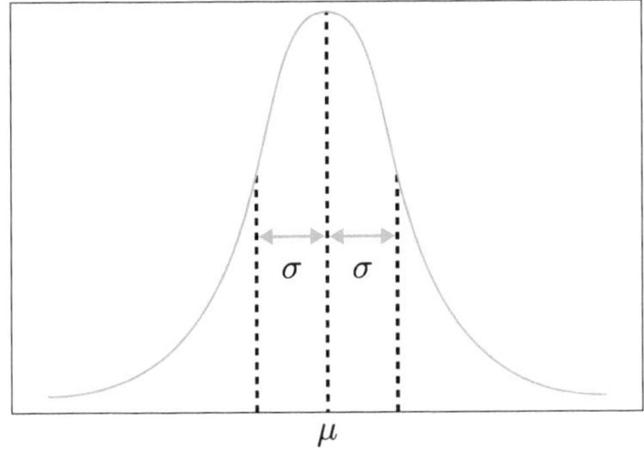

图 3.10　正态分布示意图

图 3.10 表示的是，对于横轴上的某个值，对应的纵轴上的值就表示这个值的频率或者概率。其中，μ为平均值，σ则称为标准差，是用于衡量数据变化程度的一种尺度。

平均值μ和标准差σ可以分别使用下面的公式来表示。其中，x_k表示其各自的数据，n 则表示数据的数量。

$$\mu = \frac{\sum_{k=1}^{n} x_k}{n}$$

$$\sigma = \sqrt{\frac{\sum_{k=1}^{n} \left(x_k - \mu\right)^2}{n}}$$

对于平均值和标准差，可以使用 NumPy 的 average 函数和 std 函数进行简单的求解。

平均值和标准差的计算

```
import numpy as np

a = np.array([1, 2, 3, 4, 5])

print("平均值:", np.average(a))
print("标准差:", np.std(a))
```

```
平均值: 3.0
标准差: 1.41421356237
```

正态分布可以使用下面的概率密度函数表示。

$$y=\frac{1}{\sqrt{2\pi\sigma^2}}\exp\left(-\frac{(x-\mu)^2}{2\sigma^2}\right)$$

这个公式虽然有点复杂，但是如果平均值为 0、标准差为 1，则可以得到下面这个比较简单的公式。

$$y=\frac{1}{\sqrt{2\pi}}\exp\left(-\frac{x^2}{2}\right)$$

使用 NumPy 可以非常简单地生成服从正态分布的数据分布。在下面的示例中，使用 NumPy 的 random.normal 函数来自动生成服从正态分布的随机数，并用 Matplotlib 的 hist 函数将其显示为直方图，如图 3.11 所示。

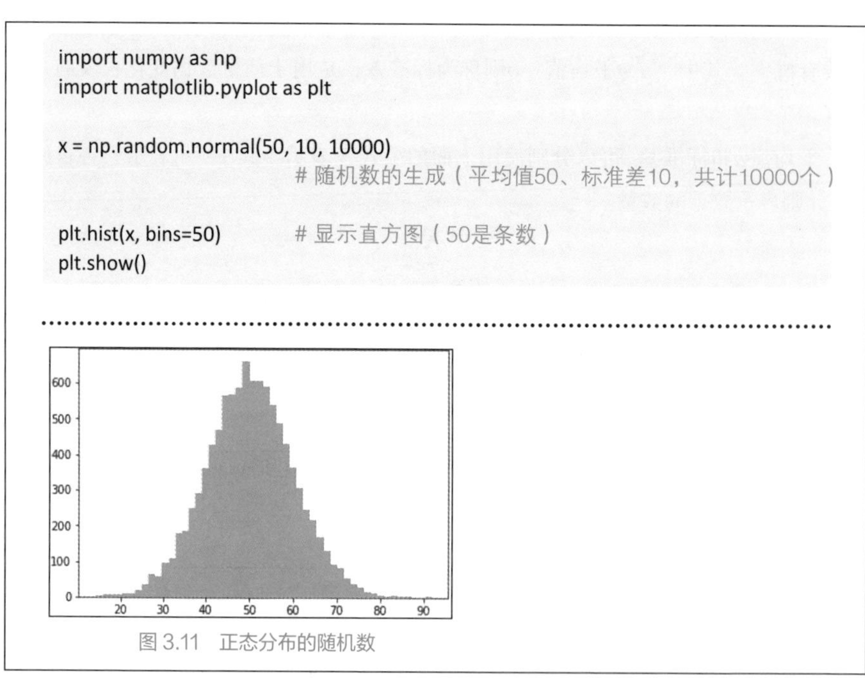

```
import numpy as np
import matplotlib.pyplot as plt

x = np.random.normal(50, 10, 10000)
                        # 随机数的生成（平均值50、标准差10，共计10000个）

plt.hist(x, bins=50)    # 显示直方图（50是条数）
plt.show()
```


图 3.11　正态分布的随机数

从图 3.11 中可以看出，生成的随机数是服从正态分布的。

此外，数据 x 的平均值和标准差如下所示。几乎与 random.normal 所设置的值是相等的。

↓ x 的平均值与标准差

```
print(np.average(x))
print(np.std(x))
```

```
49.9758092273
10.0130486554
```

神经网络中包含很多不断变化的参数，这些参数的初始值通常都可以用服从正态分布的随机数来自动生成。

小　　结

本章作为对下一章学习所做的准备工作，对深度学习中所必需的相关数学知识进行了讲解。

在线性代数的小节中，对标量、向量、矩阵、张量等概念分别进行了讲解，并对张量形状的任意变换、元素项的乘积、矩阵乘法等矩阵之间的各种运算方法进行了讲解。

在微分的小节中，介绍了常微分、偏微分以及全微分等概念。在此基础上，还介绍了如何对由多变量构成的函数进行微分计算。此外，还讲解了运用微分连锁律对多个函数所组成的复合函数进行微分的方法。

在正态分布的小节中，介绍了生成服从正态分布的随机数据的方法。

通过对上述背景知识的学习，相信读者已经在一定程度上对神经网络和反向传播相关的理论有了初步的理解。

此外，在本章中对有关数学知识的讲解，由于侧重加强读者对整体概念的把握，难免会存在一些欠缺严谨性的问题。如果希望完整地学习线性代数和微分相关的数学知识，建议读者参考其他专业的相关数学书籍。

读书笔记

第 4 章

神经网络

本章将对深度学习技术的基础神经网络进行讲解。神经网络是将由生物的神经细胞（神经元）所构成的网络在计算机上进行模拟实现的产物，具体是指将神经元按照层状结构进行排列而成的网络。

本章将对神经网络的结构进行讲解，并用程序代码对其进行实现。之后，通过执行代码对神经网络所具有的表现能力进行可视化。神经网络就好像生物的大脑一样懂得如何积累经验并进行自我学习，关于神经网络的学习我们将从下一章开始进行讲解。

4.1 神经细胞网络

对于生物的神经系统而言，通常认为神经细胞的作用是传递信息及保持记忆。图 4.1 所示为神经细胞的结构图。

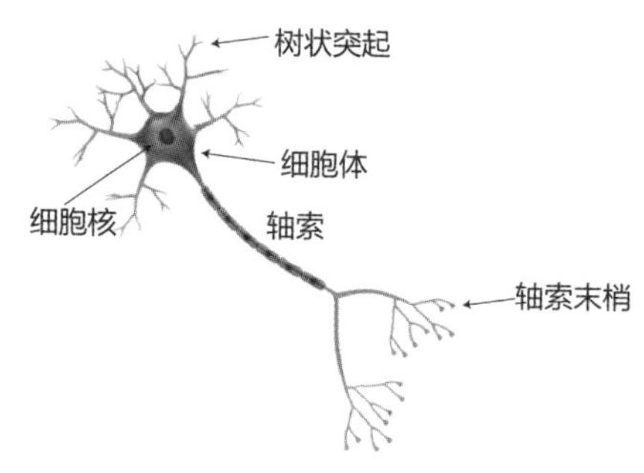

图 4.1　神经细胞的结构图

人类的大脑中存在着大约 1000 亿个这样的神经细胞。我们可以将这些神经细胞进行信息传递的方式总结为图 4.2 所示的示意图。

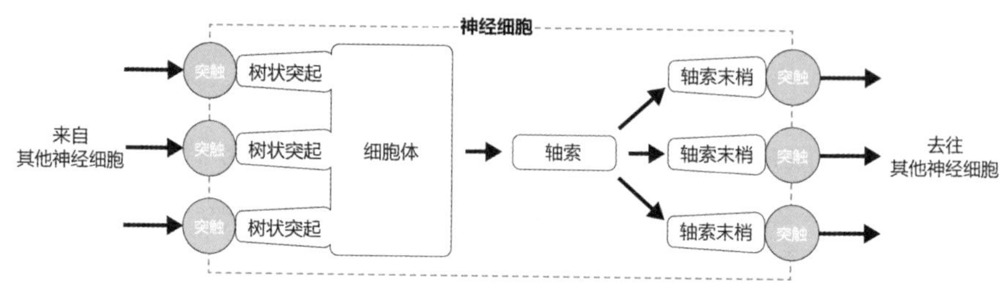

图 4.2　神经细胞进行信息传递的模式图

在神经细胞中，树状突起就如同其名称一样，拥有像树枝一样的分叉，神经细胞通过树状突起接收来自其他神经细胞的信息。树状突起与多个神经细胞的轴索末梢相连接，当其他的神经细胞将信息传递到树状突起之后，细胞的电位将会上升。通过输入多个信号到这个电位，并使其超过一定的数值之后，神经细胞就会产生兴奋并发出信号，然后再将信号通过轴索传递到位于分支上的轴索末梢里。而轴索末梢与其他神经细胞的树状突起或者肌肉等输出器官之间，又是通过被称为突触的连接组织进行连接的。

接下来看一下如图 4.3 所示的这幅突触的放大图片。实际上现实中真正的突触的结构要更加复杂，而图 4.3 中省略了很大一部分的结构。

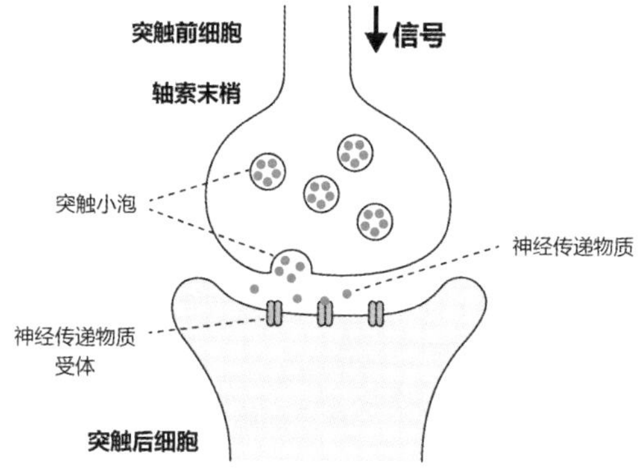

图 4.3 突触放大图

位于突触前面的神经细胞（突触前细胞）与位于突触后面的神经细胞（突触后细胞）之间的连接部分存在一个约 20nm（纳米）的间隙。被称作神经传递物质的化学物质，会通过这个间隙来实现神经细胞之间信息的相互传递。当轴索末梢接收到信号之后，包含神经传递物质的突触小泡将释放神经传递物质到突触间隙中。而当神经传递物质与突触后细胞相应的受体相结合之后，突触后细胞内的电位也会相应地产生变化。

突触的传递效率会随着突触前后的神经细胞的活动状态的改变而变化或者保持不变。像这种突触的传递效率的变化，在记忆与学习过程中起着极为重要的作用。

在人类的大脑中，一个神经细胞与大约 1000 个神经细胞之间都保持着相互连接。也就是说，每个神经细胞中都存在着 1000 个突触。

那么，其他的动物又是怎样的呢？表 4.1 中列举了各种动物的神经细胞的总数与突触的数量。

表 4.1 动物的神经细胞的总数与突触的数量

动物名称	神经细胞的总数	突触的数量
秀丽隐杆线虫（线虫）	302	～7500
水蛭	10 000	
黄果蝇	250 000	$< 1\times10^{7}$
青蛙	16 000 000	
鼷鼠	71 000 000	$\sim 1\times10^{12}$

续表

动物名称	神经细胞的总数	突触的数量
猫	760 000 000	$\sim 1\times10^{13}$
人类	86 000 000 000	$\sim 1.5\times10^{14}$

摘自 https://ja.wikipedia.org/wiki/ 动物的神经元数量一览表

我们现在使用的计算机上的神经网络，虽然从计算机科学的角度上来看已经十分复杂了，但是仍然没有达到像青蛙这样比较原始的脊椎动物的神经网络的规模。据说，如果想要在计算机上实现等同于人类大脑规模的神经网络，即使最快也要等到2050年。

此外，由于现在对生物学意义上的神经细胞的结构还没有完全理解清楚，所以实际的生物神经细胞网络很有可能要远比计算机上的神经网络复杂得多。大脑是超出了人类目前认知能力范围的复杂器官，它究竟是如何进行各种各样的复杂运算的，到目前为止，人类尚未找到能够解开这一奥秘的线索。

但是，即使是只实现了极少一部分的生物智能，目前在计算机上实现的神经网络也已经在某些方面表现出了超越人类大脑能力的性能。这些已经可以说是脱离了生物，并且能完成独立进化的智能了。或许要构建人工智能，就如同要实现在空中飞翔不需要模仿鸟类那样，未必一定要完全模仿人类的大脑。

4.2 神经细胞的模型化

本节将对神经细胞的工作原理进行模拟，并在计算机上对其进行模型化。我们将在计算机上模拟出来的神经细胞称为人工神经元（Artificial Neuron），将在计算机上模拟出来的神经细胞网络称为人工神经网络（Artificial Neural Network，ANN），在之后的章节中我们将其简称为神经元和神经网络。

如果单独考虑每个神经细胞的话，它们只具有极为简单的运算能力。即便如此，通过这些简单的细胞与细胞之间的相互连接与协同运作，就能产生高度复杂的认知与判断能力。

神经网络也是一样的，在每个神经元中所进行的运算都是非常简单的。但是，由多个神经元所组成的连接同样能够产生高度复杂的认知与判断能力。为了加深理解，本章首先对单个神经元的模拟进行讲解，之后再对多个神经元之间相互连接而成的神经网络进行讲解。

下面，我们来看看单个的神经元。神经元通常是按图 4.4 所示那样进行模型化。

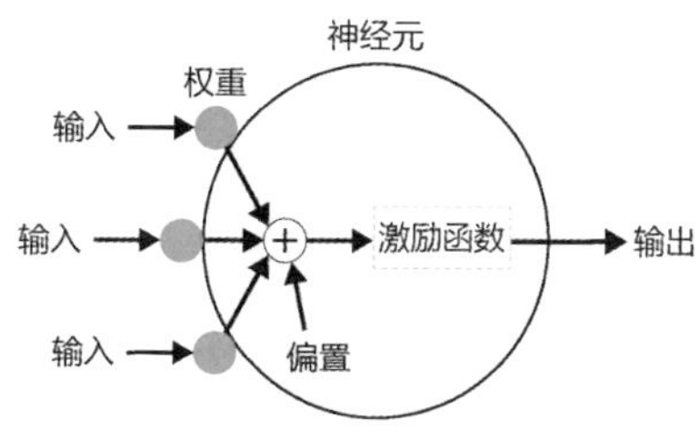

图 4.4 神经元模型

单个神经元拥有多个输入，却只有一个输出，这是因为对应来自树状突起的多个信息输入，从轴索产生的输出信息只有一个。对于每个输入都需要乘以权重后再进行合并。权重也称作连接负荷，对应每个输入的值都是不同的。这个权重的值相当于突触中的传递效率，值越大表示所传递的信息量越大。

此外，输入与权重相乘得出的数值总和，需要再加上被称为偏置的常数，而偏置就好比是神经元的灵敏度。通过对偏置值大小的调节，可以控制神经元是否易于产生兴奋。

输入与权重乘积的总和再加上偏置的值，经过被称为激励函数的函数处理后，再被转换成用于表示神经元兴奋状态的信号，而这个信号就是神经元的输出。激励函数可以说是用于刺激神经元，使其产生兴奋的函数。

接下来，我们将对神经元的模拟运用数学方式进行表示。首先，需要对输入与权重的乘积进行表示。假设 W 为权重，x 为传递到神经元的输入，那么输入与权重的乘积可以用下面的符号表示。这种情况下，w、x 都是标量。

$$xw$$

然后，将输入与权重相乘，并将每个神经元中的所有输入相加。由于，各输入和各权重所要取的值是不同的，如果将输入的数量用 n 表示，那么其乘积的总和可以用下面这个公式来表示：

$$\sum_{k=1}^{n} x_k w_k$$

下标 k 表示神经元和权重各自的输入。

之后，将输入与权重的乘积的总和，与偏置 b 相加。如果用 u 表示的话，就可以得出下面的公式：

$$u=\sum_{k=1}^{n}\left(x_k w_k\right)+b$$

然后，将这个 u 输入到激励函数中。关于激励函数的种类及其具体的数学公式，将在后面的小节中进行讲解。

如果将激励函数用 f 表示，神经元的输出用 y 表示，那么，激励函数与输出的关系就可以用下面的公式表示：

$$y=f\left(u\right)=f\left(\sum_{k=1}^{n}(x_k w_k)+b\right) \tag{4-1}$$

通过以上介绍，我们就可以将图 4.4 所示的神经元模型转换为数学公式。因为这是一个可以在计算机上很容易实现的数学公式，所以在深度学习应用中一般都会使用到。如果这个神经元连接着下一个神经元，y 就会被当作下一个神经元的输入。

4.3 神经元的网络化

通过将多个神经元连接起来并进行网络化，就可以构建出神经网络。在神经网络中，神经元的排列呈层状结构，如图 4.5 所示。

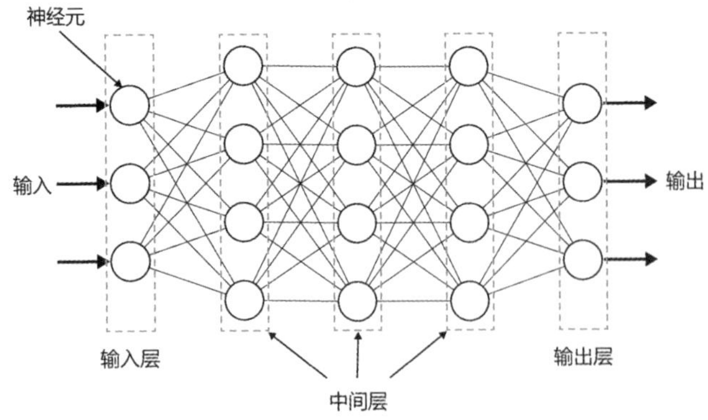

图 4.5　神经网络

在神经网络中，可以将网络层分为输入层、中间层（隐藏层）、输出层三种神经层。输入层负责接收神经网络中所有的输入，输出层负责对神经网络的整体进行输出。中间层是介于输入层与输出层之间的多个网络层。在这些网络层中，只有中间层和输出层负责进行神经元的运算，输入层只负责将其接收到的输入信息传递给中间层。通常在神经网络中，从某一个神经元产生的输出会被连接到下一层中所有的神经元的输入上。

在神经网络中，从传递输入信息到产生输出的过程称为正向传播。与之相反，从输出向输入逆向传递信息的过程称为反向传播。正向传播和反向传播示意图如图 4.6 所示。

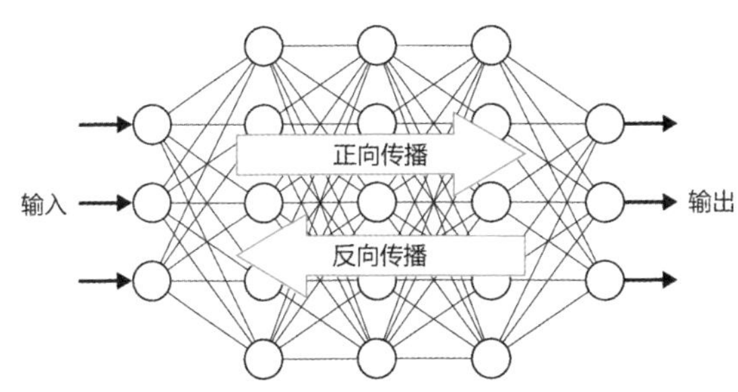

图 4.6　正向传播和反向传播示意图

本章中只对正向传播进行讲解。当然，反向传播对于神经网络的学习也是必不可少的，我们将从下一章开始对其进行讲解。

关于网络层之间的位置关系问题，本书为了避免造成混乱，将更靠近网络输入的网络层称为上层网络，将更靠近网络输出的网络层称为下层网络。为了方便记忆，我们可以将其想象成河流中的水流那样，信息是从上游往下游流动的。

此外，关于网络层的计算方式，例如图 4.5 所示的神经网络，在本书中将按照输入层 1 个、中间层 3 个、输出层 1 个共计 5 个网络层进行计算。然而，由于输入层中的神经元不会参与运算，所以也有不将输入层计入在内的计算方式。但是，在本书中我们会将输入层也一起计入在内。

接下来对两个网络层之间的正向传播进行数学公式化。如果能在两个层间进行计算的话，那么对于其余的网络层也同样可以进行计算。

正如上节中所讲解的，在位于神经元之间的连接中，存在着与突触的连接强度不相上下的权重。如果将前面网络层的神经元数量设为 m，后面网络层的神经元数量设为 n，那么两个网络层之间就有 $m \times n$ 个权重。两个网络层之间的连接如图 4.7 所示。

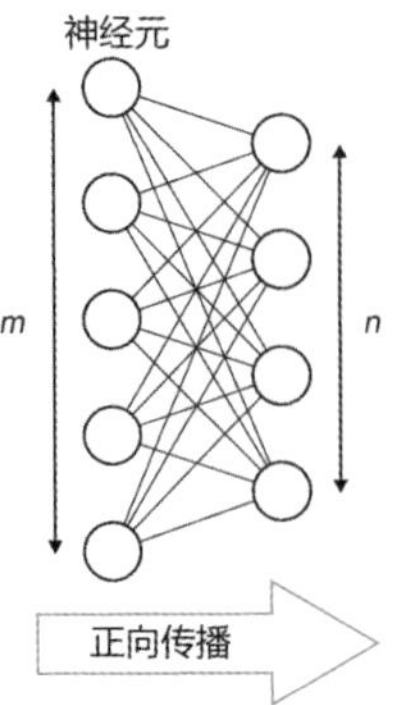

图 4.7 两个网络层间的连接

从图 4.7 中可以看到，所有位于上层网络的神经元，都各自被连接到所有位于下层网络的神经元上。换句话说，就是所有位于下层网络的神经元都各自被所有位于上层网络的神经元所连接着。

正如我们在上节中所讲解的那样，传递到神经元的各个输入都需要乘以权重。由于权重的数量与输入的数量相等，因此，如果我们将上层网络的神经元数量设为 m，那么下层网络的每一个神经元就需要保存 m 个权重。如果将下层网络的神经元数量设为 n，那么在下层网络中就存在共计$m \times n$个权重。

对于这类权重，假设从位于上层网络的第一个神经元传递到位于下层网络的第二个神经元输入的权重用w_{12}表示，那么就需要对每组位于上层网络的所有神经元与位于下层网络的所有神经元的组合单独设置权重。对于这个问题，正是矩阵可以发挥其作用的地方。

用类似下面这样的$m \times n$矩阵就能够保存所有下层网络的权重。下面公式中的 W 是表示权重的矩阵。

$$W = \begin{pmatrix} w_{11} & w_{12} & \cdots & w_{1n} \\ w_{21} & w_{22} & \cdots & w_{2n} \\ \vdots & \vdots & \ddots & \vdots \\ w_{m1} & w_{m2} & \cdots & w_{mn} \end{pmatrix} \tag{4-2}$$

此外，可以将上层网络的输出（= 下层网络的输入）通过向量来表示。由于在上层网络中存在着 m 个神经元，因此向量的元素数量就为 m。其中，i 作为上层网络的下标，j 作为下层网络的下标，$\vec{y}_i$表示上层网络输出的向量，$\vec{x}_j$表示传递到下层网络的输入中的向量，得到的公式如下：

$$\vec{y}_i = \vec{x}_j = (x_1, x_2, \cdots, x_m) \tag{4-3}$$

因此，上层网络的输出就等于下层网络的输入。

虽然，在前面的小节中已经讲过了偏置相关的知识，实际上，偏置也可以用向量表示。由于偏置的数量与下层网络的神经元的数量是相等的，而下层网络的神经元的数量为 n 个，因此偏置$\vec{b}_j$的公式表示如下：

$$\vec{b}_j = (b_1, b_2, \cdots, b_n)$$

此外，由于下层网络的输出数量又与神经元的数量 n 相等，因此可以通过向量$\vec{y}_j$对其表示为下面的公式：

$$\vec{y}_j = (y_1, y_2, \cdots, y_n)$$

在这里，需要对输入和权重乘积的总和进行计算，可以利用矩阵乘法一次性对其进行求解。其中，式（4–2）的 W 表示下层网络权重的矩阵，式（4–3）的$\vec{x}_j$表示传递到下层网络的输入，因此，如果将$\vec{x}_j$设为 $1 \times m$ 的矩阵，就可以用下面的矩阵乘法公式计算各个神经元中输入与权重乘积的总和。

$$\vec{x}_j W = (x_1, x_2, \cdots, x_m)\begin{pmatrix} w_{11} & w_{12} & \cdots & w_{1n} \\ w_{21} & w_{22} & \cdots & w_{2n} \\ \vdots & \vdots & \ddots & \vdots \\ w_{m1} & w_{m2} & \cdots & w_{mn} \end{pmatrix}$$

$$= \left(\sum_{k=1}^{m} x_k w_{k1}, \sum_{k=1}^{m} x_k w_{k2}, \cdots, \sum_{k=1}^{m} x_k w_{kn} \right)$$

虽然这个公式有些复杂，但是有关矩阵乘法的数学知识，我们已经在第 3 章进行了讲解，读者可以根据自身的情况对这部分内容进行必要的复习。

通过矩阵乘法求出的结果是一个元素数量为 n 的向量。这个向量中的各个元素就是位于下层网络中的各个神经元对应的输入数据与权重乘积的总和。如果使用$\vec{u}_j$表示此向量与偏置$\vec{b}_j$相加的结果，那么对于$\vec{u}_j$就可以通过如下公式进行求解。

$$\vec{u}_j = \vec{x}_j W + \vec{b}_j$$

$$= (x_1, x_2, \cdots, x_m)\begin{pmatrix} w_{11} & w_{12} & \cdots & w_{1n} \\ w_{21} & w_{22} & \cdots & w_{2n} \\ \vdots & \vdots & \ddots & \vdots \\ w_{m1} & w_{m2} & \cdots & w_{mn} \end{pmatrix} + (b_1, b_2, \cdots, b_n)$$

$$= \left(\sum_{k=1}^{m} x_k w_{k1} + b_1, \sum_{k=1}^{m} x_k w_{k2} + b_2, \cdots, \sum_{k=1}^{m} x_k w_{kn} + b_n \right)$$

其中，$\vec{u}_j$的各个元素表示输入数据与权重乘积的总和与偏置相加所得出的结果。$\vec{u}_j$可以通过使用 NumPy 的 dot() 函数编写如下代码进行计算。

```
u = np.dot(x, w) + b
```

接下来使用激励函数，将向量$\vec{u}_j$的各个元素输入到激励函数中进行处理，就能得到用于表示下层网络输出的向量$\vec{y}_j$。

$$
\begin{aligned}
\vec{y}_j &= (y_1, y_2, \cdots, y_n) \\
&= f(\vec{u}_j) \\
&= f(\vec{x}_j W + \vec{b}_j) \\
&= f\left(\sum_{k=1}^{m} x_k w_{k1} + b_1\right), f\left(\sum_{k=1}^{m} x_k w_{k2} + b_2\right), \cdots, f\left(\sum_{k=1}^{m} x_k w_{kn} + b_n\right)
\end{aligned} \tag{4-4}
$$

而$\vec{y}_j$中的元素数量与下层网络神经元的数量是相等的，都为 n。$\vec{y}_j$是将对应单个神经元的式（4–1）扩展到整个网络层后得到的结果。如果下面还有更多的下层网络，那么$\vec{y}_j$就会成为该网络层的输入。

因此，如果将神经元看作一个网络层，那么就可以将两层之间的信息传递通过数学公式进行简化。即使网络层的数量在 3 层以上，也可以通过使用式（4–4）实现将信息依次从一个层传递到另一个层的正向传播。

在神经网络中，随着网络层数的增加、网络规模的扩大，就有可能实现更为接近生物所具有的灵活的认知和判断能力的神经网络。为此，需要实现一种可以对每个神经元的权重和偏置进行自动调整的机制，有关这一点将从下一章开始逐步进行讲解。

知识栏　负值的权重

神经元之间的权重有时可能会变成负值。如果从生物学的角度分析的话，应当如何对这一现象进行解释呢?

突触可以分为化学突触和电突触两种类型。化学突触属于一种神经传递物质，电突触则是通过离子电流进行信息传递的。一般情况下，我们所说的突触大多指的是化学突触。

化学突触中又分为兴奋性突触和抑制性突触两种类型。兴奋性突触可以使神经细胞产生兴奋，而抑制性突触则能够对神经元的兴奋进行抑制。因此可以将神经网络中取值为正数的权重看作是兴奋性突触，将取值为负数的权重看作是抑制性突触。如此，对于取值为负数的权重我们也可以从生物学角度对其进行解释了。

4.4 回归与分类

使用神经网络处理的问题大致可以分为两类：一类是回归问题，另一类是分类问题。在本节中，将分别对这两类问题的不同之处进行讲解，从而使读者对神经网络技术所能解决的问题有一个大体的印象。

4.4.1 回归

回归问题是指根据数据变化的趋势对连续性的数值进行推测的问题。例如，下面这些问题就属于回归问题。

- 通过身高对体重进行预测。
- 通过以前的股票行情预测明天的股票价格。
- 通过投入的广告费预测应用程序的下载量。
- 对照片中人物的身高进行预测。

我们假设这些推测的结果是类似 82.1kg、12 340 日元、980 个、170.5cm 这样的连续的数值。回归问题的示意图如图 4.8 所示。

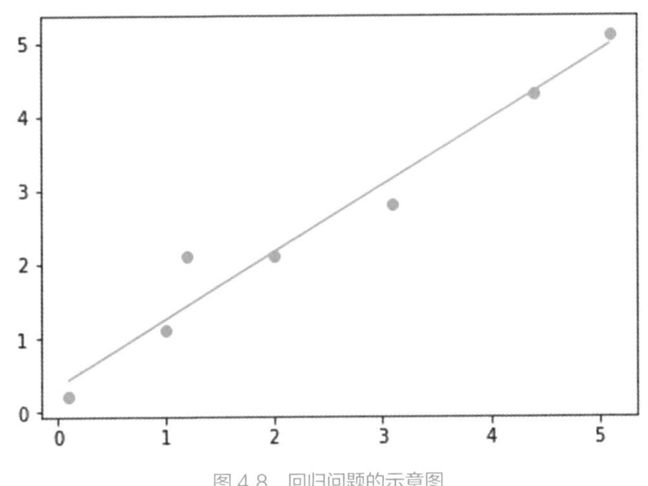

图 4.8　回归问题的示意图

在图 4.8 中可以通过斜线看出数据变化的趋势。通过使用这样的斜线，能够在一定程度上对现有数据中不存在的点的位置进行预测。同样地，也可以用神经网络对更加复杂的数据进行预测。对于回归问题，输出层所输出的数据就是最终的预测数据。

4.4.2 分类

分类问题是指将数据分别归类到事先确定好的多个类别中。例如，下面的这些问题就属于分类问题。

- 通过叶子的图像对植物进行分类。
- 将图像中的人物分类为男性和女性。
- 通过身体的尺寸及特征对海豚和鲸鱼进行分类。
- 将手写字母从 a 到 z 进行分类。

我们可以假设这些预测的结果是类似“枫树”“女”“鲸鱼”“s”这样离散的（区分得非常清楚）的值。如果将图像当作神经网络的输入的话，那么输入的值就是图像的每个像素。更详细的内容我们将在卷积神经网络的章节中进行讲解。

接下来，我们使用图表对分类问题的示意图进行显示，如图 4.9 所示。这个图表通过横轴与纵轴的值对数据进行分类，每个标识就相当于一个分组。

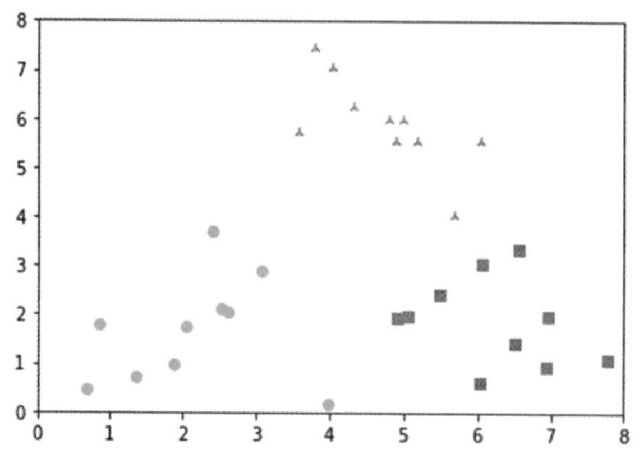

图 4.9 分类问题的示意图

如果能在神经网络上可以像图 4.9 这样对数据进行分类的话，那么，当图中增加了新的点时，就可以在一定程度上对这个点应该归类于哪个分组进行预测。

当处理分类问题时，输出层的神经元如图 4.10 所示。从图中可以看出，通过叶子的图像可以将植物分成枫树、银杏及杜鹃花等不同种类。

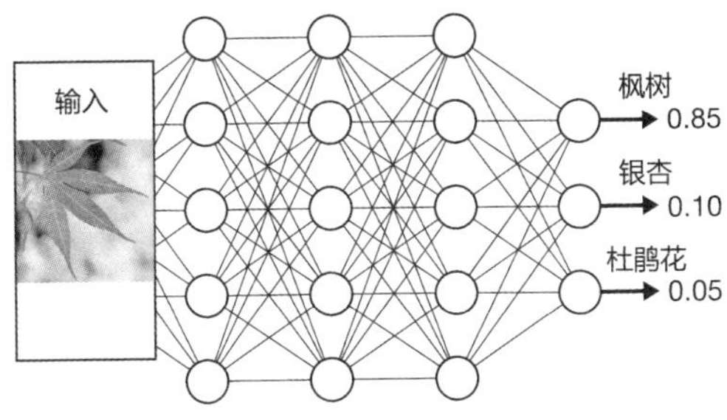

图 4.10 分类问题中输出层的神经元

对于图 4.10 中这种情况，由于其数据分为三个类别，因此输出层就有三个神经元。而这些神经元的输出，就是输入的图像被预测为相应分类的概率。从图中可以看到，神经元的输出中枫树的概率最大，由此可以确定将图像中的叶子判断为枫叶是最为妥当的。

4.5 激励函数

在之前的章节中我们曾稍微提及过，激励函数就是使神经元产生兴奋的函数。传递给神经元的输入与权重乘积的总和，与偏置相加得到的结果，会被激励函数转换成用于表示神经元兴奋状态的信号。如果不使用激励函数，神经元的运算就只是单纯地对乘积相加，那样神经网络也就失去了对复杂问题进行处理的能力。

实际应用中会用到的激励函数有很多，在本节中只对具有代表性的几种激励函数进行介绍。

4.5.1 阶跃函数

阶跃函数是呈台阶状的函数，如图 4.11 所示。

当传递给函数的输入值 $x \leqslant 0$ 时，输出值 y 为 0；当输入值 $x > 0$ 时，输出值 y 就为 1，公式如下：

$$y = \begin{cases} 0 & (x \leqslant 0) \\ 1 & (x > 0) \end{cases}$$

阶跃函数可以使用类似下面的代码实现。

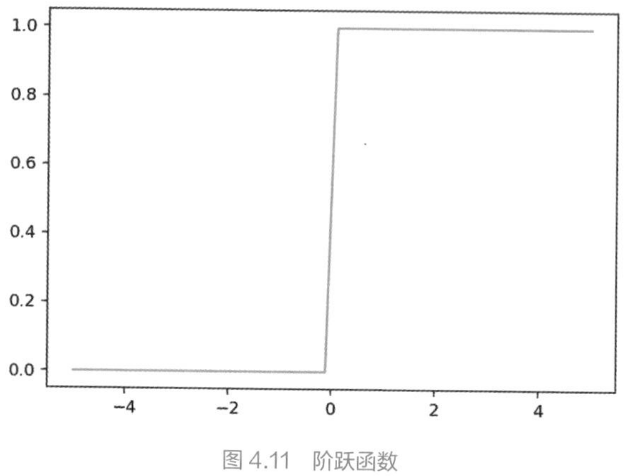

图 4.11　阶跃函数

阶跃函数的定义与执行

```
import numpy as np
import matplotlib.pyplot as plt

def step_function(x):                                    # 阶跃函数
    return np.where(x<=0, 0, 1)

x = np.linspace(−5, 5)
y = step_function(x)

plt.plot(x, y)
plt.show()
```

阶跃函数可以用 0 或 1 来非常简单地表示神经元的兴奋状态。虽然阶跃函数的实现非常简单，但是其缺点是无法对处于 0 到 1 之间的状态进行表示。

阶跃函数从最早的神经网络的雏形——认知机开始就一直被沿用至今。实际上，我们可以将认知机看作一种神经网络，但是它是一种只使用 0 和 1 表示所有信号的极为简单的神经网络。

4.5.2　sigmoid 函数

sigmoid 函数是在 0 到 1 之间平滑变化的函数，如图 4.12 所示。

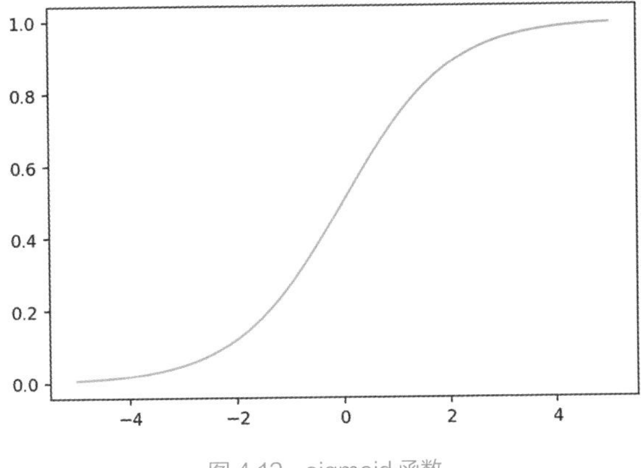

图 4.12　sigmoid 函数

当传递给函数的输入值 x 变小时，函数的输出值 y 就接近于 0；当 x 变大时，y 就逐渐接近于 1。sigmoid 函数可以用自然常数的幂的 exp 函数表示。

$$y = \frac{1}{1+\exp(-x)}$$

在这个公式中，当 x 的值变成负数并且远离 0 时，分母会变大，因此 y 会趋近于 0。当 x 的值变成正数并且远离 0 时，由于$\exp(-x)$会趋近于 0，因此 y 会趋近于 1。从计算中应该就能够想象出曲线图的形状。

sigmoid 函数可以使用代码实现。

sigmoid 函数的定义与执行

```
import numpy as np
import matplotlib.pylab as plt

def sigmoid_function(x):                                # sigmoid函数
    return 1/(1+np.exp(−x))

x = np.linspace(−5, 5)
y = sigmoid_function(x)

plt.plot(x, y)
plt.show()
```

与阶跃函数相比，sigmoid 函数变化平滑，且可以将 0 与 1 之间的情况表现出来。此外，该函数还具有比较方便用微分进行计算的特性。

如果 sigmoid 函数的导函数是$y' = \frac{dy}{dx}$，可得到如下公式：

$$y' = (1 - y)\,y \tag{4-5}$$

由此可见，使用 sigmoid 函数本身进行简单运算就可以简单地求出微分值。因其具有这种特性，所以，在神经网络中 sigmoid 函数从很久以前开始一直沿用到现在。激励函数的导函数将运用到神经网络学习中，详细内容将在之后的章节中进行讲解。

此外，式（4–5）可以使用第 3 章中讲解的复合函数的微分进行推导，感兴趣的读者可以自己尝试一下。

4.5.3 tanh

tanh 函数是双曲正切函数（Hyperbolic Tangent）。tanh 函数可以用图 4.13 这样的曲线图来表示，它是在 –1 与 1 之间平滑变化的函数。

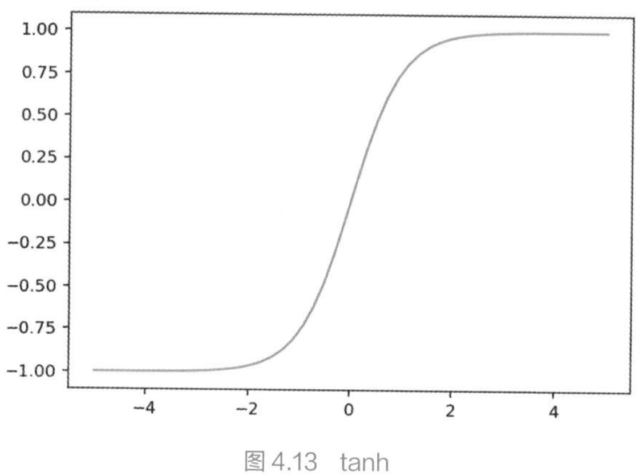

图 4.13 tanh

tanh 函数的形状与 sigmoid 函数相似，0 位于中心且对称，是一个平衡性很好的激励函数。tanh 函数与 sigmoid 函数一样，也使用了自然常数的幂的公式。

$$y = \frac{\exp(x) - \exp(-x)}{\exp(x) + \exp(-x)}$$

tanh 函数可用下面的代码实现。使用 NumPy 中的 tanh 函数，可以对 tanh 函数非常简单地加以利用。

↓ tanh 函数的实现与执行

```
import numpy as np
import matplotlib.pylab as plt

def tanh_function(x):                    # tanh函数
    return np.tanh(x)

x = np.linspace(-5, 5)
y = tanh_function(x)

plt.plot(x, y)
plt.show()
```

4.5.4 ReLU

ReLU 函数也称作线性整流函数，可以使用图 4.14 所示的曲线图来表示。

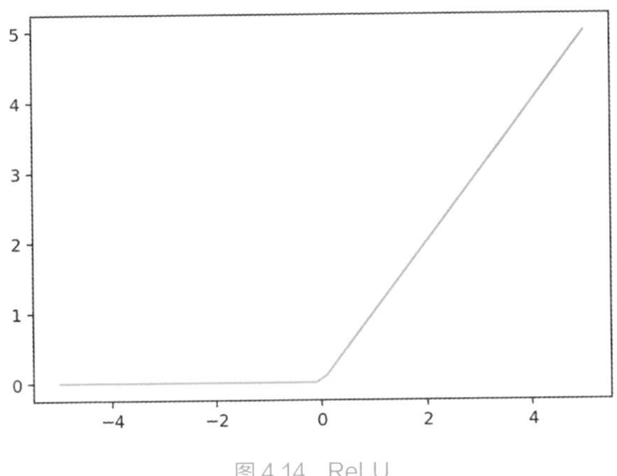

图 4.14 ReLU

ReLU 函数的特征是只有当 $x > 0$ 时才会上升的激励函数。ReLU 函数可用如下公式表示。

$$y=\begin{cases}0\ \ (x\leqslant 0)\\ x\,(x>0)\end{cases}$$

当传递到函数的输入 x 为负数时，函数的输出 y 为 0；当 x 为正数时，y 则与 x 相等。ReLU 函数可用类似下面的代码实现。在这里我们使用了 NumPy 的 where 函数，相关的内容在前文已进行了讲解。

↓ ReLU 函数的定义与执行

```
import numpy as np
import matplotlib.pylab as plt

def relu_function(x):                                  # ReLU函数
    return np.where(x <= 0, 0, x)

x = np.linspace(-5, 5)
y = relu_function(x)

plt.plot(x, y)
plt.show()
```

ReLU 函数比较简单，即使网络层次数量增加也可以比较稳定地进行学习。在最新的深度学习应用中，ReLU 函数主要被当作输出层以外的激励函数使用。

ReLU 导数就是下面这样的。

$$y=\begin{cases}0 & (x \leqslant 0)\\1 & (x>0)\end{cases}$$

当函数的输入 x 为负数时，函数的输出 y 为 0；当 x 为正数时，y 为 1。微分值不会随着 x 值而改变，且可获取稳定的值，这是 ReLU 函数的一大优点。

4.5.5 Leaky ReLU

Leaky ReLU 函数属于对 ReLU 函数进行改良后的函数，可以使用图 4.15 所示的曲线图来表示。

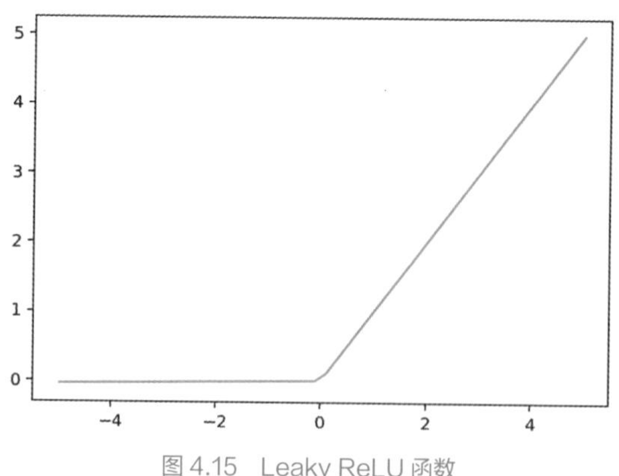

图 4.15 Leaky ReLU 函数

从图 4.15 中很难看得出来，实际上，当 x 在负数区域时，直线稍微有一点倾斜。ReLU 函数可以用如下公式表示。

$$y=\begin{cases}0.01x & (x \leqslant 0) \\ x & (x>0)\end{cases}$$

当$x \leqslant 0$时，x 中有一个小小的系数，这是它与 ReLU 函数有区别的地方。在 ReLU 函数中，会出现很多输出为 0 导致无法继续进行学习的神经元，这种情况称作 dying ReLU 现象。而 Leaky ReLU 函数只需要在负数区域中增加一个小的梯度就可避免出现 dying ReLU 现象。

Leaky ReLU 函数可用类似下面的代码实现。

Leaky ReLU 函数的定义与执行

```
import numpy as np
import matplotlib.pylab as plt

def leaky_relu_function(x):                    # Leaky ReLU函数
    return np.where(x <= 0, 0.01*x, x)

x = np.linspace(-5, 5)
y = leaky_relu_function(x)

plt.plot(x, y)
plt.show()
```

4.5.6　恒等函数

恒等函数是将输入直接作为输出返回的函数，如图 4.16 所示。

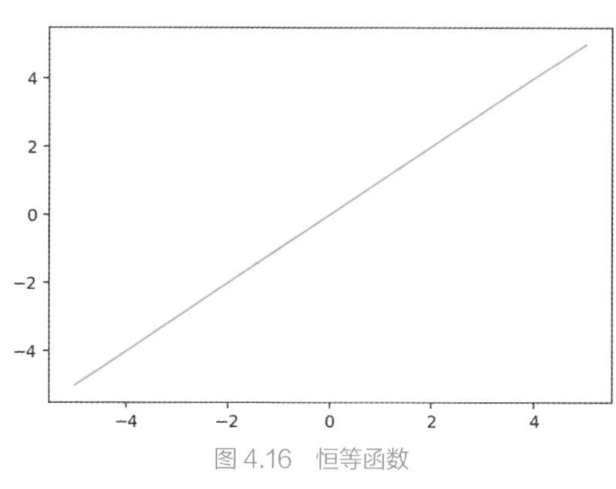

图 4.16　恒等函数

从图 4.16 中可以看出，恒等函数的形状就是一条直线。恒等函数可以用下面的简单公式表示。

$$y = x$$

此外，恒等函数可用类似下面的代码实现。

↓ 恒等函数的定义与执行

```
import numpy as np
import matplotlib.pylab as plt

x = np.linspace(-5, 5)
y = x

plt.plot(x, y)
plt.show()
```

在神经网络的输出层，经常将这种恒等函数及之后将会介绍的 SoftMax 函数当作激励函数使用。

恒等函数在处理回归问题时经常被用到。由于输出的范围没有限制且是连续的，当需要处理预测连续数值中存在的回归问题时，使用恒等函数是非常合适的。

4.5.7 SoftMax 函数

SoftMax 函数是适合于上一小节解说的处理分类问题的激励函数，该函数与其他激励函数相比，可以使用比较简单的数学公式表示。将激励函数的输出设为 y，输入设为 x，将同一个层次的神经元数量设为 n，那么，SoftMax 函数可以用下面的公式表示：

$$y = \frac{\exp(x)}{\sum_{k=1}^{n} \exp(x_k)} \tag{4-6}$$

在这个公式中，右边的分母$\sum_{k=1}^{n} \exp(x_k)$是从传递到同一个网络层的各个激励函数的输入x_k中算出$\exp(x_k)$并相加的结果。

此外，将同一个网络层中所有激励函数的输出相加，其结果为 1，公式如下：

$$\sum_{l=1}^{n}\left(\frac{\exp(x_l)}{\sum_{k=1}^{n}\exp(x_k)}\right)=\frac{\sum_{l=1}^{n}\exp(x_l)}{\sum_{k=1}^{n}\exp(x_k)}=1$$

另外，指数函数有一个特性，即指数函数总是大于 0，再加上这些公式，就可以得出$0<y<1$。因此，式（4–6）的 SoftMax 函数可以表示神经元被分类到所对应到类别的概率。

SoftMax 函数可用下面的代码实现。

SoftMax 函数的定义

```
import numpy as np

def softmax_function(x):
    return np.exp(x)/np.sum(np.exp(x))
```

SoftMax 函数的分母$\sum_{k=1}^{n}\exp(x_k)$是使用 NumPy 的 sum 函数 np.sum(np.exp(x)) 编写的。接下来执行这个代码中的 softmax_function 函数，输入合适的 NumPy 数组，输出就会被显示出来。

SoftMax 函数的执行

```
y = softmax_function(np.array([1,2,3]))
print(y)

..........................................................................

[0.09003057    0.24472847 0.66524096]
```

当被输出的所有要素都在 0 到 1 的范围且合计为 1 时，就可以确定 SoftMax 函数的功能执行正常。

综上所述，可以根据处理网络层的类型及处理问题的种类，灵活运用激励函数。

4.6 神经网络的编程实现

本节将使用 Python 语言对简单的神经网络进行编程实现。首先将实现单一的神经元，并掌握其特性。之后，再尝试实现包含多个层次结构的神经网络，并掌握其与单一神经元在表现能力上的区别。

在使用深度学习进行网络训练的实际操作中，要先随机对权重与偏置进行设置，并在学习过程中使其产生变化。然而，在本节中为了确定权重与偏置会给神经网络带来什么样的影响，我们将权重与偏置固定不变。

4.6.1 单一神经元的编程实现

接下来，我们来编程实现单一的神经元。首先将 x 坐标、y 坐标作为输入，计算单一的神经元的输出，如图 4.17 所示。

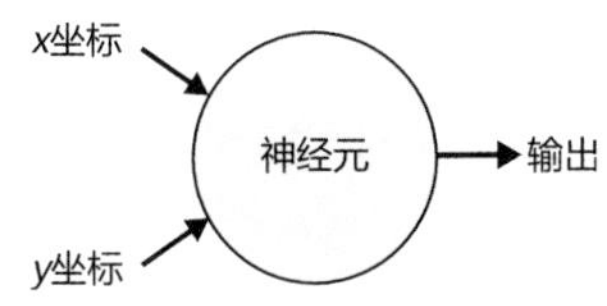

图 4.17 编程实现单一神经元

使用 NumPy 的 arange 函数对输入数据中所使用的坐标 x、y 进行如下设置。

```
X = np.arange(-1.0, 1.0, 0.2)
Y = np.arange(-1.0, 1.0, 0.2)
```

坐标 x、y 都是从 −1.0 到 1.0 的间隔为 0.2 的各 10 个数值，将其作为输入数据存入到 NumPy 的数组中。

对于输出数据可使用网格表示，而对坐标 x、y 的每个组合的输出，将通过对网格的方块用颜色填充使其可视化。方格的颜色代表输出数据的大小，如图 4.18 所示。

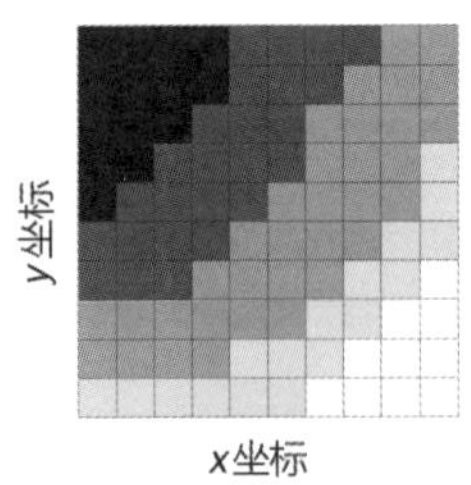

图 4.18 输出的可视化

使用 NumPy 的 zeros 函数对包含了输出的网格进行如下设置。

```
Z = np.zeros((10,10))
```

zeros 函数将创建一个所有元素都被初始化为 0 的数组。在上述情况下，生成的数组是一个 10 × 10 的二维数组。

根据上述内容，我们可以将对单一神经元的处理代码编写为如下形式。

单一神经元的处理

```
import numpy as np
import matplotlib.pyplot as plt

# x、y坐标
X = np.arange(−1.0, 1.0, 0.2)                # 元素数量是10个
Y = np.arange(−1.0, 1.0, 0.2)

Z = np.zeros((10,10))                        # 容纳输出的10 × 10的网格

w_x = 2.5                                    # x、y坐标的输入权重
w_y = 3.0

bias = 0.1                                   # 偏置

# 使用网格的各个方块对神经元进行计算
for i in range(10):
    for j in range(10):

        # 输入与权重的乘积的总和 + 偏置
        u = X[i]*w_x + Y[j]*w_y + bias

        # 将输出纳入到网格中
        y = 1/(1+np.exp(−u))                 # sigmoid函数
        Z[j][i] = y

# 网格的表示
plt.imshow(Z, "gray", vmin = 0.0, vmax = 1.0)
Plt.colorbar()
Plt.show()
```

接下来，对上述代码中的重点进行讲解。位于循环体内部的下面这行代码用于计算输入与权重的乘积的总和再加上偏置的结果。

```
u = X[i]*w_x + Y[j]*w_y + bias
```

这段代码对应的是之前我们在单一神经元中已经讲解过的如下公式：

$$u = \sum_{k=1}^{n}(x_k w_k) + b$$

此外，下面的代码是使用激励函数（sigmoid 函数）对输出的数值进行计算。

```
y = 1/(1+np.exp(-u))
```

这段代码也同样是对应之前在单一神经元中已经讲解过的如下公式。

$$y = f(u) = f\left(\sum_{k=1}^{n}(x_k w_k) + b\right)$$

执行这段单一神经元的代码之后，可以看到如图 4.19 所示的显示结果。

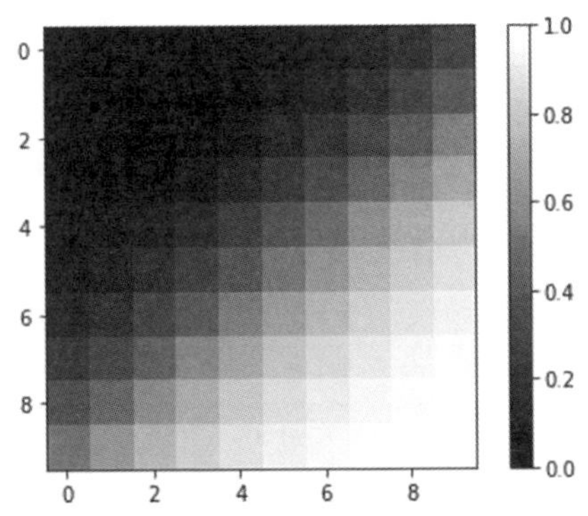

图 4.19　单一神经元输出的网格的显示

可以看出，在图 4.19 所示的网格中，10 个 x 坐标与 10 个 y 坐标的每一对组合的输出是用灰阶图显示的。黑色表示输出为 0 的数据，即神经元没有产生兴奋的状态；白色表示输出为 1 的数据，即神经元处于兴奋的状态。

从网格左上方的黑色区域，也就是输出接近 0 的区域，到右下方的白色区域，也就是输出接近 1 的区域，输出是连续性变化的。这是因为在激励函数中使用了 sigmoid 函数，对 0 到 1 的区间进行了显示。

此外，由于 x 轴方向、y 轴方向的输出值都是连续性变化的，所示输出受到了坐标 x、y 各自的输入的影响。也就是说，神经元的输出会根据输入而产生变化，因此可以认为，单一神经元具备简单的判断能力。

4.6.2　权重与偏差的影响

接下来，我们将执行单一神经元的代码，使权重产生变化。各种权重所产生的输出的网格如图 4.20 所示。

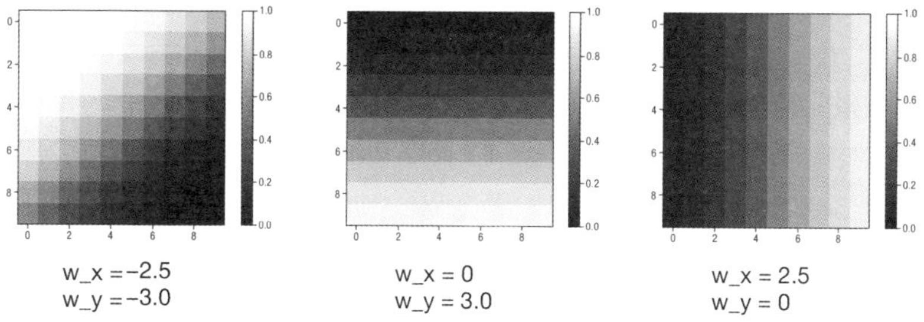

图 4.20　各种权重所产生的输出的网格

在图 4.20 中，左边网格是坐标 x、y 的权重都为负数的结果，与图 4.19 相比，黑白是反转显示的。由此可见，权重也可以使神经元的兴奋条件进行反转。

中间网格是 x 坐标的输入的权重为 0 的结果，神经元的兴奋状态只依赖于 y 坐标的变化。此外，右边网格是 y 坐标的输入的权重为 0 的结果，神经元的兴奋状态只依赖于 x 坐标的变化。

由此可见，权重的值代表着相对应的输入给予其影响的大小。当权重接近 0 时，受到的影响小；当权重大于 0 且数值越大时，受到的影响也随之增大。如果权重是负数，那么受到的影响就会被反转过来。

接下来尝试使偏置产生变化，如图 4.21 所示。

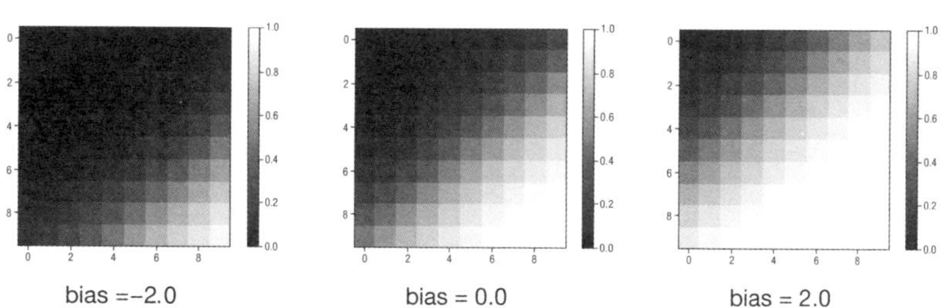

图 4.21　各种不同的偏置所产生的输出的网格

在图 4.21 中，中间网格显示的是偏置为 0 的结果，左边网格显示的是偏置为负数的结果。将其与中间的网格相比较，可以看出，左边网格的黑色区域更大，导致神经元很难产生兴奋。此外，右边网格显示的是偏置为正数的结果，白色区域大，相应地，神经元很容易产生兴奋。因此，偏置的值对神经元是否易于产生兴奋起着决定性的作用。

在图 4.21 中，通过使用网格可以十分清楚地看出单一神经元的输出。然后再通过运用这种方式进行实验，就可以明确地知道权重与偏置在神经元中都起到了什么作用。

4.6.3　多个神经元的编程实现

接下来，我们将对神经网络，也就是由多个神经元所构成的网络进行编程实现。首先需要处理的是输出会产生连续数值的问题，也就是回归问题，接下来将对一个包含三层网络的简单神经网络进行编程实现。处理回归问题的三层神经网络如图 4.22 所示。

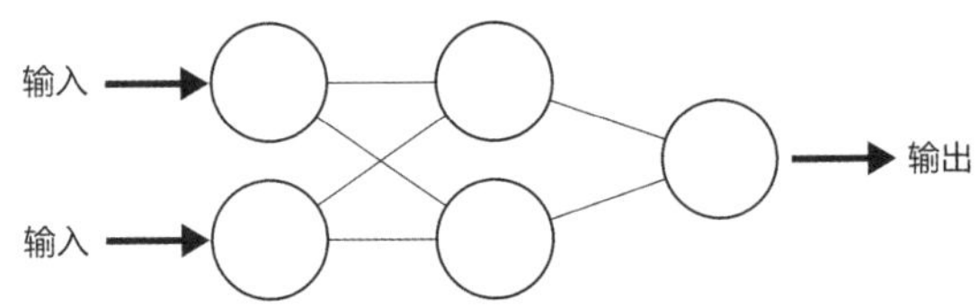

图 4.22　处理回归问题的三层神经网络

图 4.22 中的神经网络是包括输入层（神经元数 n=2）、中间层（n=2）、输出层（n=1）共三层网络的结构。中间层的激励函数是 sigmoid 函数，由于是解决回归问题，因此输出层的激励函数用的是恒等函数。虽然在近年的深度学习中，中间层的激励函数会经常使用 ReLU 函数，但是在这里需要将结果进行连续性的显示，所以使用 sigmoid 函数。

在这个神经网络中不仅将输入进行正向传播，还对输出使用了网格进行显示，然后对输出的倾向进行观察。

4.6.4　各个神经层的实现

接下来，我们将对三层神经网络的各个网络层进行编程实现。输入层就是原封不动地接收输入数据，所以在这里不再赘述。

对于中间层，使用如下函数进行实现。

```
def middle_layer(x, w, b):
    u = np.dot(x, w) + b
    return 1/(1+np.exp(-u))                    #sigmoid函数
```

这个函数将接收作为参数传递到中间层的输入（x）、权重（w）及偏置（b）。接着，第二行代码使用了 NumPy 的 dot 函数，计算矩阵 w 和矢量 x 的矩阵乘积之后再与偏置相加。至于使用矩阵乘积的理由，我们在前面章节已经进行了讲解。

这个代码与在神经元的网络化中所讲解的如下公式相对应。

$$\vec{u}_j = \vec{x}_i W + \vec{b}_j$$

将通过计算所得出的 u 代入激励函数中的 sigmoid 函数，就可以得到中间层的输出。

输出层也与中间层一样，是使用函数来实现的，对于参数及 u 的计算也与中间层相同。与中间层有区别的地方是，其使用的激励函数为恒等函数。

```
def output_layer(x, w, b):
    u = np.dot(x, w) + b                    # 恒等函数
    return u
```

接下来，使用 NumPy 的数组将权重封装为矩阵来实现。

```
w_im = np.array([[4.0,4.0],
                 [4.0,4.0]])                # 中间层 2×2的矩阵
w_mo = np.array([[1.0],
                 [-1.0]])                   # 输出层 2×1的矩阵
```

因为输入层的神经元数量为 2、中间层的神经元数量为 2，所以中间层就需要有 2×2=4（个）权重。此外，又因为中间层的神经元数量为 2、输出层的神经元数量为 1，所以输出层就需要有 2×1=2（个）权重。

接下来，将偏置封装为向量进行实现。

```
b_im = np.array([3.0,-3.0])                 # 中间层
b_mo = np.array([0.1])                      # 输出层
```

因为偏置的数量与神经元的数量相等，所以中间层需要 2 个偏置，输出层需要 1 个偏置。而权重与偏置的值，设置的都是适当的数值。

综上所述，可以将正向传播使用类似下面的代码来实现。

```
inp = np.array([...])                       # 输入层
mid = middle_layer(inp, w_im, b_im)         # 中间层
out = output_layer(mid, w_mo, b_mo)         # 输出层
```

接下来，将输入与权重及偏置一起代入到中间层的函数中。然后，将中间层的输出与权重及偏置一起代入到输出层的函数，以得到输出层的输出。

4.6.5 神经网络（回归）

神经网络完整的实现代码如下。

```
%matplotlib inline

import numpy as np
import matplotlib.pyplot as plt

# x、y坐标
```

```
X = np.arange(-1.0, 1.0, 0.2)                    # 元素数量为10个

Y = np.arange(-1.0, 1.0, 0.2)

# 存储输出的10×10网格
Z = np.zeros((10,10))

# 权重
w_im = np.array([[4.0,4.0],
                 [4.0,4.0]])                     # 中间层 2×2矩阵
w_mo = np.array([[1.0],
                 [-1.0]])                        # 输出层 2×1矩阵

# 偏置
b_im = np.array([3.0,-3.0])                      # 中间层
b_mo = np.array([0.1])                           # 输出层

# 中间层
def middle_layer(x, w, b):
    u = np.dot(x, w) + b
    return 1/(1+np.exp(-u))                      # sigmoid函数

# 输出层
def output_layer(x, w, b):
    u = np.dot(x, w) + b
    return u                                     # 恒等函数

# 在网格的各个方格中进行神经网络的运算
for i in range(10):
    for j in range(10):

        # 正向传播
        inp = np.array([X[i], Y[j]])             # 输入层
        mid = middle_layer(inp, w_im, b_im)      # 中间层
        out = output_layer(mid, w_mo, b_mo)      # 输出层

        # 在网格存储NN的输出
        Z[j][i] = out[0]

# 网格的表示
plt.imshow(Z, "gray", vmin = 0.0, vmax = 1.0)
Plt.colorbar()
Plt.show()
```

将输出保存到网格时，变量 out 后附带了 [0]，是因为 out 是一个元素数量为 1 的数组。当执行神经网络的代码之后，就会看到如图 4.23 所示的显示结果。网格的格式与用单一神经元时是一样的。

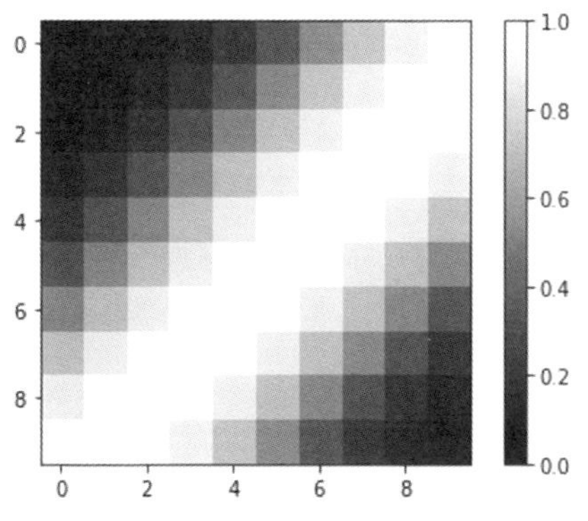

图 4.23　神经网络的输出

在执行单一神经网络时，网格只分成了白色与黑色两个区域。使用神经网络，网格中所显示的结果是白色被夹杂在黑色的中间。可以看出，在更加复杂的条件下神经元会产生兴奋。

4.6.6　神经网络的表现能力

接下来，通过将权重与偏置设置为不同的值对神经网络的表现能力进行确认。使用不同权重与偏置的设置来执行上述神经网络的代码，所得到的结果如图 4.24 所示。

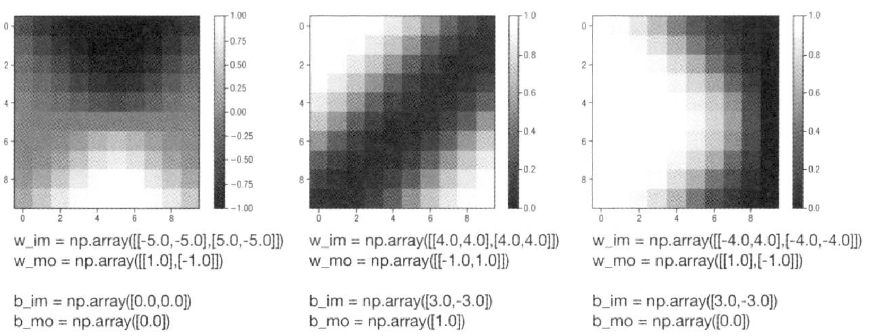

图 4.24　神经网络的各种输出

如果权重与偏置产生变化的话，网格中输出的分布也将变成各种各样的形状。

通过将多个神经元进行网络化并构建成神经网络的方式可以看出，与单一神经元相比，神经网络的表现能力更高。

如果将神经元的数量及网络层的数量继续增加，就可以产生出分布更加复杂的输出。通过使用更为复杂分布的输出，神经网络就可以实现高度复杂的预测及分类处理。

4.6.7 神经网络（分类）

接下来，将使用神经网络对分类问题进行处理。这次将实现图 4.25 所示的神经网络。

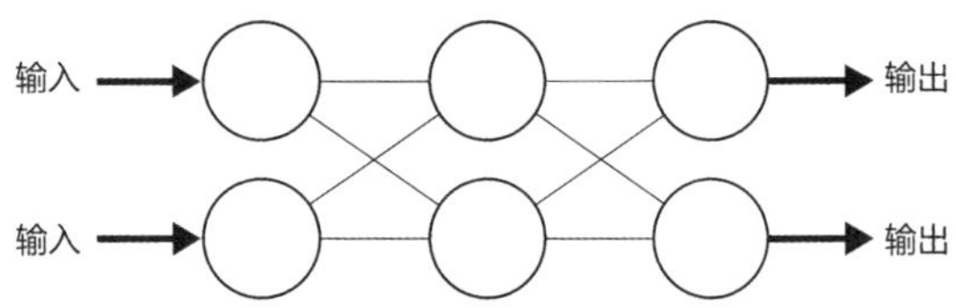

图 4.25 处理分类问题的三层网络

与处理回归问题相比，处理分类问题时，层数与输入层、中间层都不会改变，但是，在输出层有两个神经元。

关于输出层的激励函数，我们将使用在之前小节中讲解过的 SoftMax 函数。在这里，可用类似下面的函数对输出层进行编程实现。

```
def output_layer(x, w, b):
    u = np.dot(x, w) + b
    return np.exp(u)/np.sum(np.exp(u))                    # SoftMax函数
```

由于 SoftMax 函数可以将输出当作概率进行解释，因此可对输出层的两个神经元的输出进行比较，并将网络的输入分类到较大的一方。最后，将分类结果保存到列表中并使用分布图进行显示。

完整的实现代码如下：

```
%matplotlib inline

import numpy as np
import matplotlib.pyplot as plt

# x、y坐标
X = np.arange(-1.0, 1.0, 0.1)                # 元素数量为20个
```

```
Y = np.arange(-1.0, 1.0, 0.1)

# 权重
w_im = np.array([[1.0,2.0],
                 [2.0,3.0]])                  # 中间层 2×2矩阵
w_mo = np.array([[-1.0,1.0],
                 [1.0,-1.0]])                 # 输出层 2×2矩阵

# 偏置
b_im = np.array([0.3,-0.3])                   # 中间层
b_mo = np.array([0.4,0.1])                    # 输出层

# 中间层
def middle_layer(x, w, b):
    u = np.dot(x, w) + b
    return 1/(1+np.exp(-u))                   # sigmoid函数

# 输出层
def output_layer(x, w, b):
    u = np.dot(x, w) + b
    return np.exp(u)/np.sum(np.exp(u))        # softmax函数

# 保存分类结果的列表
x_1 = []
y_1 = []
x_2 = []
y_2 = []

# 在网格的各个方格中进行神经网络的运算
for i in range(20):
    for j in range(20):

    # 正向传播
    inp = np.array([X[i], Y[j]])
    mid = middle_layer(inp, w_im, b_im)
    out = output_layer(mid, w_mo, b_mo)

    # 对概率的大小进行比较并分类
    if out[0] > out[1]:
        x_1.append(X[i])
        y_1.append(Y[j])
    else:
        x_2.append(X[i])
        y_2.append(Y[j])

# 分布图的表示
```

```
plt.scatter(x_1, y_1, marker="+")
plt.scatter(x_2, y_2, marker="o")
plt.show()
```

使用以上代码对权重与偏置进行更改并执行数次，结果如图 4.26 所示。

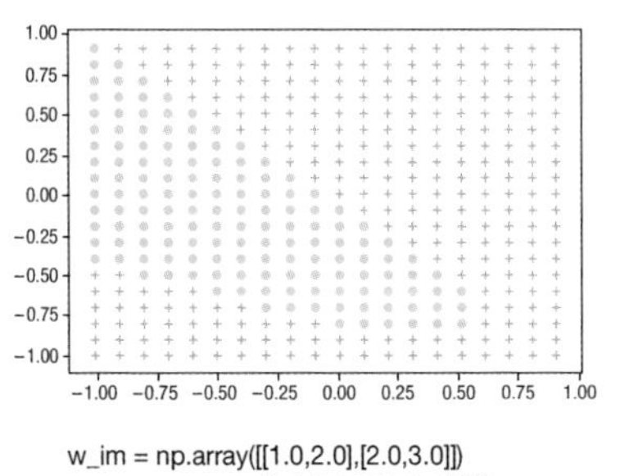

```
w_im = np.array([[1.0,2.0],[2.0,3.0]])
w_mo = np.array([[-1.0,1.0],[1.0,-1.0]])

b_im = np.array([0.3,-0.3])
b_mo = np.array([0.4,0.1])
```

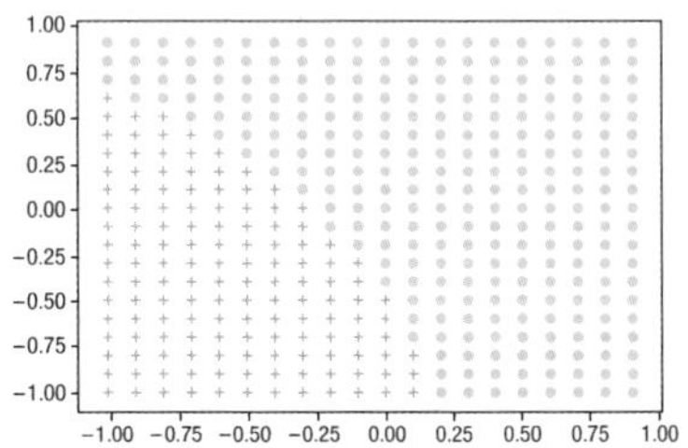

```
w_im = np.array([[2.0,1.0],[0.0,3.0]])
w_mo = np.array([[-2.0,1.0],[-1.0,1.0]])

b_im = np.array([-0.3,-0.3])
b_mo = np.array([0.4,-1.2])
```

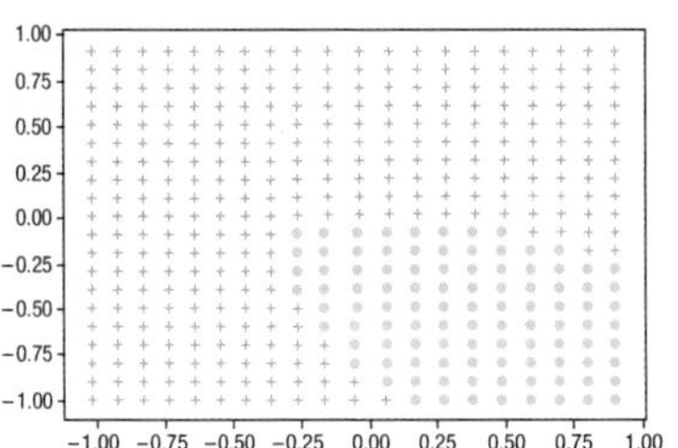

```
w_im = np.array([[2.0,2.0],[2.0,3.0]])
w_mo = np.array([[-1.0,1.0],[1.0,-1.0]])

b_im = np.array([0.3,-0.3])
b_mo = np.array([0.4,0.1])
```

图 4.26　通过神经网络进行分类

从图 4.26 中我们可以看到，在格子形状中显示的输入以不同的图案被分为两个区域。与回归问题相比，虽然分类问题的结果没有连续性，但是边界非常明确。如果改变权重与偏置的值，边界也会随之产生变化，感兴趣的读者可以下载这段代码并进行尝试。

在这里，我们将输入分成了两个类别，如果增加输出层的神经元数量，还可以分成三个以上的类别。此外，通过增加神经元及网络层的数量，可以使用更加复杂的边界对输入进行分类。

在本节中，神经网络的表现能力不仅在处理回归问题中得到了体现，而且也在处理分类问题中得到了确认。通过对网络层进行叠加来提高其表现能力，就是深度学习的意义所在。

小　结

在本章中，我们首先对神经细胞进行模型化，并使用数学公式对单一神经元表示的方法进行了讲解。然后，对如何使用线性代数实现由多个神经元所组成的神经网络的构建方法进行了讲解。

此外，还对各种激励函数进行了介绍。根据网络层的种类及网络种类的不同，其中所使用的激励函数也不同。

然后，对单一神经元进行了编程实现，并确认了神经元所具有的特性。神经元会根据所给定的权重及偏置值的不同，针对输入所产生兴奋的特性也会发生变化。

之后，构建了包含多个网络层的神经网络，并确认了随着神经元数量及网络层数量的增加，神经网络的表现能力也随之得到提升。而对于神经网络，分别编程实现了回归与分类两种网络。

通过以上内容，读者是否已经意识到神经网络所具有的潜在能力了呢？将拥有极其简单功能的神经元进行大量堆叠和连接后，就可以产生意想不到的高度复杂的输出结果。

在本章中仅使用了数量很少的权重与偏置，但是在实际的神经网络操作中，可能会包含数千、数万甚至数亿个权重与偏置。而对于数量庞大的权重与偏置，使用手动操作的方式来设置是不可能的，这时，就需要使用可以使其进行自动调整的算法。在下一章中，我们将对反向传播的算法进行讲解。读者可以通过反向传播算法的运用，对权重与偏置进行最优化，从而实现神经网络的学习。

知识栏　从“集群”中发现的智能

集群智能（Swarm Intelligence）是属于模仿如鸟类、昆虫和鱼群等群体的一种人工智能。

生物的群体通过个体之间的局部且简单的互动，展现出了集团性的复杂的运动。例如，在鸟群中，每个个体都与相邻的个体保持着一定的距离，不仅前进的方向保持一致，而且飞行的速度也保持一致。因此，整个鸟群就像一个具有智能的生物一样在行动。

众所周知，一个白蚁群能够构建规模巨大的蚁巢，每个白蚁都不知道蚁巢的整体是什么样子的，它们只是与周围的同伴进行简单的沟通，并根据其所获得的有限信息采取行动。

然而，成群的白蚁所建造的巨大的蚁巢，不仅具备类似空调的功能，还是一个容纳数百万白蚁在一起共同生活的极度发达的城市。

这类遵从简单规律，将个体组建成集团，并且发挥出复杂性能的现象称为衍生（Emergence）。

集群智能就属于模仿了这类现象的智能，而且在近年来掀起了研究的热潮。集群智能就像鸟类及白蚁的群体一样，没有统领整体的领导者，通过在地位平等的个体之间所产生的相互作用来决定其整体的行为。而且集群智能已经广泛应用到交通系统的智能化、计算机图形、无人机控制等领域。

如果将人类的大脑看作是只具备简单功能的神经细胞的集合体，那么，同样也可以将模仿了人类大脑的神经网络看作是某种集群智能。在神经网络中，并没有可以统辖整体的神经元，其丰富的表现能力是通过每个神经元的运算结果的集合体所呈现的。而这样的“集群”神经网络的特性是由每一个神经元的特性及神经元之间相互的关系所决定的。

每个神经元的特性又会根据其使用的激励函数、权重的初始值及学习率的设定等条件来确定。而神经元之间的关系是由网络层中的神经元的数量及卷积神经网络的设定等条件所决定的。

在实现神经网络的过程中需要解决一些特殊问题时，可以通过对这些设置最优化处理将整体的性能发挥出来。

第 5 章

反向传播

本章我们将对神经网络中用于实现网络学习的算法、反向传播（Backpropagation）、误差反向传播算法进行讲解。

首先对神经网络学习的原理进行讲解，在此基础上，再对反向传播的概要及相关的数学背景知识进行说明。然后对损失函数、梯度下降算法等反向传播的主要组成部分逐一进行讲解。最后，我们将尝试使用最少量的代码对反向传播算法进行编程实现。

5.1 学习法则

研究人员认为，现实中的生物神经细胞网络是通过改变作为神经细胞之间连接部位的突触的连接强度来进行学习的。

在神经网络中，用于描述学习时如何通过连接强度的改变来实现的规律称为学习法则。其中，最具有代表性的是赫布学习法则和 Delta 学习法则，因此在本节中首先对这些作为反向传播算法理论基础的学习法则进行讲解。

5.1.1 赫布学习法则

赫布学习法则（Hebbian Rule，Hebbian Theory）是由心理学家唐纳德·赫布于 1949 年提出的关于大脑神经突触可塑性的法则。所谓可塑性，是指可以对发生变化的状态进行保存的一种性质。赫布学习法则是指，当突触的前神经细胞产生的兴奋可以使突触的后神经细胞产生兴奋时，该突触的能量传递效率就会得到增强。与之相反，如果在较长时间都没有兴奋产生，则该突触的能量传递效率就会衰减。

研究人员认为，赫布法则所定义的突触可塑性与长期性记忆之间存在着密不可分的关系。而在突触的后神经细胞产生兴奋的过程中，其他的神经细胞也会参与其中，因此可以认为，这类多个神经细胞之间的联动对记忆的形成发挥着极为重要的作用。

接下来，将在神经网络中，根据赫布法则对能量传递效率的增强规律的定义，用数学公式进行表达。如果将连接强度（权重）的变化量设为Δw，突触的前神经元的兴奋程度（输出）设为y_i，突触的后神经元的兴奋程度（输出）设为y_j，则可得到如下公式。

$$\Delta w = \gamma y_i y_j$$

式中的γ为常数。当y_i与y_j的数值都比较大时，突触的连接强度就会被大大地增强。这样一来，只要突触前后的神经元通过持续不断的刺激产生兴奋，突触中信息传递的效率就会逐步得到增强。

赫布学习法则是于 1973 年由 Bliss 和 Lomo 通过对兔子的海马体进行实验证实的。所以，赫布学习法则是一种基于脑科学研究理论的具有实证基础的学习法则。

5.1.2 Delta 学习法则

Delta 学习法则（Delta Rule，LMS Rule，Widrow-Hoff Rule）是于 1960 年由 Widrow 和 Hoff 等研究者提出的一种关于神经网络的学习定律。Delta 学习法则由下列定律组成。

- 如果输出与正确答案之间的差值越大，则需要设置的权重的修正量也越大。
- 如果输入越大，则需要设置的权重的修正量也越大。

这里所说的正确答案是指神经元的输出所应当具有的数值。而神经网络进行学习的目的，就是尽量使输出所产生的值接近正确答案。

Delta 学习法则的公式如下。

$$\Delta w = \eta(y_j - t)y_i$$

式中，Δw表示权重的变化量；y_i表示突触的前神经元的输出；y_j表示突触的后神经元的输出。这些都与赫布学习法则中的规定是一样的，而 t 表示正确答案的值。η 则被称为学习系数的常数。

根据 Delta 学习法则，距离理想状态越远，返回到理想状态所需要设置的权重的修正量也应当越大。此外，如果有较大的输入传递给神经元，则可以认为突触接收到的是强烈的刺激，因而权重也应当更加容易产生变化。由此可以看出，Delta 学习法则属于一种符合直观想象的、合乎道理的学习法则。

知识栏　学习完全是由突触来负责的吗？

地球上的生物世世代代都在持续不断地努力适应地球的生存环境。因此，我们可以认为所有得以存续下来的物种都是被筛选出来的，这样就使得这些存续下来的物种的 DNA 需要不断地进行自我学习。遗传算法（Genetic Algorithm）就是通过模仿这种机制而产生的算法，通过使数据产生突发性变异及交配筛选出适应性更强的个体，以此实现数据的自我学习。

此外，除构成大脑的神经细胞外，还有一种细胞被称为神经胶质细胞（Glial Cell）。从近几年的研究得知，神经胶质细胞中存在一种星形胶质细胞（Astrocyte），这种细胞与突触有着密不可分的联系。在突触中，神经细胞与星形胶质细胞通过神经传递介质，进行着频繁的双向通信。研究人员指出，星形胶质细胞对信息的传递和记忆可能存在着不可忽视的影响。

而且，不仅仅是突触，在神经细胞内部也可以对记忆进行保存，这一观点已经在对海兔和线虫所进行的实验中得以验证。

因此，生物似乎不仅仅只是依赖突触来进行学习。不过，将突触的可塑性作为理论基础的网络模型，在数学角度上比较容易处理而且性能很高，所以在神经网络的学习中一般都是以突触的学习方式作为模型来实现的。

5.2 何谓反向传播

成功完成学习的神经网络往往都能表现出极为复杂的认知和判断能力。而反向传播正是神经网络进行学习的过程中所使用的算法，通过将输出和正确答案的误差在网络中进行逆向传递，实现对网络的权重和偏置的最优化处理。可以毫不夸张地说，反向传播对于所有类型的深度学习而言，都是极其重要且必不可少的算法。

反向传播的示意图如图 5.1 所示。

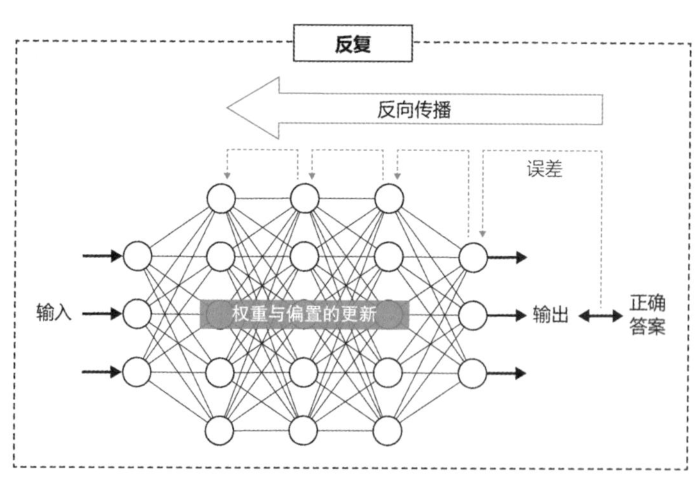

图 5.1　反向传播的示意图

首先，通过正向传播算法得到的输出与事先准备好的正确答案的误差在网络层中一层一层地进行回溯，将其进行反向传播。在这个过程中，以传播过来的误差为基础，对各个网络层中的权重和偏置的更新量进行求解。然后，再对各个网络层中所有的权重和偏置一点点地进行更新。

通过反复地进行这一操作，实现对网络的最优化处理，使得误差逐渐减少，从而进一步推动学习的进行。成功完成学习的网络对于任何输入都可以灵活地进行识别与判断。关于反向传播的详细内容，之后我们会逐步地进行讲解。

反向传播技术起源的相关研究包括 20 世纪 60 年代发表的 Delta 学习法则，1967 年由 Amari 提出的包含隐藏层的三层以上的网络等，而反向传播这一名词最初是于 1986 年由神经网络的研究者 Rumelhart 命名的。

有人认为反向传播从生物学的角度分析是不太妥当的一种理论，也就是说，反向传播与现实中的生物的神经系统中的学习原理是不同的。这是因为在生物的大脑系统中还未能找到类似反向传播算法的运作机制。尽管如此，反向传播如今已经具有众多优异的表现，即使是在网络层数特别多的神经网络中也能够实现网络的学习。

如果想要更好地理解反向传播算法的原理和实现的话，以下五个部分的相关知识是必须掌握的。

- 训练数据与测试数据。
- 损失函数。
- 梯度下降法。
- 最优化算法。
- 批次尺寸。

我们将要使用到的全部数据分为训练数据与测试数据两种。训练数据是在神经网络的学习过程中需要使用到的数据，而测试数据则是在对学习的结果进行验证时需要使用到的数据。

神经网络的多个输出结果都存在与其对应的正确答案。接下来，将根据多个输出值与正确答案对误差进行定义。而具体用于对误差进行定义的是被称为损失函数的一种函数。其中，损失函数又可以分为多个不同的种类。

此外，将误差依次传播到上层的网络层中，对权重和偏置一点点地进行更新，最终实现误差的最小化。在这个过程中会使用到梯度下降法。在梯度下降法中，用于对权重和偏置进行反复更新操作的最优化算法中，又包括随机梯度下降法、自适应梯度算法等多个不同种类的算法。

而且，对权重与偏置的更新操作是将数据以分组为单位进行的，这个分组的尺寸为批次尺寸，批次尺寸的大小会影响学习的效率。

接下来，我们将对这五个部分的知识依次进行讲解。

5.3 训练数据与测试数据

在神经网络的学习过程中需要使用到大量的数据，在大多数情况下需要将所使用的全部数据划分为训练数据与测试数据。训练数据是在网络的学习中使用的数据，测试数据则是在对学习结果进行验证时使用的数据。训练数据与测试数据是由多个输入数据和正确答案的组合所构成的，如图 5.2 所示。

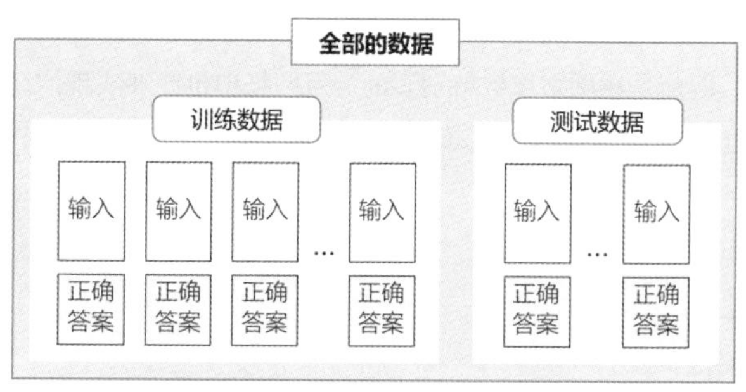

图 5.2　训练数据与测试数据

由一对输入数据和正确答案所构成的组合，在本书中我们将其称为样本。通常情况下，训练数据的样本数量要比测试数据的样本数量多。

通过训练数据完成学习的网络如果再对测试数据进行处理也能够产生良好的结果，说明网络对于未知的数据也能够应对；如果对测试数据进行处理不能产生较好的结果，说明网络自身或者学习方法中可能存在一些问题。

在回归问题中，正确答案可使用并列的数值所组成的向量表示如下：

```
[0.54   -0.34   1.05   0.21   -0.84]
```

在上述场合中，输出层中包含 5 个神经元，而网络需要学习的是让这些神经元所产生的输出值尽量接近上述正确答案的值。

分类问题中的正确答案的数值，可以用只有一个元素值是 1 而其他元素都是 0 的向量表示如下：

```
[0 1 0 0 0]
```

在上述场合中，输出层内部有五个并列的神经元，神经网络通过学习让这些神经元的输出逐渐接近于 0 或者 1。类似这种只有一个 1 而其他都是 0 所并列组成数值的格式，我们将其称为独热编码。

图 5.3 所示分别是回归问题和分类问题的输出与正确答案的示意图。

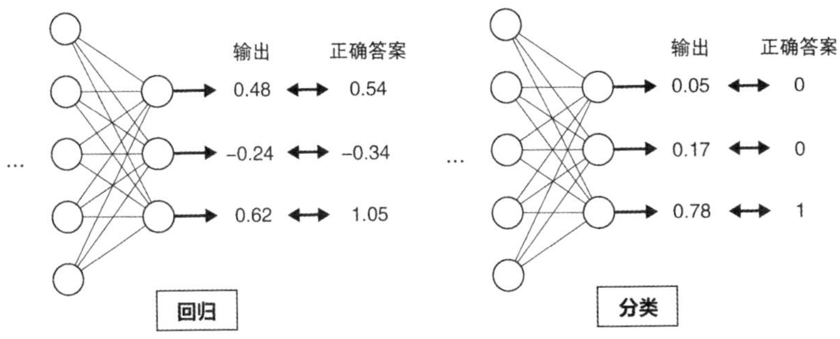

图 5.3　输出与正确答案的示意图

无论回归问题还是分类问题，都是在使全部的训练数据所产生的输出结果逐步接近正确答案的过程中推动网络的学习进程的。

5.4　损失函数

对输出与正确答案的误差进行定义的函数就是损失函数（Loss Function、误差函数、成本函数）。所谓误差，是指与应有的状态之间的差异程度。误差的值越大，神经网络就离实际所期望的状态越远。所谓学习，就是让这个误差能够最小化所进行的处理。

损失函数有很多种类，在进行深度学习的过程中一般经常会用到的是平方和误差函数或者交叉熵误差函数，所以在本节中我们将对这两种函数进行介绍。

5.4.1　平方和误差

对输出值和正确答案值之间的差值进行平方运算，并对输出层所有的神经元进行求和计算，所得到的值称为平方和误差。如果 E 表示误差，y_k表示输出层的各个输出值，t_k表示正确答案值，平方和误差就可用如下公式定义。

$$E=\frac{1}{2}\sum_{k}(y_k-t_k)^2$$

上述公式的含义是对y_k与t_k的差值求平方，并对输出层所有的神经元进行求和，再将结果乘以 1/2。关于这部分内容，我们将在后面的章节中继续深入讲解，这里之所以乘以 1/2，是为了方便后面对其进行微分计算。

通过使用平方和误差，可以对神经网络的输出在多大程度上与正确答案相一致这个问题进行量化处理。由于平方和误差适用于计算正确答案与输出为连续数值的处理，因此在解决回归问题时经常被使用。

平方和误差可以通过调用 NumPy 的 sum 函数、square 函数，使用如下代码来实现。

```
import numpy as np

def square_sum(y, t):                    # 将输出值和正确答案作为参数
    return 1.0/2.0 * np.sum(np.square(y – t))
```

NumPy 的 square 函数将数组作为参数，对数组中的每个元素进行平方运算，将得到的结果放入一个新创建的数组中，并返回这个新生成的数组。

5.4.2 交叉熵误差

交叉熵误差是对两个分布之间的偏离程度进行表示的一种尺度，在分类问题中经常被使用。交差熵误差是将输出y_k的自然对数与正确答案的乘积的总和转换为负数来表示的，公式如下：

$$E = -\sum_k t_k \log(y_k) \tag{5-1}$$

自然对数的相关知识我们在第 3 章已经介绍过。

接下来，我们将对式（5–1）的含义进行讲解。首先，我们将式（5–1）变形为

$$E = \sum_k t_k (-\log(y_k)) \tag{5-2}$$

分类问题中的正确答案是用只有一个 1 而其余都是 0 的独热编码格式来表示的，所以只有公式右边求和符号$\sum$里面的t_k为 1 的项才会对误差产生影响，t_k为 0 的项则对误差没有任何影响。因此，只有唯一的那个正确答案为 1 的项才会对误差产生影响。

对于$-\log(y_k)$，可以将它画成示意图来分析。$y = -\log x$示意图如图 5.4 所示。

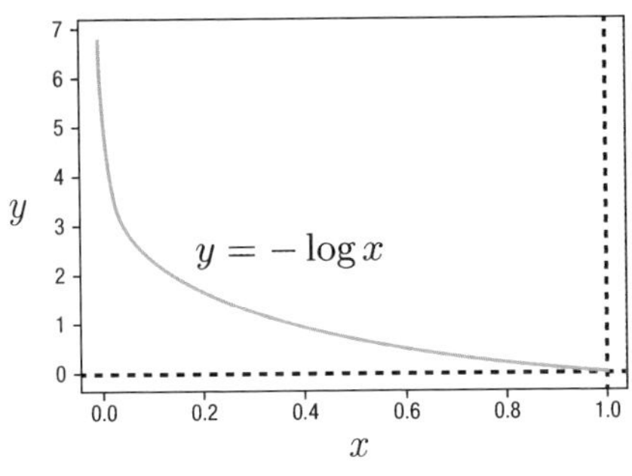

图 5.4　$y = -\log x$示意图

从图 5.4 中可以看到，当 x 为 1 时，$-\log x$为 0；当 x 逐渐变为 0 时，$-\log x$则趋近于无穷大。由$-\log x$可知，$-\log(y_k)$越接近正确答案其函数值就越小，而如果偏离正确答案越远则其函数值也越大。因此，式（5–2）的含义就是，输出结果离正确答案越远，产生的误差也就越大；而当输出结果接近正确答案时，则产生的误差接近于 0。

使用交叉熵的优点之一是，当输出值与正确答案之间的差距较大时，学习速度也更快；正如我们在上面的示意图中所看到的，当输出值与正确答案之间出现较大的偏差时，误差会趋近于无穷大，在这种情况下，学习速度会变得非常快，偏差也会被迅速消除。

交叉熵误差可以通过 NumPy 的 sum 函数及用于计算自然对数的 log 函数实现，具体的实现代码如下：

```
import numpy as np

def cross_entropy(y, t):                    # 将输出值和正确答案值作为参数
    return – np.sum(t * np.log(y + 1e–7))
```

如果 log 函数的内部变成 0，自然对数就会发散为无穷小的值，从而导致计算无法进行，因此，为了防止出现这个问题，可在 y 中加上一个很小的值 1e–7。

5.5　梯度下降法

为了将误差依次传播到位于前面的神经层中，并对权重和偏差逐步进行更新以达到最优化的状态，需要使用梯度下降法。本节我们将对梯度下降法的概要和梯度的计算方法进行讲解。由于其中涉及很多微分运算，因此建议读者复习第 3 章中有关微分知识的内容后再继续对本节内容进行学习。

5.5.1 梯度下降法概要

对函数$y(x_1,x_2,\cdots,x_k,\cdots)$的变化量与某个参数$x_k$的变化量的比值，也就是对梯度$\frac{\partial y}{\partial x_k}$进行计算，再根据这个梯度对参数进行调整，从而对 y 进行最优化处理的算法被称为梯度法。其中，∂是偏微分所使用的数学符号，有关偏微分的知识我们在第 3 章中讲解过。

梯度下降法（gradient descent）是梯度法的一种，其原理是通过对参数x_k进行调整，使计算的结果向 y 的最小值方向下降，如图 5.5 所示。

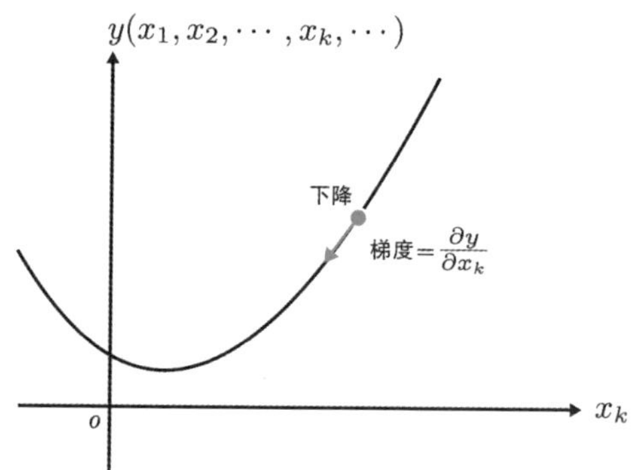

图 5.5　梯度下降法

在反向传播中，是将使用损失函数计算的误差值作为起点对神经网络进行反向追溯，同时对其中的权重和偏置进行修正，在这个过程中，使用梯度下降法来决定修正量的大小。梯度下降法是对神经网络的权重和偏置进行调整，使得误差变小。

在反向传播中所使用的梯度下降法可以用图 5.6 所示的示意图来表示。

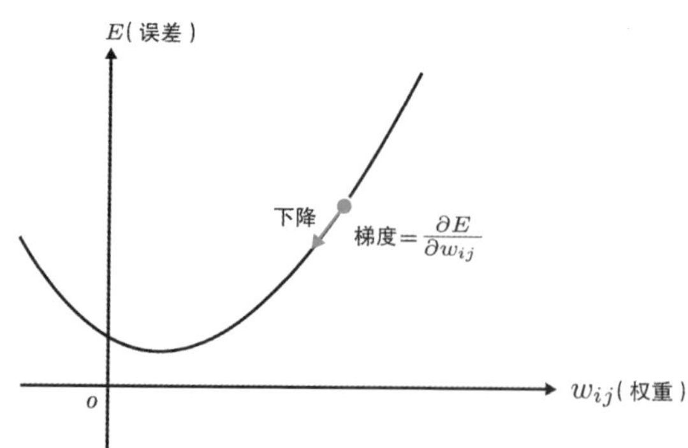

图 5.6　反向传播中的梯度下降法示意图

在图 5.6 中，横轴w_{ij}表示某个权重，纵轴 E 表示误差。误差是根据权重的值进行变化的，而在实际应用中这条曲线的确切形状是无法得知的，因此只能根据当前位置的曲线的斜率（梯度）对权重一点点地进行变动。如果对网络中所有的权重进行的变动能让这条曲线下降，就能够使误差逐渐减少。

因此，在这个过程中，各个权重的变化量是由这条曲线的斜率即梯度所确定的。对于偏置的处理也是一样的。所以，要对神经网络中所有的权重和偏置进行更新，首先必须对所有的权重和偏置计算所对应的误差的梯度。

此外，根据w_{ij}的变化而产生的 E 的变化，未必是一条类似图 5.6 所示的曲线，也可能如图 5.7 所示，陷入局部的最小值中，从而无法到达全局中最小值所在的位置。

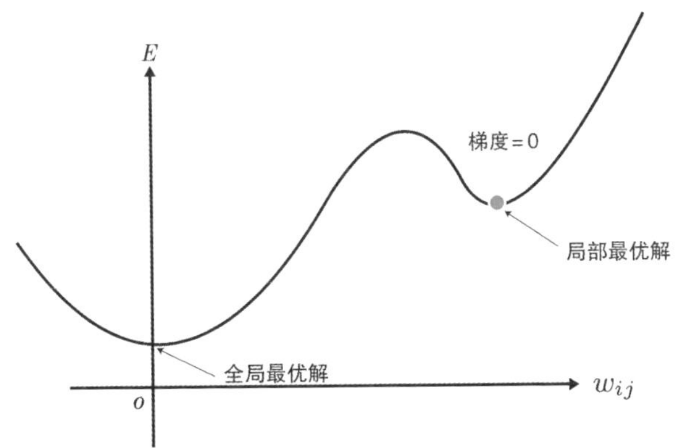

图 5.7　局部的最小值

类似上面这种最小值被称为局部最优解。与此相对，真正的最小值则被称为全局最优解。要想避免陷入局部最优解陷阱，就需要采取各种各样的调整措施，关于这部分的内容以后将逐一进行说明。

假设 w 为权重，b 为偏置，E 为误差，则在梯度下降法中对权重和偏置的更新操作可以通过使用偏微分表达式表示。

$$w \leftarrow w - \eta \frac{\partial E}{\partial w} \tag{5-3}$$

$$b \leftarrow b - \eta \frac{\partial E}{\partial b} \tag{5-4}$$

在下一节中将会讲到的最优化算法中，这些公式根据算法种类的不同可能需要进行变形。

在式（5–3）和式（5–4）中，箭头表示的是对权重的更新。其中，η是学习系数，$\frac{\partial E}{\partial w}$和$\frac{\partial E}{\partial b}$是梯度。

学习系数是决定学习速度的一个常数。通常都会使用 0.1 或者 0.01 等很小的值，但是如果设置的值太小，则会导致学习时间过长、陷入局部最优解陷阱等；如果将学习系数设置得过大，也可能导致误差难以收敛的问题出现。因此，为了更高效地达到全局最优解，对学习系数进行恰当的设置是非常必要的。

关于式（5–3）和式（5–4）中的梯度$\frac{\partial E}{\partial w}$和$\frac{\partial E}{\partial b}$，要对其进行求解则需要用到一些数学方面的技巧。关于这个问题，我们将在下面进行讲解。在计算得到全部的梯度之后，要根据式（5–3）和式（5–4）对所有的权重和偏置进行更新处理。

5.5.2 梯度计算方法概要

接下来，我们将对梯度的计算方法进行讲解。如果掌握了梯度的求解方法，就能根据式（5–3）和式（5–4）对权重和偏置进行更新操作。

首先，对梯度的计算方法的概要进行讲解。假设现在有一个如图 5.8 所示的三层神经网络，对其中各个神经层的梯度进行求解。

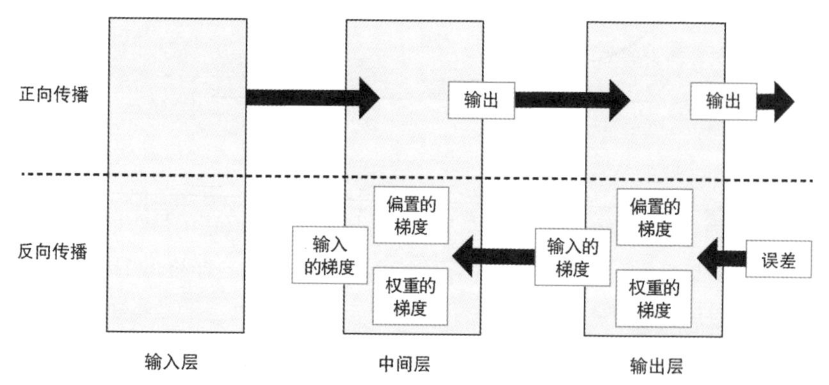

图 5.8 需要计算梯度的神经网络

图 5.8 所示的神经网络包含输入层、中间层、输出层共三层网络，其中中间层和输出层中包含权重和偏置。由于输入层只是单纯地负责将接收到的输入数据传递给位于其下层的网络层，因此不包含权重和偏置。

在输出层中，需要根据误差对权重和偏置的梯度进行计算。另外，传递给输出层的输入数据的梯度也同样要根据误差计算。在进行正向传播的过程中，是对网络层的输出进行传播；而在反向传播的过程中，则是对输入的梯度进行传播。在中间层中，接收这个输入的梯度，根据输入的梯度对权重和偏置的梯度，以及传递给中间层的输入的梯度进行计算。输入的梯度在网络中是从下层往上层进行回溯传递的。关于对输入的梯度进行传播的理由，我们将在稍后进行讲解。

此外，即使网络层的数量增加到四层以上，通过对输入的梯度进行传播，除了输出层以外，在所有的网络层都可以使用相同的方法对梯度进行计算。因此，只要知道如何在三层的神经网络中对梯度进行求解，那么无论网络的层数如何增加，一样也能够求解。

接下来使用数学公式对梯度进行求解。根据网络层中所使用的激励函数、损失函数的种类的不同，对梯度进行计算的方法也多少有些差异，因此我们先对其中通用的部分进行讲解。各个网络层的神经元的下标和神经元数量如表 5.1 所示。

表 5.1　各个网络层的神经元的下标和神经元的数量

网络层	下标	神经元数量
输入层	i	l
中间层	j	m
输出层	k	n

5.5.3　输出层的梯度

首先对输出层中的梯度进行推导。用w_{jk}代表输出层中的权重，b_k代表偏置，u_k代表权重和输入的乘积的总和再加上偏置后得到的值。由于权重与中间层的输出有关，因此需要用到 j 和 k 两个下标。此外，中间层的神经元的输出用y_j表示。输出层的神经元如图 5.9 所示。

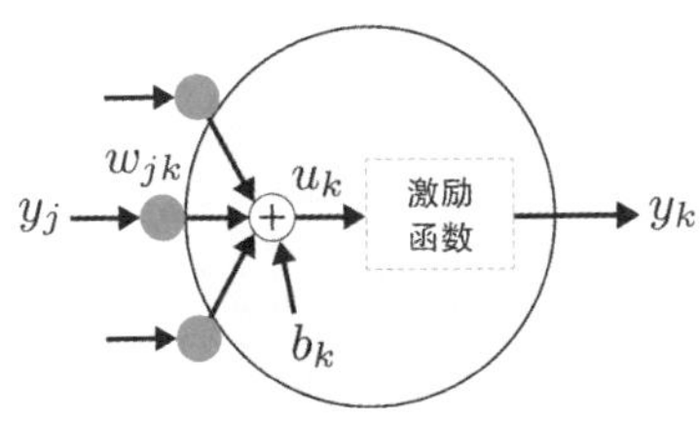

图 5.9　输出层的神经元

接下来计算权重的梯度即$\frac{\partial E}{\partial w_{jk}}$。在之后的计算中，权重的梯度将使用经过简化的表达式表示：

$$\partial w_{jk} = \frac{\partial E}{\partial w_{jk}}$$

权重的梯度使用第 3 章讲解的微分连锁律展开，公式如下：

$$\partial w_{jk} = \frac{\partial E}{\partial w_{jk}} = \frac{\partial E}{\partial u_k}\frac{\partial u_k}{\partial w_{jk}} \tag{5-5}$$

在上述公式中，对于右边的$\frac{\partial u_k}{\partial w_{jk}}$部分，由于$y_j$表示中间层的输出（传递给输出层的输入）、$b_k$表示偏置，因此可使用如下公式对其进行表示。

$$\begin{aligned}\frac{\partial u_k}{\partial w_{jk}} &= \frac{\partial\left(\sum_{q=1}^{m} y_q w_{qk} + b_k\right)}{\partial w_{jk}} \\ &= \frac{\partial}{\partial w_{jk}}(y_1 w_{1k} + y_2 w_{2k} + \cdots + y_j w_{jk} + \cdots + y_m w_{mk} + b_k) \\ &= y_j\end{aligned} \tag{5-6}$$

下标 q 只是为了方便使用$\sum$来进行求和计算，因此并没有任何特殊的含义。由于是偏微分计算，因此除了w_{jk}的相关项以外，其余全部为 0。

对于式（5-5）右边$\frac{\partial E}{\partial u_k}$部分，如果输出层的神经元的输出用$y_k$来表示，根据微分连锁律得到的公式如下：

$$\frac{\partial E}{\partial u_k} = \frac{\partial E}{\partial y_k}\frac{\partial y_k}{\partial u_k}$$

也就是说，用输出层的神经元的输出对误差进行偏微分得到的结果，与用u_k对输出层的神经元的输出进行微分的结果的乘积作为$\frac{\partial E}{\partial u_k}$。对于前者可以通过对损失函数进行偏微分计算得到，对于后者可以通过对激励函数进行偏微分计算得到。

在这里，对δ_k进行如下设定。

$$\delta_k = \frac{\partial E}{\partial u_k} = \frac{\partial E}{\partial y_k}\frac{\partial y_k}{\partial u_k} \tag{5-7}$$

δ_k在对偏置的梯度进行求解时也会用到。

根据式（5-6）和式（5-7），式（5-5）可转化成如下形式。

$$\partial w_{jk} = y_j \delta_k$$

也就是说，权重和梯度$\frac{\partial E}{\partial w_{jk}}$可使用$y_j$和$\delta_k$的乘积来表示。

偏置的梯度也可使用同样的方式进行求解。偏置的梯度使用∂b_k表示。

$$\partial b_k = \frac{\partial E}{\partial b_k}$$

根据微分连锁律可知，下式关系成立。

$$\partial b_k = \frac{\partial E}{\partial b_k} = \frac{\partial E}{\partial u_k}\frac{\partial u_k}{\partial b_k} \tag{5-8}$$

此时，对右边的$\frac{\partial u_k}{\partial b_k}$可进行如下转换。

$$\frac{\partial u_k}{\partial b_k} = \frac{\partial\left(\sum_{q=1}^{m} y_q w_{qk} + b_k\right)}{\partial b_k}$$

$$= \frac{\partial}{\partial b_k}(y_1 w_{1k} + y_2 w_{2k} + \cdots + y_j w_{jk} + \cdots + y_m w_{mk} + b_k)$$

$$= 1$$

至于式（5–8）的$\frac{\partial E}{\partial u_k}$部分，与计算权重的梯度是一样的，同样使用$\delta_k$来表示，根据上述结果，可将式（5–8）转换成如下形式。

$$\partial b_k = \delta_k$$

由此可知，计算偏置时的梯度与δ_k相等。

这就实现了用非常简洁的公式对权重和偏置的梯度进行表示。

5.5.4　输出层的输入梯度

在输出层中，为了满足中间层中的计算条件，需要提前计算$\frac{\partial E}{\partial y_j}$即中间层的输出的梯度（= 输出层的输入的梯度）。将$\frac{\partial E}{\partial y_j}$缩写为$\partial y_j$的简化表达式，公式如下：

$$\partial y_j = \frac{\partial E}{\partial y_j}$$

在对中间层的权重和偏置的梯度进行计算时会用到在输出层中计算的∂y_j。

对于∂y_j，根据第 3 章中所讲解的多变量的微分连锁律，可以变换成如下形式进行求解。

$$\partial y_j = \frac{\partial E}{\partial y_j} = \sum_{r=1}^{n} \frac{\partial E}{\partial u_r} \frac{\partial u_r}{\partial y_j} \tag{5-9}$$

$\frac{\partial E}{\partial u_r}\frac{\partial u_r}{\partial y_j}$可通过将输出层中所有的神经元进行求和计算。$u_r$是输入和权重加上偏置所得到的值，其数量与输出层的神经元的数量相同。下标 r 是为了方便使用$\sum$进行求和运算而使用的标记，没有特别的含义。

对于公式中的$\frac{\partial u_r}{\partial y_j}$可以使用如下方式对其进行求解。

$$\frac{\partial u_r}{\partial y_j} = \frac{\partial\left(\sum_{q=1}^{m} y_q w_{qr} + b_r\right)}{\partial y_j}$$

$$= \frac{\partial}{\partial y_j}(y_1 w_{1r} + y_2 w_{2r} + \cdots + y_j w_{jr} + \cdots + y_m w_{mr} + b_r)$$

$$= w_{jr}$$

加上上述内容，根据$\delta y_j = \frac{\partial E}{\partial u_r}$可将式（5-9）变换为如下形式。

$$\partial y_j = \sum_{r=1}^{n} \delta_r w_{jr}$$

由此公式可将δ_r和w_{jr}的总和使用更为简化的∂y_j来表示。

5.5.5 中间层的梯度

接下来，我们将对中间层的梯度进行推导。用w_{ij}代表中间层的权重，b_j代表偏置，u_j代表权重与输入的乘积再加上偏置所得到的值。另外，输入层的输出用y_i表示。中间层的神经元如图 5.10 所示。

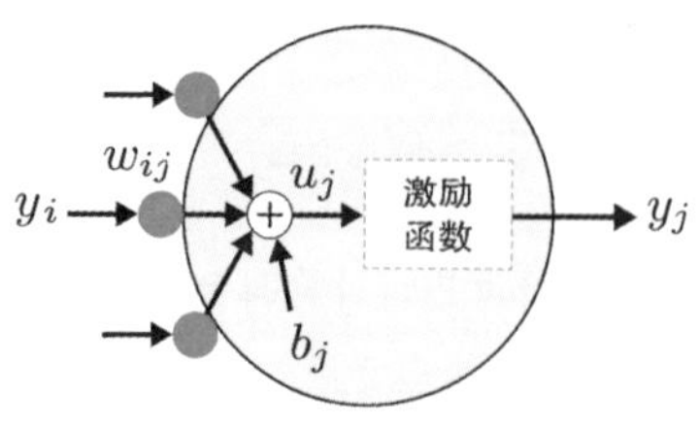

图 5.10 中间层的神经元

在中间层中，与对输出层进行计算的时候一样，如下关系式成立。权重的梯度用∂w_{ij}表示。

$$\partial w_{ij}=\frac{\partial E}{\partial w_{ij}}=\frac{\partial E}{\partial u_j}\frac{\partial u_j}{\partial w_{ij}} \qquad (5\text{–}10)$$

上式中的$\frac{\partial u_j}{\partial w_{ij}}$可以表示为

$$\begin{aligned}\frac{\partial u_j}{\partial w_{ij}}&=\frac{\partial\left(\sum_{p=1}^{l}y_p w_{pj}+b_j\right)}{\partial w_{ij}}\\&=\frac{\partial}{\partial w_{ij}}(y_1w_{1j}+y_2w_{2j}+\cdots+y_iw_{ij}+\cdots+y_lw_{lj}+b_j)\\&=y_i\end{aligned} \qquad (5\text{–}11)$$

这与对输出层进行计算时是一样的。下标 p 是为了方便使用$\sum$进行求解计算的标记，没有特殊的含义。

接下来，可以使用微分连锁律将式（5–10）右边的$\frac{\partial E}{\partial u_j}$部分变换为

$$\frac{\partial E}{\partial u_j}=\frac{\partial E}{\partial y_j}\frac{\partial y_j}{\partial u_j} \qquad (5\text{–}12)$$

上式中右边的$\frac{\partial y_j}{\partial u_j}$部分可使用激励函数的微分求解。

公式中$\frac{\partial E}{\partial y_j}$部分是中间层的输出梯度，也是之前在输出层中求得的$\partial y_j$。使用$\partial y_j$可将式（5–12）变换成使用$\delta$表示的形式。

$$\delta_j=\frac{\partial E}{\partial u_j}=\partial y_j\frac{\partial y_j}{\partial u_j} \qquad (5\text{–}13)$$

这就可以使用在输出层中计算得到的∂y_j对δ_j进行求解，实现了对神经网络的回溯。

使用式（5–11）和式（5–12）可将式（5–10）变换为如下形式。

$$\partial w_{ij}=y_i\delta_j$$

与对输出层的计算类似，将权重的梯度变换成非常简洁的形式。下面继续对偏置的梯度进行求解。与此前的做法类似，对偏置的梯度∂b_j运用微分连锁律，可得到如下公式。

$$\partial b_j = \frac{\partial E}{\partial b_j} = \frac{\partial E}{\partial u_j}\frac{\partial u_j}{\partial b_j} \tag{5-14}$$

上式右边的$\frac{\partial u_j}{\partial b_j}$部分可使用如下的形式表示。

$$\frac{\partial u_j}{\partial b_j} = \frac{\partial\left(\sum_{p=1}^{l} y_p w_{pj} + b_j\right)}{\partial b_j}$$

$$= \frac{\partial}{\partial b_j}(y_1 w_{1j} + y_2 w_{2j} + \cdots + y_i w_{ij} + \cdots + y_l w_{lj} + b_j)$$

$$= 1$$

根据上式和式（5–13），可将式（5–14）变换为如下形式。

$$\partial b_j = \delta_j$$

这就实现了对偏置的梯度的求解。与输出层相似，偏置与δ_j相等。

如果这个网络层的上面还有更多的中间层的话，可以使用下式对∂y_i进行计算并传播。

$$\partial y_i = \sum_{q=1}^{m} \delta_q w_{iq}$$

5.5.6 梯度计算公式总结

梯度的求解公式非常重要，接下来对这些公式进行总结。在每个网络层中需要计算的值如下：

输出层

$$\delta_k = \frac{\partial E}{\partial u_k} = \frac{\partial E}{\partial y_k}\frac{\partial y_k}{\partial u_k} \tag{5-15}$$

$$\partial w_{jk} = y_j \delta_k \tag{5-16}$$

$$\partial b_k = \delta_k \tag{5-17}$$

$$\partial y_j = \sum_{r=1}^{n} \delta_r w_{jr} \tag{5-18}$$

在此，将各个梯度缩写为如下形式。

$$\partial w_{jk} = \frac{\partial E}{\partial w_{jk}}$$

$$\partial b_k = \frac{\partial E}{\partial b_k}$$

$$\partial y_j = \frac{\partial E}{\partial y_j}$$

关于δ_k的求解，在使用不同的损失函数和激励函数组合时，其方法也是不同的。δ_k的数量与输出层的神经元数量相同。输出层神经元的反向传播如图 5.11 所示。

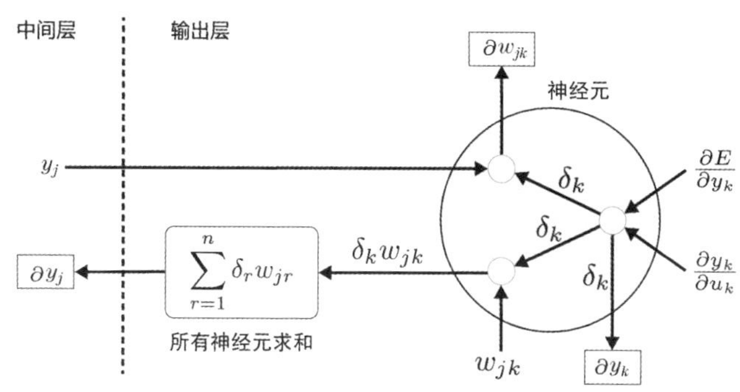

图 5.11　输出层神经元的反向传播（小○表示的是乘积）

在中间层中，对δ_j进行求解需要用到在输出层中计算得到的∂y_j。这就实现了对误差的传播。

中间层

$$\delta_j = \frac{\partial E}{\partial u_j} = \partial y_j \frac{\partial y_j}{\partial u_j} \quad (5\text{–}19)$$

$$\partial w_{ij} = y_i \delta_j \quad (5\text{–}20)$$

$$\partial b_j = \delta_j \quad (5\text{–}21)$$

$$\partial y_i = \sum_{q=1}^{m} \delta_q w_{iq} \quad (5\text{–}22)$$

在此，将各个梯度缩写为如下形式。

$$\partial w_{ij} = \frac{\partial E}{\partial w_{ij}}$$

$$\partial b_j = \frac{\partial E}{\partial b_j}$$

$$\partial y_i = \frac{\partial E}{\partial y_i}$$

除了δ的计算方法之外，输出层和中间层使用的都是相同的公式。中间层神经元的反向传播如图 5.12 所示。

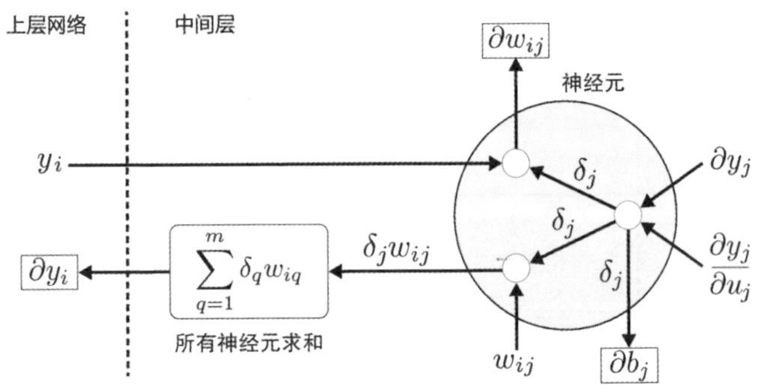

图 5.12　中间层神经元的反向传播（小○表示乘积）

即使是增加中间层的网络层数，也可用同样的方式对∂y进行传播，并对所增加的各个网络层的梯度进行计算。

5.5.7　梯度的计算方法——回归

接下来，对回归问题中的梯度进行推导。其中，损失函数和激励函数设置如下。

损失函数：平方和误差。

中间层的激励函数：sigmoid 函数。

输出层的激励函数：恒等函数。

首先，对输出层的权重梯度进行推导。为此，需要先对δ_k进行求解，将式（5–15）简化如下：

$$\delta_k = \frac{\partial E}{\partial y_k}\frac{\partial y_k}{\partial u_k} \tag{5–23}$$

在式（5–23）中需要先求出$\frac{\partial E}{\partial y_k}$部分。这部分可以通过用输出$y_k$对平方和误差损失函数进行偏微分来推导。从如下推导过程可以看出，系数中的$\frac{1}{2}$对平方的消除起到了很大的作用。

$$\begin{aligned}\frac{\partial E}{\partial y_k} &= \frac{\partial}{\partial y_k}\left(\frac{1}{2}\sum_k (y_k - t_k)^2\right) \\ &= \frac{\partial}{\partial y_k}\left(\frac{1}{2}(y_0 - t_0)^2 + \frac{1}{2}(y_1 - t_1)^2 + \cdots + \frac{1}{2}(y_k - t_k)^2 + \cdots + \frac{1}{2}(y_n - t_n)^2\right) \\ &= y_k - t_k \end{aligned} \tag{5-24}$$

接下来对$\frac{\partial y_k}{\partial u_k}$进行求解。这部分可通过对输出层的激励函数的偏微分进行计算。由于输出层的激励函数是恒等函数，因此可用下式进行求解。

$$\frac{\partial y_k}{\partial u_k} = \frac{\partial u_k}{\partial u_k} = 1$$

根据上式和式（5–24），可将式（5–23）变换为如下形式。

$$\delta_k = y_k - t_k$$

根据上式推导，将式（5–16）、式（5–17）、式（5–18）及δ_k进行合并，得到输出层中对各梯度的计算总结公式如下：

$$\delta_k = y_k - t_k \tag{5-25}$$

$$\partial w_{jk} = y_j \delta_k$$

$$\partial b_k = \delta_k$$

$$\partial y_j = \sum_{r=1}^{n} \delta_r w_{jr}$$

接下来，对中间层的梯度进行求解。对于中间层的计算，也同样需要先对δ_j进行求解。为了对δ_j进行求解，我们需要先简化式（5–19）。

$$\delta_j = \partial y_j \frac{\partial y_j}{\partial u_j} \tag{5-26}$$

上式中的$\frac{\partial y_j}{\partial u_j}$可通过对激励函数的偏微分进行求解。而中间层的激励函数使用的是 sigmoid 函数，sigmoid 函数$f(x)$的微分是$f'(x) = (1 - f(x))f(x)$，因此$\frac{\partial y_j}{\partial u_j}$可变换为

$$\frac{\partial y_j}{\partial u_j} = (1 - y_i)y_j$$

将上式代入式（5–26），可以将δ_j表示为

$$\delta_j = \partial y_j \left(1 - y_j\right) y_j$$

根据上述推导，将式（5–20）、式（5–21）、式（5–22）及δ_j进行合并，得到中间层中对各梯度的计算总结公式如下：

$$\delta_j = \partial y_j \left(1 - y_j\right) y_j \tag{5–27}$$

$$\partial w_{ij} = y_i \delta_j$$

$$\partial b_j = \delta_j$$

$$\partial y_i = \sum_{q=1}^{m} \delta_q w_{iq}$$

通过上述公式实现了对回归问题中各个网络层的梯度的计算。

5.5.8 梯度的计算方法——分类

接下来，对分类问题中的梯度计算进行推导。其中，损失函数和激励函数设置如下。

损失函数：交叉熵误差

中间层的激励函数：sigmoid 函数

输出层的激励函数：SoftMax 函数

首先，对输出层的权重的梯度进行推导。先对δ_k进行求解，将式（5–15）简化为

$$\delta_k = \frac{\partial E}{\partial u_k} \tag{5–28}$$

然后，将作为损失函数的交叉熵误差与作为激励函数的 SoftMax 函数用如下形式表示。这里的$\sum_k$表示输出层的全部神经元的总和。

$$E = -\sum_k t_k \log\left(y_k\right) \tag{5–29}$$

$$y_k = \frac{\exp\left(u_k\right)}{\sum_k \exp\left(u_k\right)} \tag{5–30}$$

将式（5–30）代入式（5–29），得到如下等式。

$$E=-\sum_k t_k \log\left(\frac{\exp(u_k)}{\sum_k \exp(u_k)}\right)$$

根据$\log\frac{p}{q}=\log p-\log q$可对上式进行如下推导。

$$\begin{aligned}E&=-\sum_k\left(t_k\log(\exp(u_k))-t_k\log\sum_k\exp(u_k)\right)\\&=-\sum_k\left(t_k\log(\exp(u_k))\right)+\sum_k\left(t_k\log\sum_k\exp(u_k)\right)\\&=-\sum_k\left(t_k\log(\exp(u_k))\right)+\left(\sum_k t_k\right)\left(\log\sum_k\exp(u_k)\right)\end{aligned}\tag{5-31}$$

这里$\log(\exp(x))=x$，而分类问题中只存在唯一的一个正确答案的值是 1，其他的都是 0，所以$\sum_k t_k=1$。综上所述，式（5–31）可变换为

$$E=-\sum_k t_k u_k+\log\sum_k\exp(u_k)$$

将上述等式代入式（5–28）中，可对δ_k进行求解。

$$\begin{aligned}\delta_k&=\frac{\partial E}{\partial u_k}\\&=\frac{\partial}{\partial u_k}\left(-\sum_k t_k u_k+\log\sum_k\exp(u_k)\right)\\&=-t_k+\frac{\exp(u_k)}{\sum_k\exp(u_k)}\\&=-t_k+y_k\\&=y_k-t_k\end{aligned}$$

从上述的推导结果可以看出，δ_k的解与对回归问题进行计算时是一样的。虽然交叉熵误差、SoftMax 函数等公式看上去似乎比较复杂，实际上无论是分类问题还是回归问题，都可以用很简单的公式对其进行处理。

根据式（5–16）、式（5–17）、式（5–18）及δ_k，可将输出层中对各种梯度进行计算的公式总结为

$$\delta_k=y_k-t_k\tag{5-32}$$

$$\partial w_{jk}=y_j\delta_k$$

$$\partial b_k = \delta_k$$

$$\partial y_j = \sum_{r=1}^{n} \delta_r w_{jr}$$

接下来对中间层的梯度进行求解。对于中间层的计算，也是先对δ_j进行计算。为了对δ_j进行求解，我们将使用式（5–19）。

$$\delta_j = \partial y_j \frac{\partial y_j}{\partial u_j}$$

由于中间层中的激励函数使用的是 sigmoid 函数，因此可以与处理回归问题一样，用下列公式推导。

$$\delta_j = \partial y_j \left(1 - y_j\right) y_j \qquad (5\text{–}33)$$

$$\partial w_{ij} = y_i \delta_j$$

$$\partial b_j = \delta_j$$

$$\partial y_i = \sum_{q=1}^{m} \delta_q w_{iq}$$

式（5–33）也与解决回归问题时推导的公式完全相同。

对于分类问题，虽然看上去使用的损失函数和激励函数似乎很复杂，而从对梯度的推导结果可以看出，中间层也与回归问题所使用的公式完全相同。这说明，用于解决回归问题和分类问题的程序代码中存在可以共用的部分。

5.6 最优化算法

梯度下降法根据梯度对权重和偏置进行调整，从而逐步减少误差，并最终实现神经网络的最优化。而最优化算法就是为了实现这一最优化处理而使用的具体算法。

5.6.1 最优化算法概要

最优化算法，打个比方说的话，就好像我们在夜晚的山岳地带中为了到达谷底所要采取的策略。由于是在一个漆黑的夜晚，伸手不见五指，因此我们只能依靠脚下的坡度来决定应当向哪个方向前进。在这种情况下，我们是应当向坡度最陡的方向前进吗？还是应该根据之前的路线来决定前进的方向？总之，为了能够顺利到达目的地谷底，就需要考虑行进路线的各种策略。

如果选择了错误的策略，就可能陷入图 5.13 中用虚线圈起来的局部凹陷的位置中，也可能要走很多冤枉路、浪费大量的时间才能最终走到谷底。

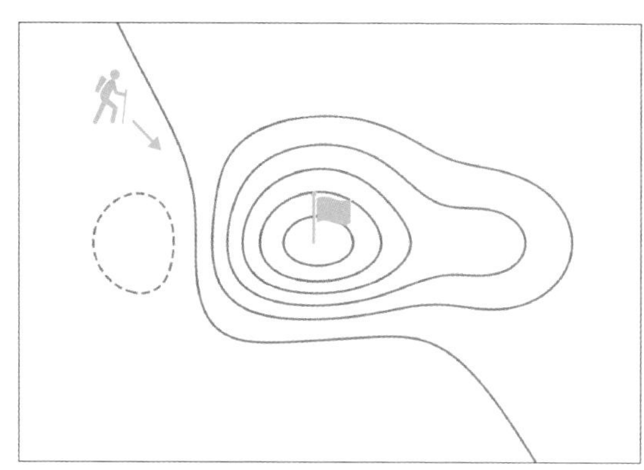

图 5.13　最优化算法的比喻

如果想要高效且准确地寻找到全局最优解，选择合适的最优化算法是极其重要的。

到目前为止，研究人员设计了很多最优化算法来解决这一问题。下面列举了其中几种比较具有代表性的算法。

- 随机梯度下降法（SGD）。
- Momentum。
- AdaGrad。
- RMSProp。
- Adam。

接下来我们将对上述算法依次进行介绍。

5.6.2　随机梯度下降法（SGD）

随机梯度下降法（Stochastic Gradient Descent, SGD）是在每次更新时，随机选择样本的一种算法。随机梯度下降法所使用的更新公式如下：

$$w \leftarrow w - \eta \frac{\partial E}{\partial w} \tag{5-34}$$

$$b \leftarrow b - \eta \frac{\partial E}{\partial b} \tag{5-35}$$

随机梯度下降法的优点是在每次更新时从训练数据中随机抽取样本，因此不容易掉入局部最优解陷阱，而且可以通过将学习系数与梯度相乘来简单地确定更新量。用很简单的代码就能实现也是优点之一。

随机梯度下降法的缺点是在学习的过程中无法对更新量进行灵活调整。

5.6.3 Momentum

Momentum 算法是在随机梯度下降法中增加了惯性项。Momentum 算法的更新公式如下：

$$w \leftarrow w - \eta \frac{\partial E}{\partial w} + \alpha \Delta w$$

$$b \leftarrow b - \eta \frac{\partial E}{\partial b} + \alpha \Delta b$$

上式中的α是用于决定惯性的强度的常量，Δw表示的是前一次的更新量。

通过加入的$\alpha \Delta w$这一惯性项，新生成的更新量就会受到之前所有更新量的影响。通过这种方式，可以有效地防止更新量的急剧变化，使更新量的变化曲线更为平滑。与随机梯度下降法相比，该算法引入了两个必须事先给定的常量η和α，因此也就增加了对网络进行调整的难度。

5.6.4 AdaGrad

AdaGrad 算法是在 2011 年由 Duchi 等研究人员提出的一种算法，其优势是能够对更新量进行自动调整。随着学习的推进，学习率也会逐渐减少。AdaGrad 算法的权重更新公式如下：

$$h \leftarrow h + \left(\frac{\partial E}{\partial w} \right)^2 \tag{5-36}$$

$$w \leftarrow w - \eta \frac{1}{\sqrt{h}} \frac{\partial E}{\partial w} \tag{5-37}$$

偏置的更新公式与权重的更新公式是相同的。

式（5-36）确保了 h 是以绝对增加的方式进行更新的。而 h 又被作为式（5-37）的分母，因此也决定了更新量必然会逐渐减少。其中，h 是根据每个权重进行计算的，因此对于之前更新量的总和比较小的权重，所产生的新的更新量也会较大;而之前总的更新量比较大的权重，所产生的新的更新量则会较小。这样一来，就做到了在刚开始对比较大的范围进行探索，然后逐渐将范围缩小的效果，实现更为高效的探索。

此外，AdaGrad 中必须实现设置的常量只有 η，因此调整起来就没那么复杂，可以比较简单地运用到神经网络中。

AdaGrad 算法的缺点是更新量是持续减少的，因此可能在训练过程中出现更新量几乎为 0 的情况，从而导致无法对神经网络进行进一步的优化。

5.6.5 RMSProp

RMSProp 算法克服了 AdaGrad 算法中由于更新量变小而导致的学习进度停滞不前的问题。虽然这个算法并没有以正式论文发表，但是 Geoff Hinton 在 Cousera 网络教育平台的教材中提到了这种算法。下面是 RMSProp 的权重更新公式。

$$h \leftarrow \rho h + (1-\rho)\left(\frac{\partial E}{\partial w}\right)^2$$

$$w \leftarrow w - \eta \frac{1}{\sqrt{h}} \frac{\partial E}{\partial w}$$

对偏置进行更新所使用的公式与权重的更新公式是相同的。由于公式中 ρ 的存在，可以实现对过去的 h 以适当的比例进行“忘记”，这样就可以克服 AdaGrad 算法中所存在的弱点。此外，Hinton 推荐将 ρ 设置为 0.9 左右的值。

5.6.6 Adam

Adam（Adaptive Moment Estimation）是 2014 年由 Kingma 等研究人员提出的一种算法。由于对其他各种各样算法的优点实现了兼收并蓄，因此屡屡表现出比其他最优化算法更为突出的性能。由于 Adam 算法的实现比较复杂，在本书中我们不会使用 Adam 算法，因此在学习本书的时候，跳过下面的内容也是没有任何问题的。

Adam 的权重更新公式为

$$m_0 = v_0 = 0$$

$$m_t = \beta_1 m_{t-1} + (1-\beta_1)\frac{\partial E}{\partial w}$$

$$v_t = \beta_2 v_{t-1} + (1-\beta_2)\left(\frac{\partial E}{\partial w}\right)^2$$

$$\hat{m}_t = \frac{m_{0t}}{1-\beta_1^t}$$

$$\hat{v}_t = \frac{v_t}{1-\beta_2^t}$$

$$w \leftarrow w - \eta \frac{\hat{m}_t}{\sqrt{\hat{v}_t} + \epsilon}$$

对偏置进行更新所使用的公式与权重的更新公式是相同的。

从上面的公式可以看出，Adam 算法使用了相当复杂的数学公式进行表达。其中常数有β_1、β_2、η、ϵ四个，变量 t 表示的是重复次数。大致上可以将其看作是 Momentum 和 AdaGrad 算法组合在一起形成的，但是如果要对 Adam 的内在逻辑进行正式的讲解，篇幅会很长。因此，对 Adam 的详细原理比较感兴趣的读者，可以直接参考这个算法的原始论文。

此外，在发表 Adam 算法的论文中，作者推荐使用的设置是$\beta_1 = 0.9$、$\beta_2 = 0.999$、$\eta = 0.001$、$\epsilon = 10^{-8}$。

5.7 批次尺寸

批次尺寸是指每次对权重和偏置进行更新操作的间隔，这个设置对学习的效率有很大的影响，是非常重要的概念。本节我们将先对与此相关的各种概念进行讲解，并在此基础上对三种不同种类的使用批次尺寸的学习进行讲解。

5.7.1 epoch 与批次

完成一次对所有训练数据的学习被称为一轮 epoch。在一轮 epoch 中，要彻底使用所有的学习数据。实际进行学习时，是将多个训练数据的样本（输入和正确答案的组合）集中在一起进行学习的，而这些样本的集合被称为批次（batch）。一轮 epoch 中所使用的训练数据可以分割成多个批次进行学习，如图 5.14 所示。

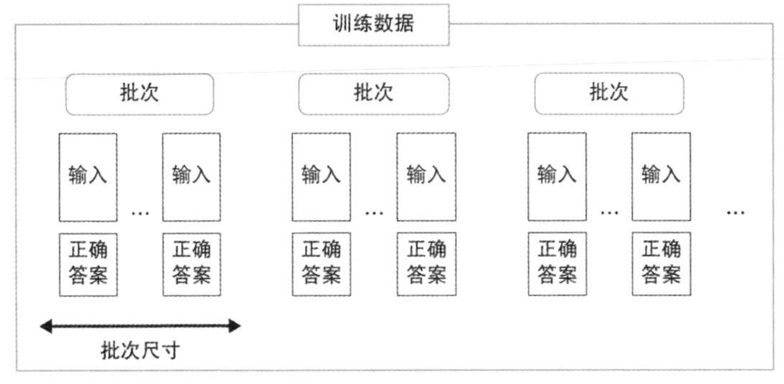

图 5.14　训练数据与批次的关系

批次尺寸是指一个批次中所包含的样本的数量。由于是将批次内所有的样本都使用完毕再对权重和偏置进行更新操作，因此批次尺寸也可以说是对权重和偏置进行修正处理的间隔。批次尺寸在整个学习过程中基本上都是固定的。

根据批次尺寸可以将学习的类型划分为三个种类，接下来将依次对其进行讲解。

5.7.2　批次学习

在批次学习中，批次尺寸就是全部训练数据的数量。在每轮 epoch 中，对全部训练数据的误差求平均值，并对权重和偏置进行更新。这种方式的学习一般都比较稳定，与其他两种类型的学习相比速度更快，但是其缺点是容易陷入局部最优解陷阱。如果用 N 表示训练数据的个数、每个数据的误差用E_i表示，批次学习中的误差可用下列公式进行定义。

$$E = \frac{1}{N}\sum_{i=1}^{N} E_i$$

此外，权重的梯度可用下列公式进行求解。

$$\frac{\partial E}{\partial w} = \sum_{i=1}^{N} \frac{\partial E_i}{\partial w}$$

在批次中，对每个数据的权重的梯度进行计算，然后对结果进行求和运算。这个计算可以使用矩阵运算一次性完成，因此可以实现高速的运算。关于具体的实现方法我们将在稍后进行讲解。

5.7.3　在线学习

在线学习就是批次尺寸为 1 的学习，以每个样本为单位，对权重和偏置进行更新。这种学习方式由于结果会受到每个数据的影响，因此在学习的稳定性上有所欠缺，但是也正因为如此，反而可以有效地预防陷入局部最优解困境。

在本章中到目前为止所讲解的梯度的计算方法都属于在线学习，但是只要在每个批次内对梯度进行汇总，也同样可以用于其他类型的学习。

5.7.4 小批次学习

位于批次学习和在线学习之间的就是小批次学习。将训练数据分割为较小的块（批次），然后以这个较小的块为单位对权重和偏置进行更新操作。

与批次学习相比，其批次的尺寸要小一些，而且可以随机地选择批次进行学习，因此这种学习方式与批次学习相比，陷入局部最优解的可能性要低很多。与在线学习相比，其批次尺寸要大一些，因此发生学习进程偏离到奇怪的方向上的风险也要小很多。由此可见，小批次学习是批次学习和在线学习的混合产物。

如果用 $n(n \leqslant N)$ 表示小批次学习的批次尺寸，那么批次学习中的误差就可用如下公式定义。

$$E = \frac{1}{n}\sum_{i=1}^{n} E_i$$

另外，对权重的梯度可以使用如下公式求解。

$$\frac{\partial E}{\partial w} = \sum_{i=1}^{n} \frac{\partial E_i}{\partial w} \tag{5-38}$$

这个梯度与批次学习的情况类似，都可以使用矩阵运算一次性处理实现高速运算。

假设训练数据中的样本数量为 1000 个。如果将这 1000 个样本全部使用完就是一轮 epoch。使用批次学习的情况下，批次尺寸为 1000，每一轮 epoch 中对权重和偏置进行一次更新操作。在使用在线学习的情况下，批次尺寸为 1，每一轮 epoch 中则要进行 1000 次更新操作。在使用小批次学习的情况下，可以将批次尺寸设置为 50 个，那么每一轮 epoch 中就要进行 20 次更新操作。

在实际应用中，批次尺寸对学习时间和性能的影响是众所周知的，但是要选择设置合理的批次尺寸却是极为困难的一件事情。通常情况下，会将批次尺寸设置在 10~100 范围内。

5.8 矩阵运算

在上一章中使用向量对网络层的输入、输出数据及正确答案进行表示，但是要在批次学习和小批次学习中使用向量是比较困难的。因此，从本节开始将使用矩阵对传递给网络层的输入、从网络层产生的输出及正确答案进行表示。在本节中，将对这种矩阵的格式，以及如何使用这种矩阵进行正向传播和反向传播运算的有关内容进行讲解。

5.8.1 矩阵的格式

可以用于批次学习和小批次学习的矩阵的格式如图 5.15 所示。其中分别显示了用于网络层输入、网络层输出和正确答案的三种矩阵格式。

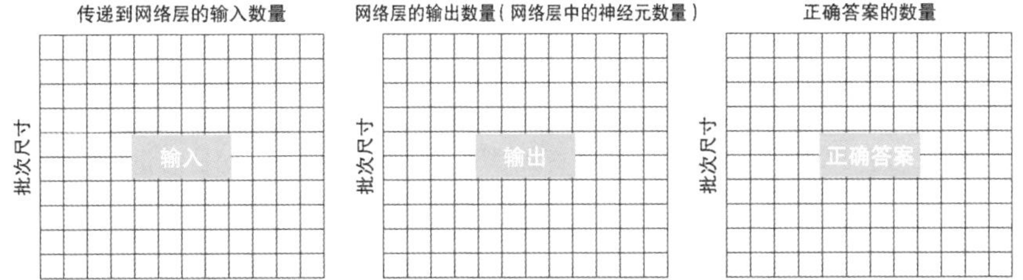

图 5.15　网络层输入、网络层输出、正确答案的矩阵格式

图 5.15 中矩阵的行数与批次尺寸是相等的，列数则分别为进入网络层的输入数据的数量、离开网络层的输出数据的数量、正确答案的数量。其中，离开网络层的输出数据的数量与网络层的神经元数量相等。这些矩阵中的每一行与每个样本是相对应的。

例如，批次尺寸为 8、输入数据的数量（位于上层网络中的神经元数量）为 3，则用于表示进入网络层的输入的矩阵的尺寸就为 8×3。如果批次尺寸为 1、网络层的神经元数量为 3，则用于表示网络层的输出数据的矩阵的尺寸就为 1×3，类似向量的形状。

5.8.2 使用矩阵进行正向传播

在正向传播中，可以使用矩阵乘法对输入和权重的乘积的总和进行计算。

假设现在要在一个神经元数量为 n 的网络层中进行正向传播。如果批次尺寸用 h 表示、输入数据的数量（位于上层网络中的神经元数量）用 m 表示，则用于表示输入的矩阵的尺寸就为 $h \times m$，而用于表示权重的矩阵的尺寸则为 $m \times n$。

下列公式用于计算输入和权重的矩阵乘积。其中，X 表示输入数据的矩阵，W 表示权重的矩阵。

$$XW = \begin{pmatrix} x_{11} & x_{12} & \cdots & x_{1m} \\ x_{21} & x_{22} & \cdots & x_{2m} \\ \vdots & \vdots & \ddots & \vdots \\ x_{h1} & x_{h2} & \cdots & x_{hm} \end{pmatrix} \begin{pmatrix} w_{11} & w_{12} & \cdots & w_{1n} \\ w_{21} & w_{22} & \cdots & w_{2n} \\ \vdots & \vdots & \ddots & \vdots \\ w_{m1} & w_{m2} & \cdots & w_{mn} \end{pmatrix}$$

$$= \begin{pmatrix} \sum_{k=1}^{m} x_{1k} w_{k1} & \sum_{k=1}^{m} x_{1k} w_{k2} & \cdots & \sum_{k=1}^{m} x_{1k} w_{kn} \\ \sum_{k=1}^{m} x_{2k} w_{k1} & \sum_{k=1}^{m} x_{2k} w_{k2} & \cdots & \sum_{k=1}^{m} x_{2k} w_{kn} \\ \vdots & \vdots & \ddots & \vdots \\ \sum_{k=1}^{m} x_{hk} w_{k1} & \sum_{k=1}^{m} x_{hk} w_{k2} & \cdots & \sum_{k=1}^{m} x_{hk} w_{kn} \end{pmatrix}$$

通过上述公式可以得到各个元素为输入和权重的乘积的总和的矩阵。这个矩阵的行数是批次尺寸，列数是网络层的神经元数量。

此外，还要将这个矩阵与偏置进行加法运算，但是由于偏置是向量，二者形状不一致，因此需要使用 NumPy 的广播机制。偏置公式如下：

$$\vec{b} = (b_1, b_2, \cdots, b_n)$$

使用广播与偏置相加得到的矩阵可以表示为

$$U = \begin{pmatrix} \sum_{k=1}^{m} x_{1k} w_{k1} + b_1 & \sum_{k=1}^{m} x_{1k} w_{k2} + b_2 & \cdots & \sum_{k=1}^{m} x_{1k} w_{kn} + b_n \\ \sum_{k=1}^{m} x_{2k} w_{k1} + b_1 & \sum_{k=1}^{m} x_{2k} w_{k2} + b_2 & \cdots & \sum_{k=1}^{m} x_{2k} w_{kn} + b_n \\ \vdots & \vdots & \ddots & \vdots \\ \sum_{k=1}^{m} x_{hk} w_{k1} + b_1 & \sum_{k=1}^{m} x_{hk} w_{k2} + b_2 & \cdots & \sum_{k=1}^{m} x_{hk} w_{kn} + b_n \end{pmatrix}$$

对这个矩阵中的每个元素使用激励函数 f 进行处理后，可得到输出结果 Y。

$$Y = f(U)$$

$$= \begin{pmatrix} f\left(\sum_{k=1}^{m} x_{1k} w_{k1} + b_1\right) & f\left(\sum_{k=1}^{m} x_{1k} w_{k2} + b_2\right) & \cdots & f\left(\sum_{k=1}^{m} x_{1k} w_{kn} + b_n\right) \\ f\left(\sum_{k=1}^{m} x_{2k} w_{k1} + b_1\right) & f\left(\sum_{k=1}^{m} x_{2k} w_{k2} + b_2\right) & \cdots & f\left(\sum_{k=1}^{m} x_{2k} w_{kn} + b_n\right) \\ \vdots & \vdots & \ddots & \vdots \\ f\left(\sum_{k=1}^{m} x_{hk} w_{k1} + b_1\right) & f\left(\sum_{k=1}^{m} x_{hk} w_{k2} + b_2\right) & \cdots & f\left(\sum_{k=1}^{m} x_{hk} w_{kn} + b_n\right) \end{pmatrix} \quad (5\text{–}39)$$

网络层的输出 Y 具有 $h \times n$ 即（批次尺寸）×（神经元数量）形状的矩阵。上述公式如果编写出代码，用非常简短的语句就能够实现。下面是使用 NumPy 的 dot 函数编写的实例代码。

```
u = np.dot(x, w) + b
y = 1/(1+np.exp(-u))                    # sigmoid函数
```

在上述代码中，激励函数使用的是 sigmoid 函数。其中，变量 x 是输入的矩阵，变量 w 是权重的矩阵，变量 b 是偏置的向量。对矩阵 u 中的各个元素使用激励函数进行处理之后，得到网络层的输出 y。

至此，实现了使用矩阵运算进行正向传播的处理。

5.8.3　使用矩阵进行反向传播

在反向传播中，使用之前介绍过的式（5–15）和式（5–19）中所使用的方法，先对δ进行求解。计算δ的方法会根据网络层的种类和激励函数的种类的不同而不同，用矩阵Δ对其进行表示可以得到如下等式。

$$\Delta = \begin{pmatrix} \delta_{11} & \delta_{12} & \cdots & \delta_{1n} \\ \delta_{21} & \delta_{22} & \cdots & \delta_{2n} \\ \vdots & \vdots & \ddots & \vdots \\ \delta_{h1} & \delta_{h2} & \cdots & \delta_{hn} \end{pmatrix}$$

上式中的Δ与网络层的输出 Y 相同，是形状为 $h \times n$ 的矩阵。我们将根据这个δ来对各个梯度进行求解。除了δ的计算方法有区别之外，输出层和中间层中对各个梯度的计算方法都是相同的。

为了计算权重的梯度∂w_{ij}，需要使用之前介绍过的如下公式。

$$\partial w_{ij} = \frac{\partial E}{\partial w_{ij}} = y_i \delta_j$$

上层网络的输出y_i与这一层的输入是相等的，因此可以将 y 置换成 x。为了能够支持对批次的处理，将计算得到的梯度在批次内进行求和计算。根据式（5–38），可以将其表示为如下形式。

$$\sum_{k=1}^{h}\frac{\partial E_k}{\partial w_{ij}}$$

根据上式，对于支持批次处理的权重的梯度的矩阵∂W，可以使用如下公式对其进行求解。

$$\begin{aligned}\partial W &= X^{\mathrm{T}}\Delta \\ &= \begin{pmatrix} x_{11} & x_{21} & \cdots & x_{h1} \\ x_{12} & x_{22} & \cdots & x_{h2} \\ \vdots & \vdots & \ddots & \vdots \\ x_{1m} & x_{2m} & \cdots & x_{hm} \end{pmatrix}\begin{pmatrix} \delta_{11} & \delta_{12} & \cdots & \delta_{1n} \\ \delta_{21} & \delta_{22} & \cdots & \delta_{2n} \\ \vdots & \vdots & \ddots & \vdots \\ \delta_{h1} & \delta_{h2} & \cdots & \delta_{hn} \end{pmatrix} \\ &= \begin{pmatrix} \sum_{k=1}^{h}x_{k1}\delta_{k1} & \sum_{k=1}^{h}x_{k1}\delta_{k2} & \cdots & \sum_{k=1}^{h}x_{k1}\delta_{kn} \\ \sum_{k=1}^{h}x_{k2}\delta_{k1} & \sum_{k=1}^{h}x_{k2}\delta_{k2} & \cdots & \sum_{k=1}^{h}x_{k2}\delta_{kn} \\ \vdots & \vdots & \ddots & \vdots \\ \sum_{k=1}^{h}x_{km}\delta_{k1} & \sum_{k=1}^{h}x_{km}\delta_{k2} & \cdots & \sum_{k=1}^{h}x_{km}\delta_{kn} \end{pmatrix}\end{aligned}$$

要对 X 和Δ进行矩阵乘法计算，必须将矩阵 X 进行转置，保证参与运算的前一项矩阵的列数与后一项矩阵的行数相一致。从计算结果中得到矩阵的各个元素是在批次内进行求和计算得到的值。此外，这个矩阵的尺寸是 $m \times n$，与矩阵 W 的尺寸是一致的。

对于上述公式，可以通过如下非常简单的代码实现。

```
grad_w = np.dot(x.T, delta)
```

其中，变量 grad_w 是权重的梯度的矩阵∂W，x 是输入的矩阵 X，delta 是δ 的矩阵用Δ来表示。

此外，偏置的梯度可使用之前推导过的偏置的梯度公式进行计算。

$$\partial b_j = \delta_j$$

批次处理过后的偏置的梯度可以在批次内对δ进行相加来求出，公式如下：

$$\sum_{k=1}^{h}\frac{\partial E_k}{\partial b_j}$$

上式可使用 NumPy 通过如下代码实现。

```
grad_b = np.sum(delta, axis=0)
```

其中，变量 grad_b 是表示偏置的梯度的向量。在 NumPy 的 sum 函数中，将坐标轴指定为 0，这样就可以在批次内对 δ 进行求和计算。关于坐标轴的概念，已经在第 2 章中讲解过。

接下来对上层网络的输出的梯度（这一层的输入的梯度）进行求解。这个值在对上层网络的δ进行求解时会被用到。之前我们介绍过如下公式。

$$\partial y_j = \sum_{r=1}^{n} \delta_r w_{jr} \tag{5-40}$$

与对权重梯度的计算类似，上层网络的输出y_j与传递给这一层的输入相等，因此可将 y 置换成 x。用∂X表示支持批次处理的矩阵∂y，然后对其进行求解，公式如下：

$$\begin{aligned}
\partial X &= \Delta W^{\mathrm{T}} \\
&= \begin{pmatrix} \delta_{11} & \delta_{12} & \cdots & \delta_{1n} \\ \delta_{21} & \delta_{22} & \cdots & \delta_{2n} \\ \vdots & \vdots & \ddots & \vdots \\ \delta_{h1} & \delta_{h2} & \cdots & \delta_{hn} \end{pmatrix} \begin{pmatrix} w_{11} & w_{21} & \cdots & w_{m1} \\ w_{12} & w_{22} & \cdots & w_{m2} \\ \vdots & \vdots & \ddots & \vdots \\ w_{1n} & w_{2n} & \cdots & w_{mn} \end{pmatrix} \\
&= \begin{pmatrix} \sum_{k=1}^{n} \delta_{1k} w_{1k} & \sum_{k=1}^{n} \delta_{1k} w_{2k} & \cdots & \sum_{k=1}^{n} \delta_{1k} w_{mk} \\ \sum_{k=1}^{n} \delta_{2k} w_{1k} & \sum_{k=1}^{n} \delta_{2k} w_{2k} & \cdots & \sum_{k=1}^{n} \delta_{2k} w_{mk} \\ \vdots & \vdots & \ddots & \vdots \\ \sum_{k=1}^{n} \delta_{hk} w_{1k} & \sum_{k=1}^{n} \delta_{hk} w_{2k} & \cdots & \sum_{k=1}^{n} \delta_{hk} w_{mk} \end{pmatrix}
\end{aligned}$$

为了对Δ和 W 进行矩阵乘法运算，使用W^{T}对矩阵W进行转置。这样一来，Δ的列数就与 W 的行数一致，可对二者进行矩阵乘法计算。最终得到矩阵中的各个元素是对这个层的神经元进行求和得到的值，可以看出，这与式（5-40）所表达的是一致的。

```
grad_x = np.dot(delta, w.T)
```

上述代码中的变量 grad_x 是输入梯度的矩阵∂X。至此，就完成了通过矩阵运算实现对反向传播的处理。

5.9 反向传播的实现——回归

接下来，使用 Python 语言对反向传播处理进行编程实现。由于这次的目的是理解如何使用反向传播来实现网络的学习，因此需要构建一个神经元数量和网络层数都不多的非常简单的神经网络。然后，观察该网络进行学习的状况。

首先，让我们看一个解决回归问题的例子。

5.9.1 回归示例——sin 函数的学习

在这个示例中使用神经网络对如图 5.16 所示的 sin 函数进行学习。其中，x 坐标代表传递给网络的输入数据，y 坐标代表网络所产生的输出数据。而 $\sin x$ 函数的计算结果将被作为正确答案的数据。由于 sin 函数是一个连续的函数，因此这个示例属于回归问题。通过将输出与正确答案之间的误差进行传播，实现对权重和偏置的修正，并重复执行这一处理过程使神经网络逐步地学会像 sin 函数那样进行运算。

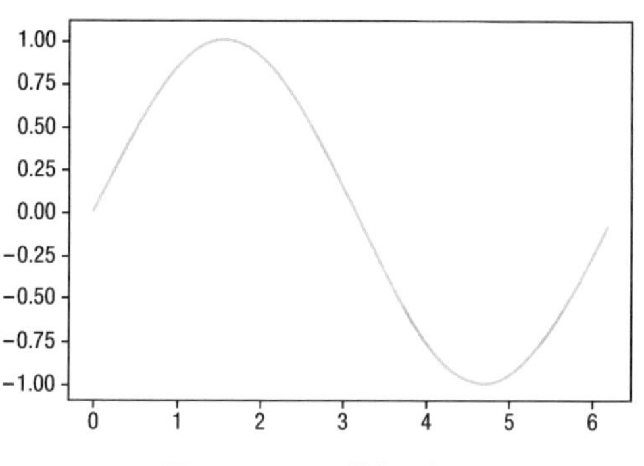

图 5.16 sin 函数的示意图

这里将输入层的神经元设置为 1 个，中间层的神经元设置为 3 个，输出层的神经元设置为 1 个，并将其组成一个非常简单的神经网络，如图 5.17 所示。

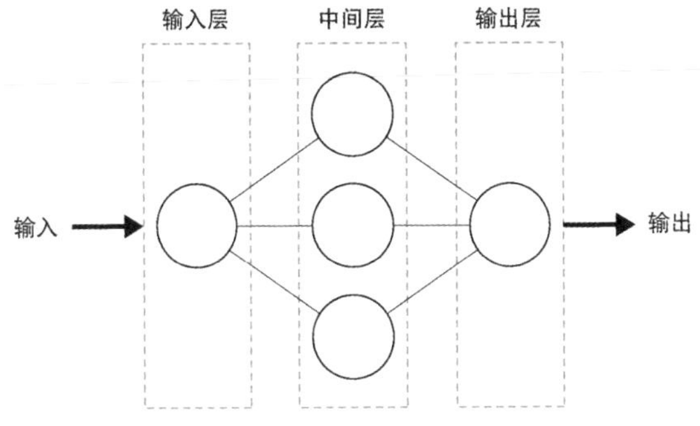

图 5.17　对 sin 函数进行学习用的神经网络

其他相关的设置如下所示。

中间层的激励函数：sigmoid 函数

输出层的激励函数：恒等函数

损失函数：平方和误差

最优化算法：随机梯度下降法

批次尺寸：1

由于这次处理的是一个回归问题，因此使用恒等函数作为输出层的激励函数，在损失函数中则使用平方和误差。最优化算法则是最简单的随机梯度下降法。

此外，由于批次尺寸设置的是 1，因此学习方式属于在线学习。虽然，整体的实现代码只提供对在线学习处理的支持，但是各个网络层的实现代码则可以同时支持批次学习和小批次学习等学习方式的处理。

将所有的数据都作为训练数据使用，不准备任何用于测试的数据，这样做是为了便于观察学习的进展程度。

5.9.2　输出层的实现

现在，对神经网络的各个网络层封装成类来进行编程实现。关于 Python 类的这部分知识，我们在第 2 章中讲解过。用于实现输出层的 Python 类的代码如下：

```
class OutputLayer:
    def __init__(self, n_upper, n):                       # 初始化设置
        self.w = wb_width * np.random.randn(n_upper, n)   # 权重（矩阵）
        self.b = wb_width * np.random.randn(n)            # 偏置（向量）

    def forward(self, x):                                 # 正向传播
        self.x = x
```

```
        u = np.dot(x, self.w) + self.b
        self.y = u                                      # 恒等函数

    def backward(self, t):                              # 反向传播
        delta = self.y – t

        self.grad_w = np.dot(self.x.T, delta)
        self.grad_b = np.sum(delta, axis=0)

        self.grad_x = np.dot(delta, self.w.T)

    def update(self, eta):                              # 权重和偏置的更新
        self.w –= eta * self.grad_w
        self.b –= eta * self.grad_b
```

上述代码中的 OutputLayer 类共定义了四个类方法。

（1）类的构造器（__init__ 类函数）负责进行初始化设置。这个类方法接收上层网络的神经元数量（n_uppter）和这个层中的神经元数量（n）作为参数，对权重和偏置进行初始化设置。

权重是 n_upperXn 大小的矩阵，偏置是元素数量为 n 的向量。其中各个元素的初始值是随机设置的，但是使用的是 NumPy 的 random.randn 函数所生成的符合正态分布的随机数。当指定给 randn 函数的参数只有一个时，返回的是包含参数所指定元素个数的一维数组。当指定的参数为两个以上时，返回的是具有参数所指定形状的多维数组。数组中的各个元素是符合正态分布的 float 型的数值。

变量 wb_width 指定的是正态分布的分散程度。关于为何要将权重和偏置设置为随机数的理由，我们将在下一章中进行讲解。有关正态分布的知识，我们在第 3 章中进行了讲解。

（2）类方法中的 forward 方法是执行正向传播处理的方法。负责对输入和权重进行矩阵乘法计算，并将结果与偏置相加，最后使用激励函数对输出结果进行计算。由于是回归问题的输出层，激励函数使用的是恒等函数。输入和输出变量都附带了 self.，这是因为在处理反向传播的方法中需要使用到这些值。这里所进行的矩阵运算我们在前面的小节中进行了讲解。

（3）类方法中的 backward 方法是执行反向传播处理的方法。这个方法接收正确答案作为参数，并根据之前推导出来的公式对 delta 进行计算。然后，使用这个 delta 值对权重的梯度 grad_w、偏置的梯度 grad_b 及传递给这个网络层的输入的梯度 grad_x 进行计算。变量 grad_x 之所以附带了 self，是因为需要将这个值传递给位于上层的网络层。

(4) 类方法中的 update 方法是负责对权重和偏置进行更新的方法。这个类方法分别将这两个梯度值乘以学习系数 eta，得到的结果作为更新量，然后用当前的值减去这个更新量。这个处理是基于随机梯度下降法的式（5-34）和式（5-35）实现的。

5.9.3 中间层的实现

用于实现中间层的 Python 类的代码如下：

```
class MiddleLayer:
    def __init__(self, n_upper, n):                          # 初始化设置
        self.w = wb_width * np.random.randn(n_upper, n)      # 权重（矩阵）
        self.b = wb_width * np.random.randn(n)               # 偏置（向量）

    def forward(self, x):                                    # 正向传播
        self.x = x
        u = np.dot(x, self.w) + self.b
        self.y = 1/(1+np.exp(-u))                            # sigmoid函数

    def backward(self, grad_y):                              # 反向传播
        delta = grad_y * (1-self.y)*self.y                   # sigmoid函数的微分

        self.grad_w = np.dot(self.x.T, delta)
        self.grad_b = np.sum(delta, axis=0)

        self.grad_x = np.dot(delta, self.w.T)

    def update(self, eta):                                   # 权重和偏置的更新
        self.w -= eta * self.grad_w
        self.b -= eta * self.grad_b
```

在上述代码中，与输出层的实现不同的是激励函数使用的是 sigmoid 函数，还有 backward 类方法对 delta 进行求解时所使用的公式与输出层中使用的公式不同。使用这个类代码可以像如下示例中那样，生成任意多个类实例来作为中间层使用。

```
middle_layer_1 = MiddleLayer(3, 4)
middle_layer_2 = MiddleLayer(4, 5)
middle_layer_3 = MiddleLayer(5, 6)
```

5.9.4 反向传播的实现

使用反向传播进行学习的实现代码如下：

```
# -- 各个网络层的初始化 --
middle_layer = MiddleLayer(n_in, n_mid)
output_layer = OutputLayer(n_mid, n_out)

# -- 学习 --
for i in range(epoch):

  # 随机地打乱索引
  index_random = np.arange(n_data)
  np.random.shuffle(index_random)

  ...

  for idx in index_random:

    x = input_data[idx:idx+1]                      # 输入
    t = correct_data[idx:idx+1]                    # 正确答案

     # 正向传播
    middle_layer.forward(x.reshape(1, 1))          # 将输入转换为矩阵
    output_layer.forward(middle_layer.y)

     # 反向传播
    output_layer.backward(t.reshape(1, 1))         # 将正确答案转换为矩阵
    middle_layer.backward(output_layer.grad_x)

     # 权重和偏置的更新
    middle_layer.update(eta)
    output_layer.update(eta)
```

在上述代码中，首先通过对每个网络层的类进行实例化来创建各个网络层。进行实例化时，将位于上层的网络层中的神经元数量和这一层中的神经元数量作为参数传递给构造器。

学习要反复进行 epoch 数次。在每一轮中，都要创建一个被随机打乱的索引数组，然后用这个数组从 input_data 和 correct_data 变量中随机选取数据作为输入和正确答案。这个处理方式是基于随机梯度下降法实现的。在实现对数据的随机抽取时，使用了 NumPy 的切片功能。随机打乱功能是使用 NumPy 的 random.shuffle 函数实现的。

然后，开始处理正向传播的计算，将输入数据转换为矩阵。此时使用的批次尺寸是 1，输入层的神经元数量也是 1，因而输入数据是一个单一的数值。尽管如此，还是使用 reshape(1,1) 语句将其转换成了一个行数为 1、列数也为 1 的矩阵。

在反向传播中，需要将正确答案传递给输出层，此时也需要将其转换成矩阵。

通过反向传播对所有的网络层的梯度进行计算之后，再使用 update 类方法对权重和偏置进行更新。

5.9.5 完整的实现代码

完整的实现代码如下所示。代码开始执行之后，神经网络会对 sin 函数进行学习，并将整个学习过程显示出来。

完整的代码

```
%matplotlib inline

import numpy as np
import matplotlib.pyplot as plt

# -- 准备输入和正确答案数据 --
input_data = np.arange(0, np.pi*2, 0.1)         # 输入
correct_data = np.sin(input_data)               # 正确答案
input_data = (input_data-np.pi)/np.pi           # 将输入收敛到-1.0 ~ 1.0的范围之内
n_data = len(correct_data)                      # 数据的数量

# -- 各个设定值 --
n_in = 1                                        # 输入层的神经元数量
n_mid = 3                                       # 中间层的神经元数量
n_out = 1                                       # 输出层的神经元数量

wb_width = 0.01                                 # 权重和偏置的扩散程度
eta = 0.1                                       # 学习系数
epoch = 2001
interval = 200                                  # 显示进度的间隔实践

# -- 中间层 --
class MiddleLayer:
  def __init__(self, n_upper, n):               # 初始化设置
    self.w = wb_width * np.random.randn(n_upper, n)       # 权重（矩阵）
    self.b = wb_width * np.random.randn(n)                # 偏置（向量）

  def forward(self, x):                         # 正向传播
    self.x = x
    u = np.dot(x, self.w) + self.b
    self.y = 1/(1+np.exp(-u))                   # sigmoid函数

  def backward(self, grad_y):                   # 反向传播
    delta = grad_y * (1-self.y)*self.y          # sigmoid函数的微分
```

```
        self.grad_w = np.dot(self.x.T, delta)
        self.grad_b = np.sum(delta, axis=0)

        self.grad_x = np.dot(delta, self.w.T)

    def update(self, eta):                                  # 权重和偏置的更新
        self.w -= eta * self.grad_w
        self.b -= eta * self.grad_b

# -- 输出层 --
class OutputLayer:
    def __init__(self, n_upper, n):                         # 初始化设置
        self.w = wb_width * np.random.randn(n_upper, n)     # 权重（矩阵）
        self.b = wb_width * np.random.randn(n)              # 偏置（向量）

    def forward(self, x):                                   # 正向传播
        self.x = x
        u = np.dot(x, self.w) + self.b
        self.y = u                                          # 恒等函数

    def backward(self, t):                                  # 反向传播
        delta = self.y - t

        self.grad_w = np.dot(self.x.T, delta)
        self.grad_b = np.sum(delta, axis=0)

        self.grad_x = np.dot(delta, self.w.T)

    def update(self, eta):                                  # 权重和偏置的更新
        self.w -= eta * self.grad_w
        self.b -= eta * self.grad_b


# -- 各个网络层的初始化 --
middle_layer = MiddleLayer(n_in, n_mid)
output_layer = OutputLayer(n_mid, n_out)

# -- 学习 --
for i in range(epoch):

    # 随机打乱索引值
    index_random = np.arange(n_data)
    np.random.shuffle(index_random)

    # 用于结果的显示
```

```
total_error = 0
plot_x = []
plot_y = []

for idx in index_random:

    x = input_data[idx:idx+1]                      # 输入
    t = correct_data[idx:idx+1]                    # 正确答案

    # 正向传播
    middle_layer.forward(x.reshape(1, 1))          # 将输入转换为矩阵
    output_layer.forward(middle_layer.y)

    # 反向传播
    output_layer.backward(t.reshape(1, 1))         # 将正确答案转换为矩阵
    middle_layer.backward(output_layer.grad_x)

    # 权重和偏置的更新
    middle_layer.update(eta)
    output_layer.update(eta)

    if i%interval == 0:

        y = output_layer.y.reshape(-1)             # 将矩阵还原成向量

        # 误差的计算
        total_error += 1.0/2.0*np.sum(np.square(y - t))          # 平方和误差

        # 输出的记录
        plot_x.append(x)
        plot_y.append(y)

if i%interval == 0:

    # 用图表显示输出
    plt.plot(input_data, correct_data, linestyle="dashed")
    plt.scatter(plot_x, plot_y, marker="+")
    plt.show()

    # 显示epoch次数和误差
    print("Epoch:" + str(i) + "/" + str(epoch),
          "Error:" + str(total_error/n_data))
```

程序执行后，使用变量 interval 中所指定的 epoch 数的间隔对学习的经过用曲线图和误差表示出来。

5.9.6 执行结果

将 5.9.5 节代码执行后会显示如图 5.18 所示的学习过程。

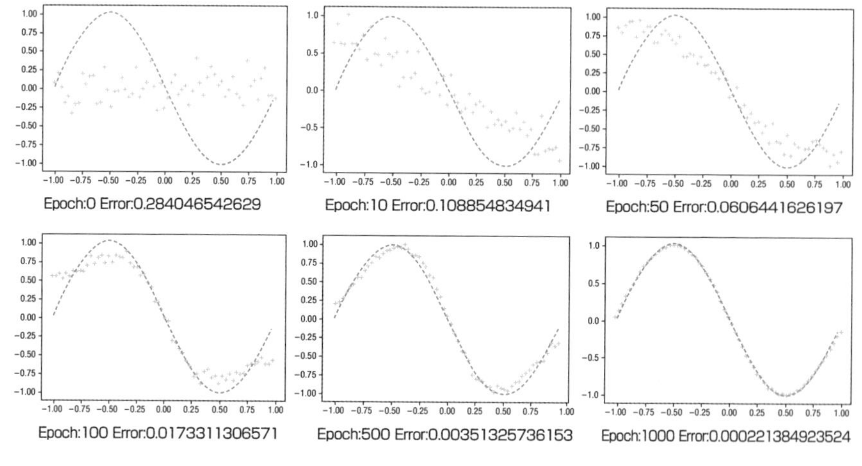

图 5.18 学习的过程

随着学习进程的推进，我们可以看到点的集合慢慢地向正弦曲线附近靠近的变化过程。与此同时，误差也在逐渐减少。这样可以很直观地看到网络在学习时的视觉表现。可以看到用最小限度的代码，通过反向传播实现了神经网络的自动学习。

那么，中间层的神经元数量对学习会产生什么样的影响呢？接下来，通过实验来回答这个问题。图 5.19 中显示的是当中间层的神经元数量分别为 1、2、3 时相应的误差变化。这里的误差是通过对每一轮中的平方和误差求平均值求得的。

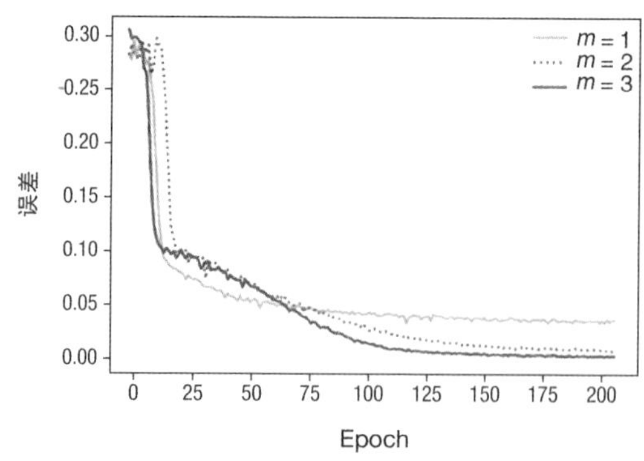

图 5.19 中间层的神经元数量对学习产生的影响（m 是中间层的神经元数量）

当中间层的神经元数量为 1 时，神经网络的表现能力不足，导致无法将误差减小到足够低的水准。当中间层的神经元数量为 2 时，误差相对要小一些。当中间层的神经元数量为 3 时，误差就降低到了相当小的程度。尽管在图中没有画出来，但是当中间层的神经元数量进一步增加时，误差并不会随之降低。导致这一现象的原因是 sigmoid 函数的曲线部分是三个，无法实现对正弦曲线的完美匹配。所以，如果在中间层中设置过多的神经元，其结果会导致计算量的增加，也会出现下一章中将要讲到的过拟合问题。由此可见，对于这次要解决的问题来说，中间层的神经元数量设置为 3 是最好的选择。

对这样非常简单的问题来说，我们并不需要使用太多数量的神经元来构建神经网络，但是对于更为复杂的问题处理，想要让神经网络更好地对问题的特征进行捕捉，则需要增加更多数量的神经元或者使用更深层次的网络。

5.10 反向传播的实现——分类

接下来对分类问题的示例进行讲解。在本节中将构建一个简单的神经网络，并对网络的学习过程进行观察。

5.10.1 分类示例——所属区域的学习

作为分类问题的示例，将让神经网络学习应当如何对输入到网络中的 x、y 坐标，是位于正弦曲线的上方的区域，还是属于其下方的区域这一问题进行判断。如图 5.20 所示，位于输出层中的两个神经元所产生的输出值，表示输入应当属于位于上方的区域，还是下方的区域这一问题的概率。

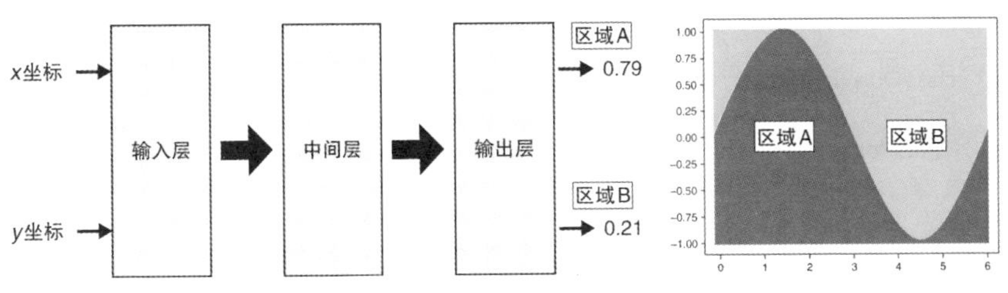

图 5.20 输出层的输出

正确答案使用的是 [0,1] 或者 [1,0] 的独热编码。通过反复传播输出和正确答案的误差，来修正权重和偏置，神经网络就会逐步掌握对数据进行正确分类的方法。

这里所用的输入层的神经元有两个，中间层的神经元有六个，输出层的神经元有两个，由这些网络层共同组成了一个简单的神经网络，如图 5.21 所示。

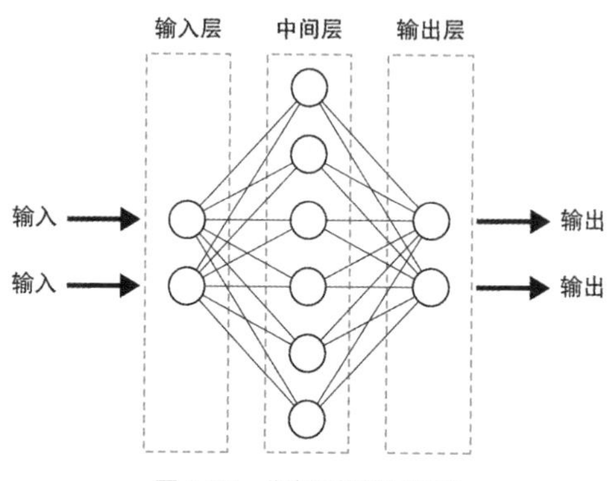

图 5.21　分类用的神经网络

在这个神经网络中所使用的其他设置如下。

中间层的激励函数：sigmoid 函数

输出层的激励函数：SoftMax 函数

损失函数：交叉熵误差

最优化算法：随机梯度下降法

批次尺寸：1

接下来，让我们看一下实际的实现代码。

5.10.2　各个层的实现

在输出层和中间层中所使用的代码，与在回归问题中所实现的代码基本上是一样的。唯一不同的是，这次在输出层中使用的激励函数是 SoftMax 函数。关于 SoftMax 函数的知识，我们在损失函数的小节中已经讲解过。

```
class OutputLayer:
    ...
    def forward(self, x):
        self.x = x
        u = np.dot(x, self.w) + self.b
        self.y = np.exp(u)/np.sum(np.exp(u), axis=1, keepdims=True)
    ...
```

在第 2 章中已经介绍过，如果将 sum 函数的参数设置为 keepdims=True，就能保持原有数组的维度不变。因此，下述代码的计算结果是一个（批次尺寸 ×1）矩阵。

```
np.sum(np.exp(u), axis=1, keepdims=True)
```

上述代码的计算结果与 np.exp(u) 的计算结果中，行的数量都是与批次尺寸相等的，因此可使用 NumPy 的广播机制对其进行除法运算。这就实现了可以支持批次处理的 SoftMax 函数。

5.10.3　完整的实现代码

完整的实现代码如下所示。代码开始执行后，神经网络就开始逐步学习如何对坐标所属的区域进行正确的划分。整体代码的实现流程与解决回归问题的代码非常相似，不过对于输入数据和训练数据的创建方法，以及对结果进行显示的方法的实现则存在很大的区别。

完整的代码

```
%matplotlib inline

import numpy as np
import matplotlib.pyplot as plt

# -- 坐标 --
X = np.arange(-1.0, 1.1, 0.1)
Y = np.arange(-1.0, 1.1, 0.1)

# -- 创建输入和正确答案数据 --
input_data = []
correct_data = []
for x in X:
    for y in Y:
        input_data.append([x, y])
        if y < np.sin(np.pi * x):            # 如果y坐标在正弦曲线下方
            correct_data.append([0, 1])      # 下方的区域
        else:
            correct_data.append([1, 0])      # 上方的区域

n_data = len(correct_data)                   # 数据的数量

input_data = np.array(input_data)
correct_data = np.array(correct_data)
```

```
# -- 各个设置值 --
n_in = 2                                          # 输入层的神经元数量
n_mid = 6                                         # 中间层的神经元数量
n_out = 2                                         # 输出层的神经元数量

wb_width = 0.01                                   # 权重和偏置的扩散程度
eta = 0.1                                         # 学习系数
epoch = 101
interval = 10                                     # 显示进度的间隔时间

# -- 中间层 --
class MiddleLayer:
  def __init__(self, n_upper, n):
    self.w = wb_width * np.random.randn(n_upper, n) # 权重（矩阵）
    self.b = wb_width * np.random.randn(n)        # 偏置（向量）

  def forward(self, x):
    self.x = x
    u = np.dot(x, self.w) + self.b
    self.y = 1/(1+np.exp(-u))                     # sigmoid函数

  def backward(self, grad_y):
    delta = grad_y * (1-self.y)*self.y

    self.grad_w = np.dot(self.x.T, delta)
    self.grad_b = np.sum(delta, axis=0)

    self.grad_x = np.dot(delta, self.w.T)

  def update(self, eta):
    self.w -= eta * self.grad_w
    self.b -= eta * self.grad_b

# -- 输出层 --
class OutputLayer:
  def __init__(self, n_upper, n):
    self.w = wb_width * np.random.randn(n_upper, n) # 权重（矩阵）
    self.b = wb_width * np.random.randn(n)        # 偏置（向量）

  def forward(self, x):
    self.x = x
    u = np.dot(x, self.w) + self.b
    self.y = np.exp(u)/np.sum(np.exp(u), axis=1, keepdims=True)  # SoftMax函数

  def backward(self, t):
    delta = self.y - t
```

```
        self.grad_w = np.dot(self.x.T, delta)
        self.grad_b = np.sum(delta, axis=0)

        self.grad_x = np.dot(delta, self.w.T)

    def update(self, eta):
        self.w -= eta * self.grad_w
        self.b -= eta * self.grad_b

# -- 各个网络层的初始化 --
middle_layer = MiddleLayer(n_in, n_mid)
output_layer = OutputLayer(n_mid, n_out)

# -- 学习 --
sin_data = np.sin(np.pi * X)                        # 用于对结果的验证
for i in range(epoch):

    # 将索引值随机打乱排序
    index_random = np.arange(n_data)
    np.random.shuffle(index_random)

    # 用于结果的显示
    total_error = 0
    x_1 = []
    y_1 = []
    x_2 = []
    y_2 = []

    for idx in index_random:

        x = input_data[idx]
        t = correct_data[idx]

        # 正向传播
        middle_layer.forward(x.reshape(1,2))
        output_layer.forward(middle_layer.y)

        # 反向传播
        output_layer.backward(t.reshape(1,2))
        middle_layer.backward(output_layer.grad_x)

        # 权重和偏置的更新
        middle_layer.update(eta)
        output_layer.update(eta)
```

```
        if i%interval == 0:

            y = output_layer.y.reshape(-1)               # 将矩阵还原成向量

            # 误差的计算
            total_error += - np.sum(t * np.log(y + 1e-7))    # 交叉熵误差

            # 对概率的大小进行比较并分类
            if y[0] > y[1]:
                x_1.append(x[0])
                y_1.append(x[1])
            else:
                x_2.append(x[0])
                y_2.append(x[1])

    if i%interval == 0:

        # 显示输出结果的图表
        plt.plot(X, sin_data, linestyle="dashed")
        plt.scatter(x_1, y_1, marker="+")
        plt.scatter(x_2, y_2, marker="x")
        plt.show()

        # 显示epoch次数和误差
        print("Epoch:" + str(i) + "/" + str(epoch),
              "Error:" + str(total_error/n_data))
```

5.10.4 执行结果

上述代码的执行结果如图 5.22 所示。

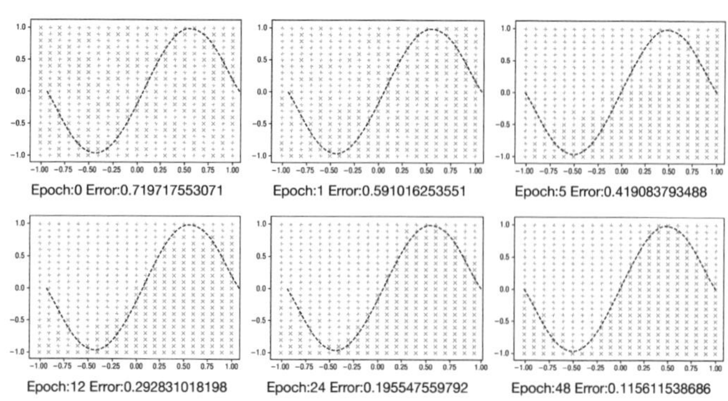

图 5.22 使用正弦曲线进行分类的学习过程

从图 5.22 中可以看到，随着 epoch 数的增加，位于正弦曲线上、下区域中的各坐标被正确地进行了分类。由此可见，对于分类问题的处理，也可以通过运用反向传播算法对网络进行训练的方式来解决。

知识栏 通用型人工智能真的能够实现吗？

有关通用型人工智能（强 AI）我们在第 1 章中进行过简单的介绍，指的是非常接近生物（特别是人类）的智力且兼具通用性的人工智能。那么真正地实现这种程度的通用人工智能究竟有多大可能性呢？要回答这个问题是很困难的，以下是笔者个人的见解，供大家思考。

目前仍然在发展中的第三次人工智能热潮，主要是受到了深度学习技术的影响，而这类应用都属于专用型的人工智能（弱 AI）。医疗图像分析、专用游戏对战机器人等非常狭小范围内的人工智能虽然已经表现出了超越人类大脑的性能，但还是无法做到像人脑那样具有通用性。

要想实现更为通用的人工智能，就需要对深度学习技术有所突破。下面介绍三种可能会成为突破性技术的实现方法。

第一种是在计算机上复制大脑的结构。假如人类的智能可以仅仅通过神经细胞之间的简单连接就能够描述，那么我们只要构建神经连接体（神经细胞的地图）就能实现对智能的重现。例如，人类大脑中大约有 1000 亿个神经细胞，突触的数量在 100 兆左右，假设一个突触的容量是一个字节，那么全部突触的容量加在一起也只有 100 TB 左右。这也就相当于一个稍微高档的外接硬盘的容量。

这样看来，似乎可以通过再现并组合大脑的各个部位，来实现大脑的逆向工程。但是，这也可能仅仅是对大脑结构非常肤浅的一种理解。例如，有研究表明，神经细胞自身、被称为胶质细胞的这类细胞可能与记忆的形成，以及信息的处理等实现机制存在着千丝万缕的联系。很可能神经连接体只是形成大脑智能中的一个组成部分而已。对大脑进行再现的方法很大程度上取决于大脑结构的复杂程度。如果大脑本身的运行机制比较简单，这种方法还是有可能实现的；如果其复杂程度超越了人类的认知范围，那么通过这个方式来实现通用性的人工智能，路途还很遥远漫长。

第二种是不以生物为模型，构建完全独立的人工智能。就像飞机不需要有鸟类那样的羽毛也一样可以翱翔天际，要创造智能或许并不意味着必须要对生物进行模仿。虽然在机器学习技术中存在类似神经网络和强化学习等带有生物学理论背景的实现方法，但是同样也有很多与之毫不相干的高性能的实现方法。采取完全独立自主的方式来实现具有通用性人工智能的可能性也是不可否定的。

第三种是类似进化论的实现方法。对具有遗传基因的多个个体，以及对其所处的环境进行定义，完全依靠自然淘汰的方式实现智能的进化。遗传基因是决定神经连接体等细胞的智能的支配因素。高度复杂的智能的原理或许是超越了人类理解能力范畴的概念，因此通过将智能的实现原理作为黑盒子，就可以等待智能被自然而然地发现。笔者认为这也是一种可行的方法。通过这种方法或许真的能够实现对环境的多样化和复杂问题具有处理能力的通用性的高度智能，但是问题在于计算机的运算能力可能成为实现这一方法的瓶颈。

如上所述，为了实现通用性的人工智能我们可以采取各种各样不同的实现方法。深度学习技术可以分为与生物学理论背景相关的部分和与其无关的部分，为了实现更具通用性的智能，如果能将其与进化论这类方法结合运用，或许能产生出人意料的结果也未可知。

小　结

在本章中，我们首先对神经网络的学习法则进行了讲解，并在此基础上对反向传播处理中所必需的组成部分依次进行了讲解。这些组成部分包括训练数据和测试数据、损失函数、梯度下降法、最优化算法、批次尺寸五个部分。特别是在梯度下降法中，我们推导出了在回归问题和分类问题中求出权重和偏置的梯度的具体公式。

其次，为了实现对批次处理的支持，用矩阵进行了网络层中的运算。矩阵乘法可以用非常简洁的代码来实现，也支持批次处理的神经网络的正向传播和反向传播。

最后，用 Python 对反向传播处理进行了编程实现。将误差进行反向传播，计算梯度并对权重和偏置进行了更新。通过这些代码对神经网络学习过程中不断变得更加聪明的现象，分别在对回归问题和分类问题的处理中进行了观察。

虽然在本章中实现的反向传播处理代码是非常简单的，但是对于理解算法的本质是具有启发意义的。

在接下来的一章中，我们将尝试构建结构更为复杂的神经网络，并通过反向传播对其进行训练。不过只要读者掌握了本章中所讲解的内容，在学习下一章内容时，应该也不会觉得有多大困难。

第 6 章

深度学习的编程实现

包含多个网络层的深层次的神经网络被称为深度神经网络（Deep Neural Network），对运用深度神经网络所进行的学习则被称为深度学习（Deep Learning）。

在深度神经网络中，随着网络层数量的增加，随之而来的问题也多种多样。本章我们将对这些可能出现的问题及相应的解决方案进行整理，并逐一对其进行讲解。

然后，尝试构建小规模的深度神经网络，并使用这个神经网络对花卉的特征进行学习。通过最小限度的代码，使读者对深度学习的实现方法及其内部的运行原理和特性有所了解。

6.1 多层化所带来的问题

究竟包含了多少层网络的神经网络才算是深度神经网络呢？对于这个问题，其实并不存在明确的定义。只要是在使用了多重叠加网络层组成的神经网络中进行的学习，都可称为深度学习。

神经网络的网络层数越多，其表现能力也越高，然而使用这样的网络进行学习也会变得更加困难。网络层数越多，要实现正确的误差传递就越困难，网络学习所需消耗的计算量也会随之增加。

在深度学习中，需要解决的几个具有代表性的问题有以下几点。

- 掉入局部最优解的陷阱。
- 过拟合。
- 梯度消失。
- 学习时间过长。

接下来，我们就对上述这几个问题进行具体的探讨。

6.1.1 局部最优解的陷阱

关于局部最优解陷阱的问题，在上一章中的梯度下降法的小节中已进行了简要的介绍。具体来说，这个问题就是学习进程被局部范围内的最优解所束缚，导致无法得到适用于更大范围的最优解，而且在某些情况下还会导致梯度急剧减少，使得网络无法进一步学习。

例如，在图 6.1 中的 *A* 点位置就存在可能陷入局部最优解的问题，而在 *B* 点位置几乎没有任何梯度，因此将导致学习无法继续进行下去。

如果用魔方来形容的话，这就相当于魔方的六个面中只有一个面的颜色达到了完全一致的局部最优解的情况。如果想要让更多的面的颜色也达到一致，就不得不将这个颜色一致的面重新打乱。而当魔方无论旋转多少次都无法让任何一个面的颜色达到一致的状态时，则相当于图 6.1 中的 *B* 点。

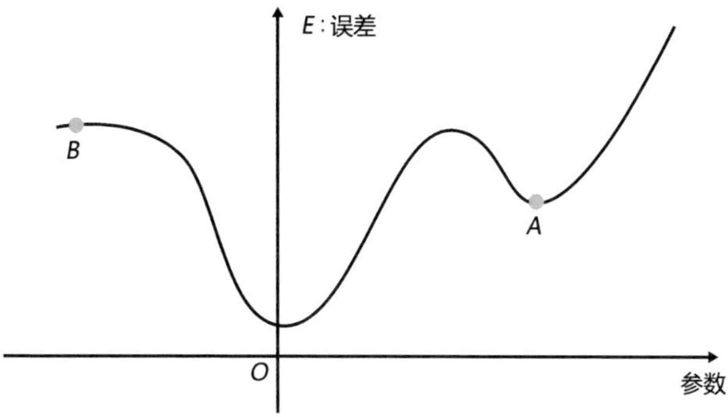

图 6.1　局部最优解的陷阱

为了能够找到整体范围内的最佳答案，就不得不先暂时摆脱处于局部范围中最佳答案的状态。

6.1.2　过拟合

在高中和大学的考试前夕，靠临时抱佛脚来应付过关的人应该不在少数。而临时抱佛脚实际上就属于一种只限于对考试的出题范围内的问题进行优先考虑的学习方式。只要能事先知道考试的出题范围，就有可能在考试中获得较好的成绩，但是，对于那些超出出题范围的问题，则无法灵活地解答。如果学习的目的是获得更具普适性的知识，那么这样的学习方式意义不大。

与此类似，神经网络中也存在偏向于只对特定范围内的数据进行最优化的学习，从而导致无法对未知的数据进行处理。在深度学习中，进行学习的目的并不是应付训练数据，而是要做到对未曾见过的输入数据也能进行正确预测的处理。然而，即使神经网络对训练数据进行处理的结果与正确答案之间的误差可以控制在非常小的范围内，也不等于对测试数据进行处理的误差也能成功地控制在同样小的范围内。

在机器学习中，如果网络对训练数据进行过度的匹配，就会导致对未知的输入数据无法进行正确预测的问题产生。这种状态被称为过拟合（Overlearning，过学习，学习过剩）。过拟合可以看作是一种陷入了由于对特定模式的数据进行最优化，而产生的一种局部最优解状态。

为了让大家对过拟合问题有更直观的理解，接下来看一下用多项式对数据进行拟合的例子。所谓多项式，是指类似下面这样的公式。

$$f(x) = 2x^3 + 3x^2 + 4x + 5$$

在上式中，位于自变量 x 的指数中最大的是 3，因此该多项式也被称为三次多项式。多项式的一般形式如下：

$$f(x) = a_n x^n + a_{n-1} x^{n-1} + \cdots + a_2 x^2 + a_1 x^1 + a_0$$

$$= \sum_{k=0}^{n} a_k x^k$$

由于 x 的指数中最大的是 n，因此上式是一个 n 次多项式。

用这种 n 次多项式对其中a_0到a_n的 n+1 个系数进行调整，最终可以使数据与多项式的曲线之间的误差达到最小值。这种用多项式进行拟合（多项式回归）的处理，被认为是使用多项式对数据进行学习的过程。如果学习进展顺利，对未知数据的预测可以达到非常高的精度。

图 6.2 中是使用各种不同次数（n）的多项式对数据进行的拟合。其中的数据是稍微偏离了$y = \sin x$曲线的一些点。

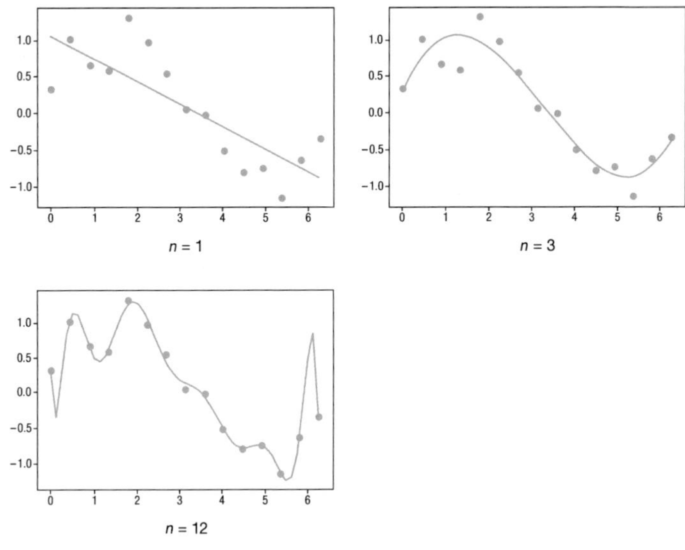

图 6.2　使用多项式进行数据拟合

其中 n 是多项式的次数，n=1 的图展示的是使用一次多项式进行的拟合。在这幅图中，使用斜线对数据进行拟合，因此多项式的表达能力非常匮乏，只能对数据的倾向实现非常粗略的估测。这种因为表现能力不足而导致的对数据的倾向无法充分理解的现象称为欠拟合状态。

n=3 的图中所展示的是用三次多项式进行的拟合。从图中可以看到，通过对三次多项式的应用，非常好地实现了对 sin 函数形状的估测。在这种情况下，没有出现多项式对数据真正的倾向估测过于偏离的现象，因此对未知的数据也可以实现精度非常高的预测。

n=12 的图中所展示的是用 12 次多项式进行的拟合。多项式的曲线非常完美地拟合到数据所在的位置上，但是相应的曲线形状也变得非常复杂。由于多项式的表现能力过高，因此对数据产生了过度的拟合。在这种情况下，虽然多项式对用于拟合的数据的误差变得非常小，但是对未知数据则无法实现高精度的预测。这就属于过拟合状态。这种过剩的表现能力也导致了过学习问题的产生。

以上是使用多项式进行学习的示例，但是使用神经网络进行学习也会产生同样的问题。如果中间层的神经元数量或者网络层数不足，会产生由于表现能力不足而导致的欠拟合状态的出现，而如果中间层的神经元数量或者网络层数过多，又会由于表现能力过剩而导致过拟合问题的发生。此外，训练数据中的样本数量不足也同样会导致过拟合问题的出现。

在深度学习中，如果没有发生过拟合，学习过程中训练数据的误差（训练误差）和测试数据的误差（测试误差）会按照如图 6.3 所示的方式变化。

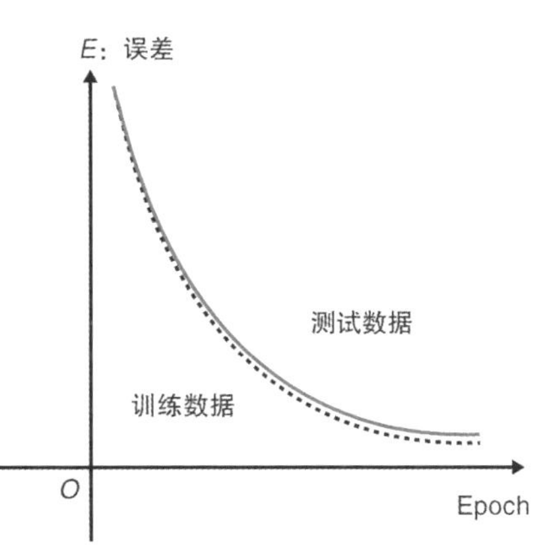

图 6.3　没有发生过拟合的例子

从图 6.3 中可以看到，虽然测试数据的误差稍微大点，但是训练误差和测试误差并没有太大的偏离。对于这种情况，可以认为学习完毕的神经网络对未知的数据也可以实现精度很高的预测。

在深度学习中，如果发生过拟合，就会导致训练误差与测试误差之间产生较大的偏离。两个典型的过拟合例子如图 6.4 所示。

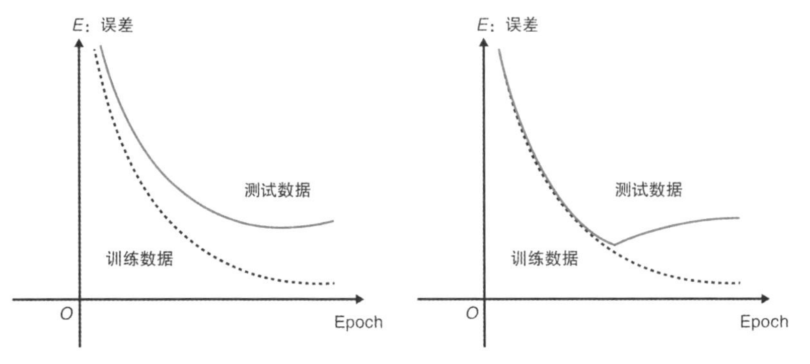

图 6.4　两个典型的过拟合的例子

在图 6.4 左边的示例中，测试误差从开始学习时就一直在偏离训练误差，网络一直在对训练处于数据范围内的数据进行最优化的学习。而在图 6.4 右边的示例中，在开始一段时间内的学习过程中，测试误差一直随着训练误差在降低，但是从某个时间点开始，测试误差开始大幅增加。

用上述方式可以通过对训练误差与测试误差之间的偏离程度来对过拟合现象进行观察，是否能够确保在不产生过拟合的前提下，同时又保持网络的表现能力进行学习是成功地实现深度学习的关键所在。

对未知数据的适应能力也被称为泛化能力。无论网络对训练数据的误差能保持到如何低的程度，如果缺乏泛化能力则是毫无意义的。从这一点来说，网络对于测试数据的处理结果是对其泛化能力进行评估的一项重要指标。

6.1.3 梯度消失

在进行反向传播时随着对网络层的反溯，梯度会趋近于零，这被称为梯度消失。梯度消失的问题会随着网络层数的增加而变得更为明显。这个问题对三层以上的多层神经网络的学习而言曾经是一个无法克服的壁垒。

图 6.5 中左边是 sigmoid 函数，右边是 sigmoid 函数的微分即梯度。

从图 6.5 中可以看出，sigmoid 函数的梯度的最大值是 0.25，曲线从 0 开始偏离并向 0 逼近。

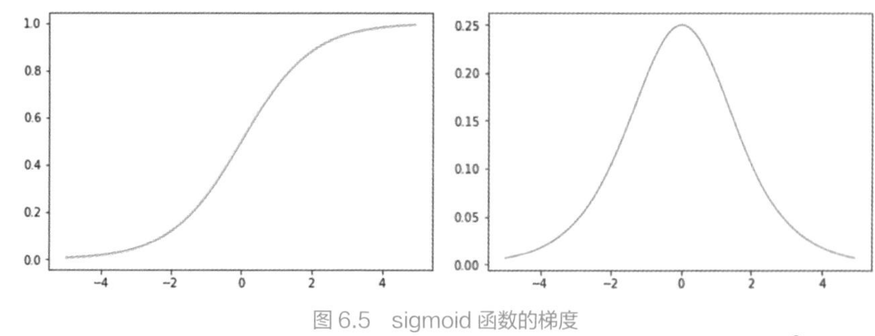

图 6.5 sigmoid 函数的梯度

进行反向传播时，根据上一章所导出的下列公式，将激励函数的微分 $\frac{\partial y_i}{\partial u_j}$ 与各个梯度相乘可实现对网络层的反溯。

$$\delta_j = \frac{\partial E}{\partial u_j} = \partial y_j \frac{\partial y_j}{\partial u_j}$$

$$\partial w_{ij} = y_i \delta_j \qquad (6\text{–}1)$$

$$\partial b_j = \delta_j$$

$$\partial y_i = \sum_{q=1}^{m} \delta_q w_{iq}$$

在使用 sigmoid 函数作为激励函数的情况下，微分得到的最大值是 0.25，因此在对网络层进行反溯时各个梯度会逐渐减少，梯度消失的问题也随之而来。

为了抑制这种梯度消失的发生，在深度学习中通常会使用 ReLU 作为激励函数。ReLU 函数的表达式如下：

$$y = \begin{cases} 0\ (x \leqslant 0) \\ x\ (x > 0) \end{cases}$$

ReLU 函数在数学上是无法进行微分的，但是可以在程序中对其微分值进行如下定义：

$$y = \begin{cases} 0\ (x \leqslant 0) \\ 1\ (x > 0) \end{cases}$$

ReLU 函数曲线如图 6.6 所示。其中，左边是 ReLU，右边是 ReLU 的梯度。

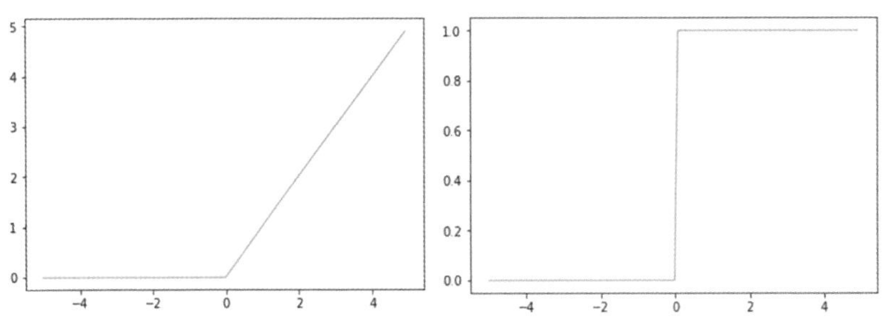

图 6.6　ReLU 函数的曲线

从图 6.6 中可以看到，当 x 为正数时，ReLU 微分值保持为 1。在这种情况下，式（6-1）中的 $\frac{\partial y_i}{\partial u_j}$ 就等于 1，其梯度不会像 sigmoid 函数那样随着网络层的叠加而出现衰减。因此，在激励函数中使用 ReLU 函数对抑制梯度消失非常有效。

6.1.4　学习时间过长的问题

在网络层次很多的深度学习中经常会涉及数目高达数千、数万甚至数亿的权重和偏置的计算。因此，网络在进行学习时通常需要耗时数天，甚至数周的执行时间。

随着 CPU、GPU 性能的提升，网络算法的发展和云服务器的广泛运用，已经逐步克服这个问题。但是，仍然需要注意不要将网络设计得毫无必要的复杂，尽可能地减少程序代码执行速度的瓶颈，使用更高规格的计算机仍然是非常重要的事情。

6.2 解决问题的对策

为了克服随着神经网络的多层化而产生的各种问题，可采取如下一些具有代表性的解决方案。

- 更换所使用的最优化算法。
- 批次尺寸的最优化。
- 对超参数的最优化。
- 正则化。
- 对权重初始值的最优化。
- 提前终止。
- 数据扩张。
- Dropout。
- 数据的预处理。

6.2.1 超参数的最优化

虽然权重和偏置是在神经网络的学习过程中自动进行调整的参数，但是神经网络的层数、神经元的个数、学习系数在开始学习之前就必须确定。这类参数被称为超参数，对这些超参数的设置会极大地影响神经网络最终的学习效果。

例如，如果增加中间层的神经元数量，就能提高网络整体的表现能力，但是同时也会导致过拟合问题的发生。与此相对，如果减少中间层的神经元数量，虽然网络整体的表现能力降低了，但是出现过拟合的风险也相应地降低了。从这个意义上讲，在不引起过拟合的同时保持神经网络的表现能力的前提下，对作为超参数之一的神经元数量进行最优化，对中间层来说是非常重要的。

6.2.2 正则化

正则化（Regularization）是指对权重加以适当限制。通过对权重加以一定程度的限制，能够防止由于权重采用了比较极端的值而导致的陷入局部最优解问题的发生。在对权重进行限制的方法中，对权重设置上限值和使权重产生衰减是比较典型的做法。

要对权重加以限制，可以通过将加到某个神经元的输入上的权重的平方和收敛到一定程度的方式来实现。对于这种情况，可用如下公式对权重的变化进行限制。

$$\sum_i w_{ij}^2 < c$$

这个公式使加在某个神经元的输入上的权重w_{ij}的平方和比常量 c 小。如果大于 c，这些权重乘以常数可将其限制在 c 范围之内。

此外，要对权重进行衰减处理，可将误差加上权重的平方和，使权重值随着误差一起产生衰减。如果用$\|W\|^2$表示所有权重的平方和（平方范数、L2 范数），加上权重项的误差可用如下公式表示：

$$E_W = E + \frac{\lambda}{2}\|W\|^2$$

通过采取将误差尽量减小的方式来进行神经网络的学习，权重就会逐渐地降低。

6.2.3 权重与偏差的初始值

权重的初始值经常是决定学习是否能够成功的非常关键的超参数，而随机设置权重和偏置的初始值比较好。其原因在于，如果全部使用相同的值对其进行初始化，网络层之间的梯度就变得完全一样了，从而导致网络表现能力的丧失。

如果将权重值设置得太大，很容易掉入局部最优解陷阱，因此最好使用比较小的值对权重值进行初始化。但是如果将权重值全部设置为 0，就会导致神经网络丧失表现能力的问题出现，因此最好的做法是使用一定程度上比较小且又有细微区别的数值。

已有大量的研究报告对究竟用怎样的分布值进行初始化，才能比较好地解决这一问题进行了分析。但是，为了保持程序逻辑的简洁性，在本书中采取以 0 为中心、均方差为 0.01 的正态分布对权重进行初始化。

6.2.4 提前终止

提前终止（Early Stopping）是指在学习的过程中将其打断的一种方法。随着学习的展开，可能误差在中途会突然变大，从而导致过学习问题的发生，因此在这个现象发生之前可以让网络停止学习。此外，如果误差的变化在中途停止导致学习无法继续进行，也可以用这个方法节约学习时间。

但是，要预先决定合适的 epoch 次数也是很困难的，因此将判断该在何时停止学习交给算法处理是比较好的。通常的做法是，当测试数据的误差发生了多次恶化，或者确定误差有恶化或者停止的倾向时，就停止网络的学习。然而，现实中也可能存在误差恶化或者变化停滞之后还能继续学习的情况，因此判断在何时打断学习进程需要慎重考虑。

6.2.5 数据扩张

如果训练数据集内的样本数量很少，就容易出现过学习现象。这是由于神经网络在对非常狭窄的范围内的数据进行了最优化，从而失去了通用性导致的。

在这种情况下，可以采取对样本数据注水进行数据扩张（Data Extension）的方法进行改善。所谓数据扩张，就是使用某种方法对样本数据进行加工生成新的样本，以此来增加样本数量。例如，在图像识别应用中经常会采用对图像进行平行移动、旋转、翻转，对颜色的倾向进行加工的方式创建出新的图像作为样本使用。通过这种方式，让网络对各种不同式样的图像进行学习，能够有效地提高网络的通用性，从而达到防止出现过学习现象的目的。

尽管这种方法不是万能的，但是证明了数据扩张能够有效地解决样本数量少的问题。

6.2.6 数据的预处理

预处理是指预先将输入数据转换成易于神经网络使用的数据格式的处理方式。实际中的数据难免存在偏差，通过对其进行预处理操作可提高神经网络的性能或加快学习的速度。

下面列举几种比较常用的预处理方法。

1. 正规化

对数据进行转换，使其在一定范围内收敛。例如，单色图像中的各个像素值是位于从 0 到 255 范围内的数值，通过将其除以 255，就可以将所有像素的数据变化控制在 0 到 1 的范围之内。

用下列公式可以使数据收敛在 0 到 1 范围之内。其中，max是数据 x 的最大值，min是最小值。

$$x'_i = \frac{x_i - \min}{\max - \min}$$

上式可用如下 Python 代码实现。

```
import numpy as np

def normalize(x):
    x_max = np.max(x)
    x_min = np.min(x)
    return (x – x_min) / (x_max – x_min)
```

2. 标准化

标准差是对数据离散程度的一种度量。通过加工使数据的平均值为 0、标准差为 1 的处理方法被称为数据的标准化。通过这种方法，数据中的绝大部分都被收敛在 –1 到 1 的范围之内，但一部分数据会超出这个范围。

值得注意的是，经过标准化处理并不意味着数据就会变成正态分布。用下式可以实现对数据的标准化处理。其中，σ 代表数据 x 的平均值，μ 代表标准差。

$$x'_i = \frac{x_i - \sigma}{\mu}$$

上式可用如下 Python 代码实现。

```
import numpy as np

def standardize(x):
    ave = np.average(x)
    std = np.std(x)
    return (x – ave) / std
```

3. 去相关化

当集中的数据之间存在着某些关系时，将相关关系剔除的处理被称为对数据的去相关化处理。例如，纬度和海拔、平均气温等地理数据集中在一起时，各个数据之间就存在着某种关联性。对于这类数据，可以通过去相关化处理，将其加工成没有任何关联性的数据。

4. 白化

对数据进行标准化和去相关化处理后，得到的结果就是被白化加工的数据。其平均值是 0，离散度是 1，各个部分没有任何相关性。

作为输入数据，在一定范围内收敛、没有任何偏向性、相互之间没有任何关联的数据是最为合适的。当用于输入的数据不满足上述条件时，事先使用预处理对其进行加工是比较好的做法。

6.2.7 Dropout

Dropout 是指按照一定的概率随机消除输出层以外的神经元的一种处理技巧。如图 6.7 所示为 Dropout 的概念示意图，输入层、中间层的一部分神经元被删掉（带有 × 符号的神经元），整个网络变得稀疏。

每次对权重和偏置进行更新所消掉的神经元都是不同的。如果网络层的神经元不被消去而是被保留下来的概率是 p，那么中间层设置为 p=0.5，输入层设置为 p=0.8~0.9 等值是比较常见的做法。进行测试时，再将这个 p 值乘以网络层的输出值，就可以达到与学习时的神经元所减少的那部分保持一致的目的。

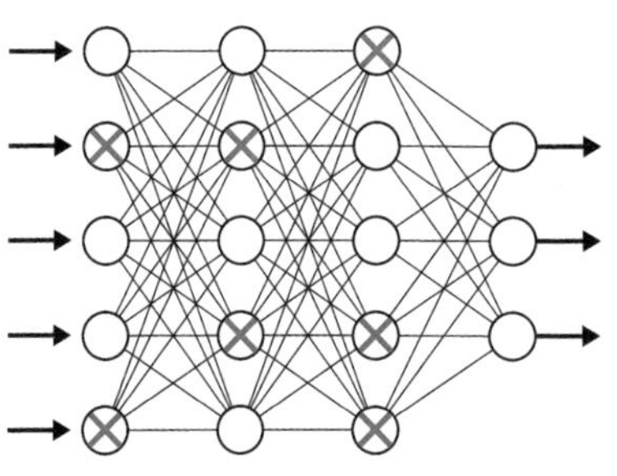

图 6.7　Dropout 的概念示意图

虽说用编程实现 Dropout 比较容易，但是对抑制过拟合现象却有着非常好的效果。其原因是，使用 Dropout 方法进行学习的网络，从本质上讲是将多个彼此不同的神经网络组合在一起进行的学习，如图 6.8 所示。

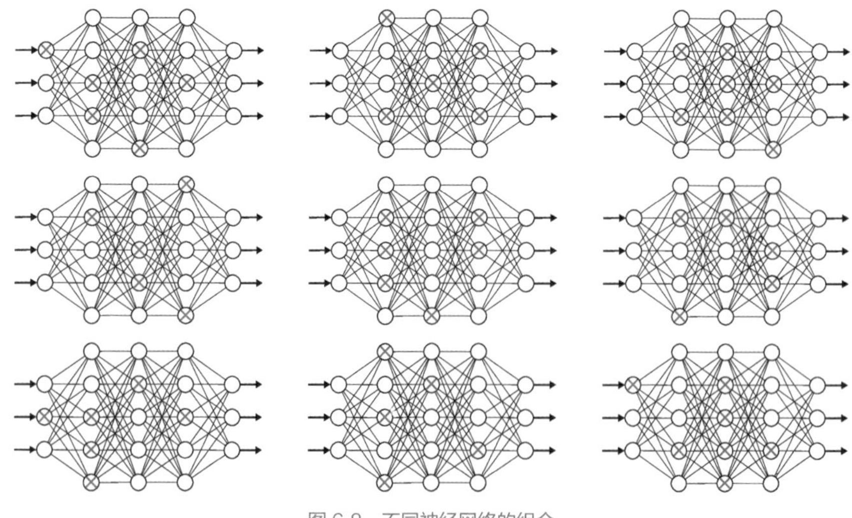

图 6.8　不同神经网络的组合

由于规模较大的神经网络比较容易出现过拟合现象，但是使用 Dropout 处理之后网络的规模就被缩小了。虽然网络的规模变小了，但是由于同时使用了多个网络，其表现能力仍然是保持不变的。

像这种使用多个模型的组合实现提升其结果质量的效果，在机器学习中被称为向上采样效果。Dropout 是可以通过非常小的计算成本实现向上采样效果的极为优秀的一种方法，因此也得到了非常广泛的运用。

6.3 鸢尾花的品种分类

鸢尾花（Iris）是一种鸢尾属的花。本节作为一个使用尽可能少的代码实现深度学习的示例，我们将通过一个四层的神经网络实现对鸢尾花品种的分类。

6.3.1 鸢尾花数据集

这里使用到的训练数据和测试数据是著名的 Iris flower data set（以下称鸢尾花数据集）。鸢尾花数据集是统计、生物学家 Ronald Fisher 于 1936 年在其论文中使用的一个数据集。由于其使用方便，在机器学习的练习和实验中经常被用到。

鸢尾花数据集（见配套文件）包含三个品种的花卉，分别为山鸢尾（Setosa）、变色秋海棠（Versicolor）、维吉尼亚鸢尾 (Verginica)，如图 6.9 所示。

0: 山鸢尾

1: 变色秋海棠

2: 维吉尼亚鸢尾

图 6.9　鸢尾花数据集包含的花卉品种

引用自 https://en.wikipedia.org/wiki/Iris_flower_data_set

鸢尾花数据集包含 150 朵花卉的实测值及其对应的品种数据。其中，花卉的实测值包括花萼的长度（Sepal length）、花萼的宽度（Sepal width）、花瓣的长度（Petal length）、花瓣的宽度（Petal width）四种数据。鸢尾花的测量位置如图 6.10

所示。

鸢尾花数据集包含了四种实测值和用于表示花卉品种的索引。下面是将各个实测值放入 NumPy 数组并进行显示的结果。数组中包含 150 个对应每朵花的四个实测值的集合。

```
[[5.1   3.5   1.4   0.2]
 [4.9   3.    1.4   0.2]
 [4.7   3.2   1.3   0.2]
...
 [5.9   3.    5.1   1.8]]
```

图 6.10　鸢尾花的测量位置

与此相对应的花卉品种的索引如下面的数组所示。数组中同样也有 150 个值，用 0、1、2 分别表示花卉的品种。

```
[0 0 ... 0 0 1 1 ... 1 1 2 2 ... 2 2]
```

这些数据的分布如图 6.11 所示。

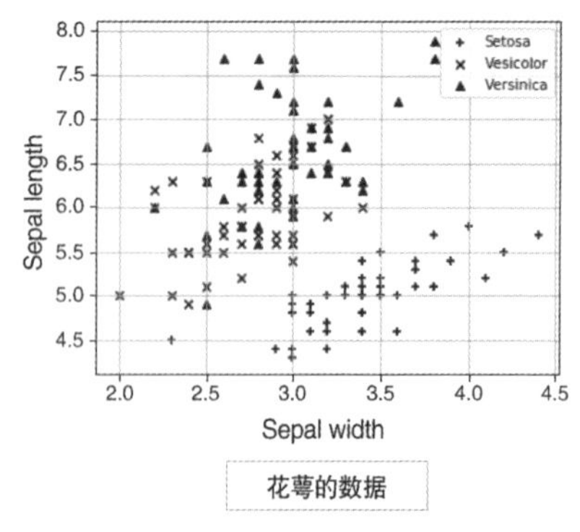

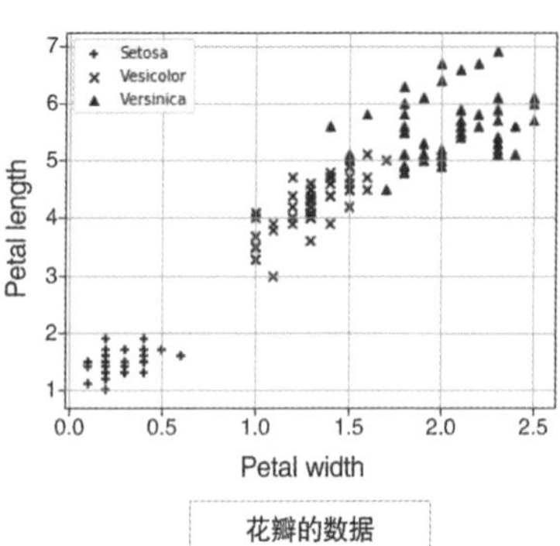

图 6.11　鸢尾花数据集的分布图

从图 6.11 中可以看到，花卉品种以分组的形式被可视化。不过，分组之间的边界也存在一些暧昧不清的部分。接下来，我们把这个分组数据放入神经网络进行学习，并让神经网络对某个实测值是属于哪个分组，也就是属于哪个品种的问题进行判断。

6.3.2 训练数据与测试数据

在这里，我们将把鸢尾花数据集划分为训练数据和测试数据两种。在上一章中我们曾解释过，训练数据是用来对神经网络进行训练的，而测试数据则是用来对神经网络的通用性能进行评估的。

那么，我们应当将整个数据集按照怎样的比例去划分为训练数据和测试数据呢？这是一个需要慎重处理的问题。如果我们将用于测试数据的比例加大的话，得到的验证结果的可信度也更高，但是如果用于训练数据的比例太小的话，又会导致学习过程中所必需的训练数据的样本数量过少。

一般来说，测试数据的比例设为 20% ~ 30% 是比较妥当的划分界限，但是在这里我们希望尽量使训练数据产生的结果和测试数据所产生的结果在同等条件下进行比较，因此我们将鸢尾花数据集的一半作为测试数据，剩下的作为训练数据使用。

在学习的过程中，我们将对训练数据的误差和测试数据的误差变化进行记录。此外，我们还将对训练数据和测试数据的正确率分别进行统计，并将其作为学习结束后神经网络是否能够对花卉的品种正确进行分类的判断指标。

6.3.3 网络的结构

接下来我们将构建如图 6.12 所示的神经网络。

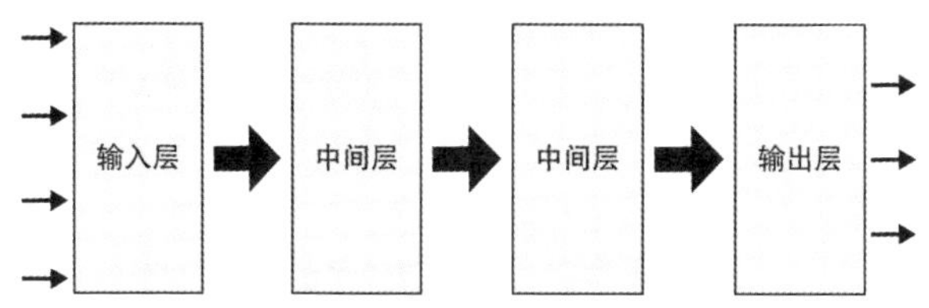

图 6.12 计划构建的神经网络

如图 6.12 所示，位于输入层和输出层之间的中间层有两个，总共由四层网络共同组成神经网络。由于每朵花都有四个实测值，因此在输入层中就需要设置四个神经元。另外，因为这里我们需要将输入数据转换成三个种类的花卉分类，因此输出层中就需要设置三个神经元。这些神经元分的输出数据分别对应花卉的各个品种，并将输出值最大的神经元所对应的品种作为对花卉进行分类的结果。

至于两个中间层，我们暂且先分别在其中设置 25 个神经元，之后再根据学习的结果对神经元的数量进行调整。

6.3.4 学习的各种相关设置

这次我们要实现的神经网络中，与学习相关的各项设置如下所示。

中间层的激励函数：ReLU 函数

输出层的激励函数：SoftMax 函数

损失函数:交叉熵误差函数

最优化算法:随机梯度下降法

批次尺寸：8

中间层的神经元数量：25

由于这次要实现的是在本书中到目前为止层次最深的神经网络，因此我们将使用对梯度消失问题具有较强抵抗性的 ReLU 作为中间层的激励函数。此外，因为要处理的是分类问题，因此输出层的激励函数中使用 SoftMax 函数，损失函数中使用交叉熵误差函数。然后，最优化算法暂时就先用最为简单的随机梯度下降法来实现。

为了保证学习能够稳定地进行，这次我们将使用小批次法，以批次为单位对权重和偏置进行更新。批次的尺寸设置为 8。训练数据在每轮 epoch 中都会被打乱一次，这就保证了最小批次中每次所包含的样本都是随机的。在这个案例中，训练数据的样本数是 150/2=75，因此每轮 epoch 中更新的次数就是 75/8=9.375，舍去小数点后的值就是 9 次。虽然小数部分也可以用在学习中，但是为了保证代码尽量简洁，我们选择将这部分舍去。

此外，这次使用的中间层共有两层，每层中的神经元数量分别设置为 25 个。

6.4 深度学习的编程实现

接下来，我们将对通过深度学习对花卉品种进行分类的程序代码进行讲解。代码的实现流程如下所示。

- 获取数据集和预处理。
- 实现各个网络层。
- 实现神经网络。
- 使用最小批次法进行学习。
- 统计正确率。

掌握本节中，在对完整实现代码进行讲解之前，我们先对代码中的主要组成部分进行介绍。在深度学习的组成部分和整体流程的基础上，最后再对代码的执行结果进行检验。

6.4.1 数据的获取与预处理

鸢尾花数据集可以通过 scikit-learn 机器学习专用模块来非常简单地进行读取。scikit-learn 包含在 Anaconda 中，所以如果已经成功安装 Anaconda 的话，则不需要做任何特别的操作就可以直接使用。下面是使用 scikit-learn 模块来读取鸢尾花数据集，并从中获取实测值和正确答案的代码。实测值将作为神经网络的输入数据。

```
from sklearn import datasets

iris_data = datasets.load_iris()
input_data = iris_data.data
correct = iris_data.target
n_data = len(correct)                              # 样本数量
```

在上述代码中，首先导入了 scikit-learn 模块的 datasets 对象，然后使用 load_iris 函数对鸢尾花数据集进行读取。实测值保存在变量 iris_data.data 中，将其代入 input_data 变量中作为输入数据。此外，花卉品种的索引保存在变量 iris_data.target 中，将其代入 correct 变量中作为正确答案的数据。

此时，input_data 和 correct 变量中的内容如下所示。

- input_data

```
[[ 5.1   3.5   1.4   0.2]
 [ 4.9   3.    1.4   0.2]
 [ 4.7   3.2   1.3   0.2]
 ...
 [ 5.9   3.    5.1   1.8]]
```

- correct

```
[0 0 ... 0 0 1 1 ... 1 1 2 2 ... 2 2]
```

接下来，我们将对作为输入数据的实测值进行标准化处理。关于标准化我们在前面的小节中已经讲解过，标准化之后学习过程会变得稳定且快速。如果标准化后的数据是z，原有数据是X，原有数据的平均值是μ，原有数据的均方差是σ的话，那么标准化处理可以使用下列公式来表示。

$$z = \frac{X - \mu}{\sigma} \tag{6-2}$$

从原有数据的各个值中减去平均值，再除以标准差后，数据的平均值就变为 0，标准差就变为 1。我们将以这个公式为基础，使用下列代码对鸢尾花数据集中的各个实测值进行标准化处理。

```
ave_input = np.average(input_data, axis=0)
std_input = np.std(input_data, axis=0)
input_data = (input_data – ave_input) / std_input
```

在上述代码中，首先使用 NumPy 的 average 函数对实测值的平均值进行计算。实测值中包含 Sepal Length、Sepal Width、Petal Length、Petal Width 四种数据，为了对每个种类的数据分别进行平均，使用 axis=0 参数设定进行平均的轴。对标准差的计算也使用相同的方式。根据式（6–2）对输入数据进行标准化。其中，ave_input 和 std_input 是向量类型，而 input_data 是矩阵类型，因此在这里我们利用广播机制进行计算。

接下来，对正确答案使用独热格式来表示。由于输出层的神经元数量是三个，因此正确答案使用下面的三条独热格式数据来表示。

```
[1 0 0]
[0 1 0]
[0 0 1]
```

将鸢尾花的品种索引转换为独热格式的代码如下所示。

```
correct_data = np.zeros((n_data, 3))
for i in range(n_data):
    correct_data[i, correct[i]] = 1.0
```

这段代码首先使用 NumPy 的 zeros 函数创建一个 $n \times 3$ 大小的矩阵。然后，在对应每朵花的各个行中，将品种的索引所对应的列的值设置为 1。这样，就将每朵花的品种转换成了独特格式，并作为正确答案的数据。

在变量 input_data 中，经过标准化处理的值是作为矩阵类型保存的，每一行对应每一朵花，每一列对应的是各种实测值。变量 correct_data 的每一行也对应每一朵花，每一列则对应表示花卉品种的独热格式的值。上述数据结构如图 6.13 所示。

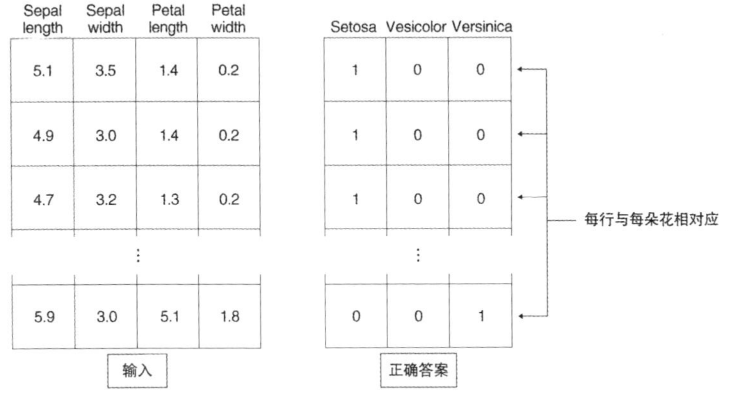

图 6.13　输入和正确答案的数据结构

接下来，我们将这些数据分割成训练数据和测试数据。如前面所述，我们是将全部数据分成两半，分别作为训练数据和测试数据来使用。对于上述处理，可以使用下面的代码来实现。

```
index = np.arange(n_data)
index_train = index[index%2 == 0]
index_test = index[index%2 != 0]

input_train = input_data[index_train, :]                    # 训练输入数据
correct_train = correct_data[index_train, :]                # 训练正确答案
input_test = input_data[index_test, :]                      # 测试输入数据
correct_test = correct_data[index_test, :]                  # 测试正确答案
```

总共有 n_data 个样本，使用 NumPy 的 arange 函数将从 0 到 $n-1$ 的数组放入新创建的矩阵 index 中。然后，将其中除以 2 余数为 0 的元素，也就是偶数值保存到变量 index_train 中，除以 2 余数不为 0 的元素，也就是奇数的值保存到变量 index_test 中。

然后，使用这些索引值和 NumPy 的切片功能对 input_data 和 correct_data 进行分割。将这些矩阵中，行的索引为 index_train 的元素放入 input_train 和 correct_train 变量中，将行的索引为 index_test 的元素放入 input_test 和 correct_test 变量中。

至此，我们就完成了训练数据和测试数据的准备工作。

6.4.2　各个网络层的实现

接下来，我们将继续前一章的内容，对每个神经层使用类进行封装实现。这次，我们将使用类的继承机制将代码重复的部分进行共享。首先实现每个神经层的基类，

然后通过继承这个基类的方式对中间层和输出层进行实现。

继承的基类 BaseLayer 的实现代码如下所示。

```
class BaseLayer:
    def __init__(self, n_upper, n):
        # 权重（矩阵）和偏置（向量）
        self.w = wb_width * np.random.randn(n_upper, n)
        self.b = wb_width * np.random.randn(n)

    def update(self, eta):
        self.w -= eta * self.grad_w
        self.b -= eta * self.grad_b
```

由于 __init__ 类方法和 update 类方法在每个神经层的实现代码中是通用的，因此我们选择在基类 BaseLayer 中实现。__init__ 类方法负责进行初始化设置，update 类方法则是使用随机梯度下降法对权重和偏置进行更新。

接下来，我们继承 BaseLayer 来创建表示中间层的 MiddleLayer 类。

```
class MiddleLayer(BaseLayer):
    def forward(self, x):
        self.x = x
        self.u = np.dot(x, self.w) + self.b
        self.y = np.where(self.u <= 0, 0, self.u)              # ReLU

    def backward(self, grad_y):
        delta = grad_y * np.where(self.u <= 0, 0, 1)           # ReLU的微分

        self.grad_w = np.dot(self.x.T, delta)
        self.grad_b = np.sum(delta, axis=0)

        self.grad_x = np.dot(delta, self.w.T)
```

用于正向传播的 forward 类方法和用于反向传播的 backward 类方法的实现基本上与上一章相同。不同的是这次我们在激励函数中使用的是 ReLU 函数。其中，np.where(self.u <= 0,0,1) 是 ReLU 的微分形式。由于是通过继承来使用的，代码要比上一章显得更加简练。

同样地，表示输出层的 OutputLayer 类也是从 BaseLayer 继承的。

```
class OutputLayer(BaseLayer):
    def forward(self, x):
        self.x = x
        u = np.dot(x, self.w) + self.b
        # SoftMax函数
        self.y = np.exp(u)/np.sum(np.exp(u), axis=1, keepdims=True)
```

```
def backward(self, t):
    delta = self.y – t

    self.grad_w = np.dot(self.x.T, delta)
    self.grad_b = np.sum(delta, axis=0)

    self.grad_x = np.dot(delta, self.w.T)
```

6.4.3 神经网络的实现

接下来，使用中间层和输出层的类来对神经网络进行构建。这次我们对神经网络相关的各项处理都以函数的形式进行了封装，实现代码如下所示。

```
# -- 各个网络层的初始化 --
middle_layer_1 = MiddleLayer(n_in, n_mid)
middle_layer_2 = MiddleLayer(n_mid, n_mid)
output_layer = OutputLayer(n_mid, n_out)

# -- 正向传播 --
def forward_propagation(x):
    middle_layer_1.forward(x)
    middle_layer_2.forward(middle_layer_1.y)
    output_layer.forward(middle_layer_2.y)

# -- 反向传播 --
def backpropagation(t):
    output_layer.backward(t)
    middle_layer_2.backward(output_layer.grad_x)
    middle_layer_1.backward(middle_layer_2.grad_x)

# -- 权重和偏置的更新 --
def update_wb():
    middle_layer_1.update(eta)
    middle_layer_2.update(eta)
    output_layer.update(eta)

# -- 计算交叉熵误差 --
def get_error(t, batch_size):
    return –np.sum(t * np.log(output_layer.y + 1e–7)) / batch_size
```

这次实现的神经网络中，中间层有两层，输出层有一层。在创建了每个网络层的实例之后，再使用这些实例对正向传播和反向传播函数（forward_propagation、backpropagation）进行实现。此外，对所有权重和偏置进行更新的函数（update_wb）也实现了。

其中，还实现了用于计算误差的函数（get_error），由于这次要解决的是分类问题，因此我们使用了交叉熵误差对其进行计算。由于采用的是小批次法进行学习，因此误差的总和要除以批次的尺寸。

6.4.4 小批次法的实现

由于这次使用的是小批次法进行学习的，因此要以批次为单位对权重和偏置进行更新。以下是使用小批次法进行学习的实现代码。

```
n_batch = n_train // batch_size                    # 每一轮epoch中的批次数量
for i in range(epoch):

    ...

    # -- 学习 --
    index_random = np.arange(n_train)
    np.random.shuffle(index_random)                 # 对索引值进行洗牌
    for j in range(n_batch):

        # 取出小批次
        mb_index = index_random[j*batch_size : (j+1)*batch_size]
        x = input_train[mb_index, :]
        t = correct_train[mb_index, :]

        # 正向传播和反向传播
        forward_propagation(x)
        backpropagation(t)

        # 权重和偏置的更新
        update_wb()
```

在上述代码中，首先使用 n_train 除以 batch_size 算出每一轮 epoch 中的批次数量。// 运算符代表的是计算结果为整数的除法运算。在学习过程中所使用的批次数量为整数，虽然其中也存在作为小数部分的不参与学习的数据，在这次的实现中我们将忽略这部分数据的存在。

接下来，创建与训练数据的样本数量相同的索引，放入变量 index_random 中，然后对其进行随机排序。然后，在循环中从生成的索引中取出与批次大小相同的随机的索引值，并放入变量 mb_index 中。变量 input_train 和 correct_train 是矩阵类型，从这两个矩阵中将 mb_index 的列提取出来，作为小批次的数据。

最后，使用这个小批次的数据进行正向传播和反向传播的计算，并对权重和偏置进行更新操作。

6.4.5 正确率的测算

学习的结果，训练数据中有多大比例的数据被正确地进行了品种分类？测试数据中又有多大比例的数据被正确地进行了品种分类？这两个问题是对学习的成功与否进行判断的重要指标。关于这一点，我们将在学习结束后使用下面的代码对其进行测算。

```
forward_propagation(input_train)
count_train = np.sum(np.argmax(output_layer.y,
                    axis=1) == np.argmax(correct_train, axis=1))

forward_propagation(input_test)
count_test = np.sum(np.argmax(output_layer.y,
                    axis=1) == np.argmax(correct_test, axis=1))

print("Accuracy Train:", str(count_train/n_train*100) + "%",
      "Accuracy Test:", str(count_test/n_test*100) + "%")
```

在上述代码中，对所有训练数据和测试数据进行了正向传播计算之后，我们分别对它们的正确率进行了统计。对正确率的统计是通过 NumPy 的 argmax 函数来实现的，关于 argmax 的内容，我们在第 2 章中讲解过。

通过正向传播计算所得到的输出数据是（批次尺寸）×（输出层的神经元数量）的矩阵，我们使用 argmax 函数对其中每行中的最大值的索引通过下面的方式进行获取。

```
np.argmax(output_layer.y, axis=1)
```

取得的索引是类似下面这样的一维数组。

[1 0 2 ⋯ 2]

此外，正确答案也是一个（批次尺寸）×（输出层的神经元数量）的矩阵，其中每行都是独热格式的数据。在下面的代码中，我们使用 argmax 函数对各行中具有最大值的元素，也就是值为 1 的元素的索引进行了获取。

```
np.argmax(correct_train, axis=1)
```

取得的索引是类似下面这样的一维数组。

[1 0 1⋯（中间省略）⋯2]

如果这两个矩阵的每个元素都相同的话，比较运算符 == 就会返回 True；如果不一致，则返回 False。作为输出结果，我们会得到将每个样本的正确答案和不正确答案表示为 True 和 False 的类似如下形式的数组。

[True True False…（中间省略）…True]

由于在 Python 语言中，True 可以被当作数字 1，False 可以被当作数字 0 来处理，因此使用 NumPy 的 sum 函数对这个数据进行处理，就可以得到正确答案数的统计结果。在代码中，我们使用这个正确答案数除以样本数，再乘以 100，就得到了最终的正确率。

6.4.6 整体的实现代码

全部的实现代码如下所示。执行这段代码就可以让我们的深度神经网络对鸢尾花的特征进行学习了。

对品种进行分类的全部代码

```
import numpy as np
import matplotlib.pyplot as plt
from sklearn import datasets

# -- 鸢尾花数据的读入 --
iris_data = datasets.load_iris()
input_data = iris_data.data
correct = iris_data.target
n_data = len(correct)                                   # 样本数量

# -- 对输入数据进行标准化处理 --
ave_input = np.average(input_data, axis=0)
std_input = np.std(input_data, axis=0)
input_data = (input_data - ave_input) / std_input

# -- 将正确答案转换为独热编码格式 --
correct_data = np.zeros((n_data, 3))
for i in range(n_data):
    correct_data[i, correct[i]] = 1.0

# -- 训练数据与测试数据 --
index = np.arange(n_data)
index_train = index[index%2 == 0]
index_test = index[index%2 != 0]

input_train = input_data[index_train, :]                # 训练 输入
correct_train = correct_data[index_train, :]            # 训练 正确答案
input_test = input_data[index_test, :]                  # 测试 输入
```

```
correct_test = correct_data[index_test, :]                # 测试正确答案

n_train = input_train.shape[0]                            # 训练数据的样本数
n_test = input_test.shape[0]                              # 测试数据的样本数

# -- 各种设置值 --
n_in = 4                                                  # 输入层的神经元数量
n_mid = 25                                                # 中间层的神经元数量
n_out = 3                                                 # 输出层的神经元数量

wb_width = 0.1                                            # 权重和偏置的分散度
eta = 0.01                                                # 学习系数
epoch = 1000
batch_size = 8
interval = 100                                            # 显示进度的时间间隔

# -- 各个网络层的祖先类 --
class BaseLayer:
  def __init__(self, n_upper, n):
    self.w = wb_width * np.random.randn(n_upper, n)      # 权重
    self.b = wb_width * np.random.randn(n)               # 偏置

  def update(self, eta):
    self.w -= eta * self.grad_w
    self.b -= eta * self.grad_b

# -- 中间层 --
class MiddleLayer(BaseLayer):
  def forward(self, x):
    self.x = x
    self.u = np.dot(x, self.w) + self.b
    self.y = np.where(self.u <= 0, 0, self.u)            # ReLU

  def backward(self, grad_y):
    delta = grad_y * np.where(self.u <= 0, 0, 1)         # ReLU的微分
    self.grad_w = np.dot(self.x.T, delta)
    self.grad_b = np.sum(delta, axis=0)
    self.grad_x = np.dot(delta, self.w.T)

# -- 输出层 -
class OutputLayer(BaseLayer):
  def forward(self, x):
    self.x = x
    u = np.dot(x, self.w) + self.b
    # SoftMax函数
    self.y = np.exp(u)/np.sum(np.exp(u), axis=1, keepdims=True)
```

```
  def backward(self, t):
    delta = self.y - t

    self.grad_w = np.dot(self.x.T, delta)
    self.grad_b = np.sum(delta, axis=0)

    self.grad_x = np.dot(delta, self.w.T)

# -- 各个网络层的初始化 --
middle_layer_1 = MiddleLayer(n_in, n_mid)
middle_layer_2 = MiddleLayer(n_mid, n_mid)
output_layer = OutputLayer(n_mid, n_out)

# -- 正向传播 --
def forward_propagation(x):
  middle_layer_1.forward(x)
  middle_layer_2.forward(middle_layer_1.y)
  output_layer.forward(middle_layer_2.y)

# -- 逆向传播 --
def backpropagation(t):
  output_layer.backward(t)
  middle_layer_2.backward(output_layer.grad_x)
  middle_layer_1.backward(middle_layer_2.grad_x)

# -- 权重和偏置的更新 --
def update_wb():
  middle_layer_1.update(eta)
  middle_layer_2.update(eta)
  output_layer.update(eta)

# -- 计算交叉熵误差 --
def get_error(t, batch_size):
  return -np.sum(t * np.log(output_layer.y + 1e-7)) / batch_size

# -- 用于记录误差 --
train_error_x = []
train_error_y = []
test_error_x = []
test_error_y = []

# -- 记录学习的过程和经过 --
n_batch = n_train // batch_size                    # 每一轮epoch的批次尺寸
for i in range(epoch):
```

```
# -- 误差的统计和测算 --
forward_propagation(input_train)
error_train = get_error(correct_train, n_train)
forward_propagation(input_test)
error_test = get_error(correct_test, n_test)

# -- 误差的记录 --
test_error_x.append(i)
test_error_y.append(error_test)
train_error_x.append(i)
train_error_y.append(error_train)

# -- 进度的显示 --
if i%interval == 0:
  print("Epoch:" + str(i) + "/" + str(epoch),
     "Error_train:" + str(error_train),
     "Error_test:" + str(error_test))

# -- 学习 --
index_random = np.arange(n_train)
np.random.shuffle(index_random)                   # 将索引值随机打乱排序
for j in range(n_batch):

# 取出最小批次
mb_index = index_random[j*batch_size : (j+1)*batch_size]
x = input_train[mb_index, :]
t = correct_train[mb_index, :]

# 正向传播和反向传播
forward_propagation(x)
backpropagation(t)

# 权重和偏置的更新
update_wb()

# -- 使用图表显示误差记录 --
plt.plot(train_error_x, train_error_y, label="Train")
plt.plot(test_error_x, test_error_y, label="Test")
plt.legend()

plt.xlabel("Epochs")
plt.ylabel("Error")

plt.show()

# -- 测算正确率 --
```

```
forward_propagation(input_train)
count_train = np.sum(np.argmax(output_layer.y,
                    axis=1) == np.argmax(correct_train, axis=1))

forward_propagation(input_test)
count_test = np.sum(np.argmax(output_layer.y,
                    axis=1) == np.argmax(correct_test, axis=1))

print("Accuracy Train:", str(count_train/n_train*100) + "%",
      "Accuracy Test:", str(count_test/n_test*100) + "%")
```

在学习过程中，每经过一轮 epoch 我们就会对训练数据的误差（训练误差）和测试数据的误差（测试误差）分别进行测算和记录。此外，在学习结束后会对表示误差变动的图表和正确率进行显示。

6.4.7 执行结果

将 epoch 数量设置为 100 并执行代码，可得到如图 6.14 所示的统计结果。

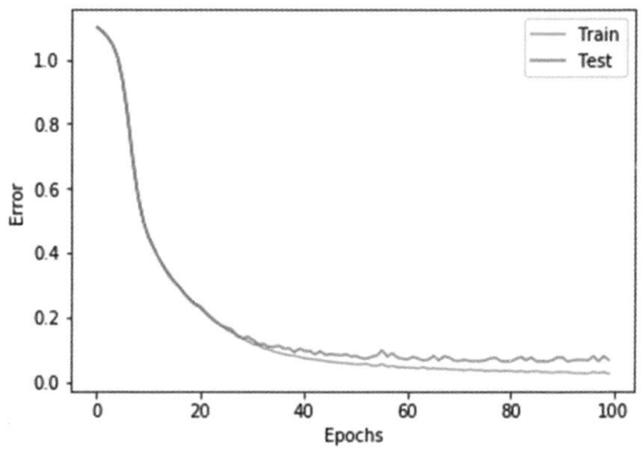

图 6.14　训练误差和测算误差的变化（随机梯度下降法 epoch=100）

从图 6.14 中可以看到，随着 epoch 数的增加，训练误差和测试误差都处于小幅的波动中，并最终都趋近于 0。在上述代码的执行结果中，训练数据的正确率是 100%，测试数据的正确率则达到了 97.3%。

接下来继续进行学习。将 epoch 的数量设置为 1000 次。代码执行后，可以看到如图 6.15 所示的统计结果。

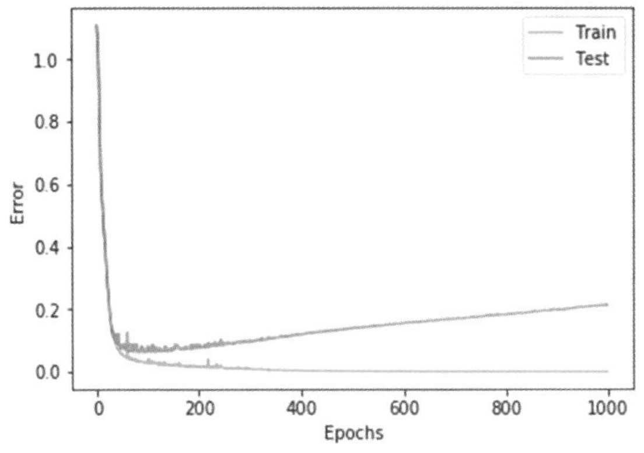

图 6.15 误差的变化（随机梯度下降法 epoch=1000）

从图 6.15 中可以看到，随着学习的推进，训练误差和测试误差出现了很大的偏离。这就说明出现了过拟合现象。随着学习进程的推进，网络似乎对训练数据产生了过度的适应。训练数据的样本数量只有 75，这被认为是发生过拟合的原因。不过对于上述情况，似乎早点结束学习效果会更好些。此外，由于随机数的影响，实际的执行结果也会有些不同。

经过 1000 轮 epoch 的学习后，训练数据的正确率是 100%，而测试数据的正确率则是 93.3%。测试数据的正确率比 100epoch 时更低，随着学习的进行，网络对未知数据的处理能力明显下降了。

对于这种过拟合问题，我们有以下几种对策可以采取。

6.4.8 过拟合的应对策略

对于所发生的过拟合问题，我们可以采取两种对策。一种对策是将最优化算法由随机梯度下降法改为 AdaGrad 算法，另一种对策是引入 Dropout 机制。

关于 AdaGrad 算法的内容，已在上一章中讲解过，权重和偏置的更新量会随着学习的推进逐渐减少。通过这种方法，可以防止网络进行过度学习。此外，AdaGrad 算法的实现逻辑也比较简单，只有学习系数一个超参数，进行尝试的成本很低。

关于 Dropout 机制，已在前文中进行了讲解，通过随机地将神经元设置为无效状态的方式，可以使神经网络变成不同的形状。由于不会在特定的形状中被过度适应，因此用于抑制过学习现象是非常有效的。

为了对这两种对策的效果进行确认，我们将尝试以下四种组合方式。

- 随机梯度下降法。
- AdaGrad 算法。
- 随机梯度下降法 + Dropout 机制。
- AdaGrad 算法 + Dropout 机制。

6.4.9 AdaGrad 算法的实现

现在，对 AdaGrad 算法的导入方式进行讲解。首先，复习一下上一章中介绍的 AdaGrad 算法。用 AdaGrad 算法对权重进行更新的公式如下：

$$h \leftarrow h + \left(\frac{\partial E}{\partial w}\right)^2 \tag{6-3}$$

$$w \leftarrow w - \eta \frac{1}{\sqrt{h}} \frac{\partial E}{\partial w} \tag{6-4}$$

在这个公式中，由于每次执行更新操作时 h 都会增加，因此每次的更新量会逐渐减少。对偏置进行更新的公式与上述公式相同。

根据这个公式修改 BaseLayer 类的实现，导入 AdaGrad 算法。

```
class BaseLayer:
    def __init__(self, n_upper, n):
        self.w = wb_width * np.random.randn(n_upper, n)          # 权重（矩阵）
        self.b = wb_width * np.random.randn(n)                   # 偏置（向量）

        self.h_w = np.zeros(( n_upper, n)) + 1e-8
        self.h_b = np.zeros(n) + 1e-8

    def update(self, eta):
        self.h_w += self.grad_w * self.grad_w
        self.w -= eta / np.sqrt(self.h_w) * self.grad_w

        self.h_b += self.grad_b * self.grad_b
        self.b -= eta / np.sqrt(self.h_b) * self.grad_b
```

__init__ 方法中的 self.h_w 和 self.h_b 表示式（6–3）和式（6–4）中的 h。它们分别是矩阵类型和向量类型的变量，它们的形状与 self.w 和 self.b 是一样的。初始值是 0 加上 10^{-8}，这样就可以防止分母变成 0 时引发程序执行错误的问题出现。

此外，update 方法是根据式（6–3）和式（6–4）对权重和偏置进行更新。

至此，就完成了对 AdaGrad 算法的导入。整个过程只是在随机梯度下降法的代码中新增了四行代码，并修改了两行代码。由此可见，导入方法简单也是 AdaGrad

算法的魅力之一。

6.4.10 Dropout 的实现

对于 Dropout 的实现，如果像中间层或者输出层那样作为一个网络层来实现，代码的编写会比较简单。在图 6.16 中的两个中间层下面分别设置一个 Dropout 层。

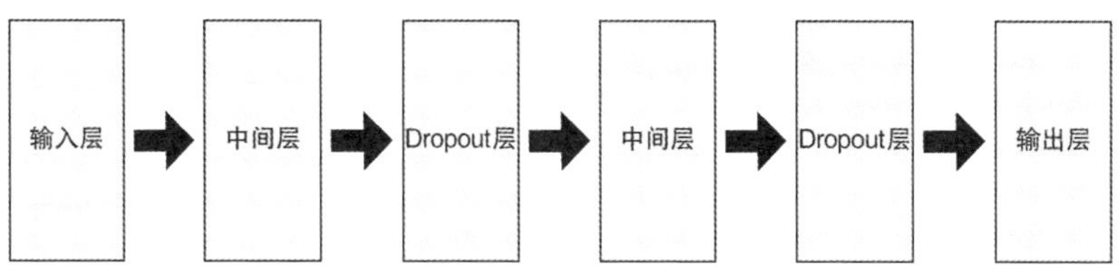

图 6.16 Dropout 层的设置

对于 Dropout 层，也像中间层和输出层那样作为类对其进行封装实现。

```
class Dropout:
    def __init__(self, dropout_ratio):
        self.dropout_ratio = dropout_ratio

    def forward(self, x, is_train):                    # is_train：学习的时候为True
        if is_train:
          rand = np.random.rand(*x.shape)              # 随机数的矩阵
          self.dropout = np.where(rand > self.dropout_ratio, 1, 0)
          self.y = x * self.dropout                    # 随机地将神经元设置为无效状态
        else:
          self.y = (1–self.dropout_ratio)*x

    def backward(self, grad_y):
        self.grad_x = grad_y * self.dropout
```

其中，__init__ 方法接受将神经元设置为无效的概率 dropout_ration 作为参数。

在用于正向传播的 forward 类方法中，对学习和测试时的操作分开进行处理。学习时，创建与输入具有相同形状的随机数矩阵，并将这个随机数与 self.dropout_ration 进行比较，再根据比较的结果决定是将对应的神经元设置为有效还是设置为无效。有效就设置为 1，无效则设置为 0，并将这个设置保存在 self.dropout 矩阵中。然后，在求出这个矩阵与输入元素的乘积后，将用于表示输出的 self.y 矩阵中的元素随机设置为 0。这个操作的意思是，将上层网络单中的神经元随机设置为无效（这样就不会对结果产生影响）。

测试时，通过将输入乘以（1–self.dropout_ration）使输出下降。这样就可以得到与学习时等同的输出结果。

在用于反向传播的 backward 类方法中，通过将 grad_y 乘以 self.dropout 可以确保不会对无效的神经元进行反向传播处理。

dropout 层按照如下方式设置到各个中间层的下层网络中。

```
# -- 各个网络层的初始化--
middle_layer_1 = MiddleLayer(n_in, n_mid)
dropout_1 = Dropout(0.5)
middle_layer_2 = MiddleLayer(n_mid, n_mid)
dropout_2 = Dropout(0.5)
output_layer = OutputLayer(n_mid, n_out)

# -- 正向传播 --
def forward_propagation(x, is_train):
    middle_layer_1.forward(x)
    dropout_1.forward(middle_layer_1.y, is_train)
    middle_layer_2.forward(dropout_1.y)
    dropout_2.forward(middle_layer_2.y, is_train)
    output_layer.forward(dropout_2.y)

# -- 反向传播 --
def backpropagation(t):
    output_layer.backward(t)
    dropout_2.backward(output_layer.grad_x)
    middle_layer_2.backward(dropout_2.grad_x)
    dropout_1.backward(middle_layer_2.grad_x)
    middle_layer_1.backward(dropout_1.grad_x)
```

6.4.11 过拟合对策的结果

将 epoch 的次数设置为 1000，并对下列四种组合方式进行测试。

- 随机梯度下降法。
- AdaGrad 算法。
- 随机梯度下降法 + Dropout 机制。
- AdaGrad 算法 + Dropout 机制。

在导入 Dropout 机制中，我们将 Dropout 率设置为 0.5，对中间层的神经元数量增加了一倍，设置为 50。这样做是因为 Dropout 会导致中间层的神经元数量下降，因此需要对其进行补偿。作为最终结果所得到的误差的变化如图 6.17 所示。

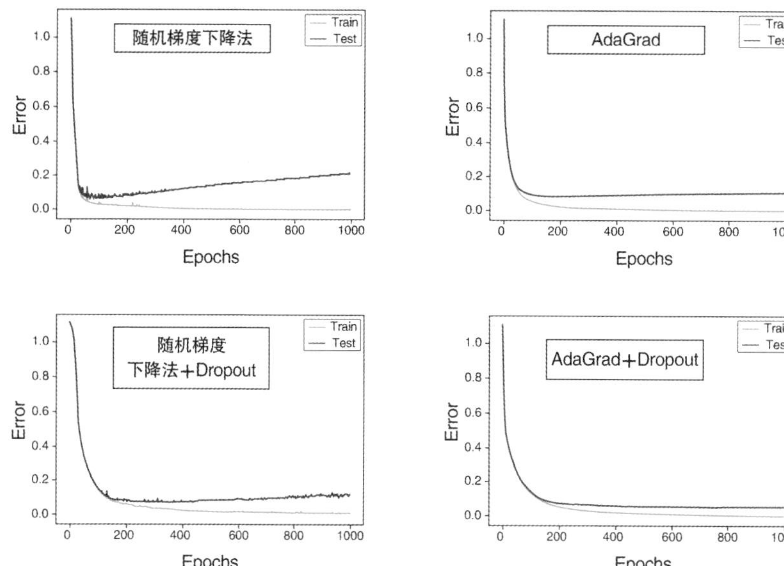

图 6.17　误差的变化（四种组合 epoch=1000）

训练数据的正确率与测试数据的正确率如表 6.1 所示。

表 6.1　正确率

组合方式	训练数据的正确率	测试数据的正确率
随机梯度下降法	100.0%	93.3%
AdaGrad 算法	100.0%	94.7%
随机梯度下降法 + Dropout 机制	100.0%	97.3%
AdaGrad 算法 + Dropout 机制	100.0%	97.3%

在使用随机梯度下降法中，随着学习的推进，训练误差与测试误差之间发生了较大的分离，过拟合问题很明显。此外，在有些区域中误差出现了动荡的现象，造成这一现象的原因应该是由于每次的更新量是固定的，无法对误差进行小幅度的调整。

在使用 AdaGrad 算法中可以看到，AdaGrad 算法要比使用随机梯度下降法所产生的过拟合程度小一些，而且测试数据的正确率也有所提高，误差的动荡也消失了。不过，测试误差略微呈上升的趋势。

在使用随机梯度下降法 +Dropout 机制中，可以看到过拟合问题要比使用随机梯度下降法时好很多，但是测试误差有上升的趋势。此外，整体的误差变化有轻微振动的现象。测试数据的正确率为 97.3%，有很大的改善。

在使用 AdaGrad 算法 +Dropout 机制中，出现的过拟合现象是在所有方案中最小的一个，测试误差也没有出现上升的迹象，误差曲线的变化也很平滑，可以说是这四种方案中效果最好的方案。此外，测试数据的正确率也达到了 97.3%，同样也是所有方案中最高的，因此可以说也没有出现丧失网络的表现能力的问题。

总体来看，AdaGrad 算法具有使误差平滑下降的效果，Dropout 机制对过拟合问题有很好的抑制作用。但是，一旦学习持续的时间太长，都会导致对训练数据过度拟合的问题产生，因此选择适当的 epoch 数量、及时打断学习是比较好的做法。

这次所实现的非常简单的深度学习代码同样也可以用于尝试其他各种各样的实验和练习。例如，可以对中间层的数量、学习参数、权重、偏置的初始值进行调整，或许会产生更有趣的结果。先拟定一种假设，然后通过对其进行反复验证进一步加深自己对深度学习的洞察力。感兴趣的读者可以使用下载的代码，对不同条件和配置下的结果进行测试。

6.4.12　品种的判断

接下来，在导入了 AdaGrad 算法 +Dropout 机制并完成了学习的神经网络中，尝试对鸢尾花的几个品种进行判断操作。每朵花的实测值如表 6.2 所示。

表 6.2　每朵花的实测值

花的 ID	花萼长度	花萼宽度	花瓣长度	花瓣宽度
鸢尾花 1	5.0	3.5	1.0	0.5
鸢尾花 2	5.5	2.5	4.0	1.0
鸢尾花 3	7.0	3.0	6.0	2.0
鸢尾花 4	6.6	2.5	1.5	0.2

在鸢尾花数据集的分布图中，可以对这些花进行绘制，如图 6.18 所示。

从图 6.18 所显示的位置中可以得知，鸢尾花 1 属于山鸢尾的分组，鸢尾花 2 属于变色秋海棠的分组，鸢尾花 3 属于维吉尼亚鸢尾的分组。鸢尾花 4 所处的位置则比较尴尬。从左边的分布图来看，它应该属于鸢尾花 2 或者鸢尾花 3 所在的分组，而从右边的分布图看，它则属于鸢尾花 1 所在的分组。

对花卉品种进行判断的实现代码如下。其中，矩阵 samples 中保存的是每朵花的实测值。在对这个矩阵进行了标准化处理之后，再通过 forward_propagation 对其进行正向传播处理，最后对输出层的输出数据进行判断并对结果进行显示。

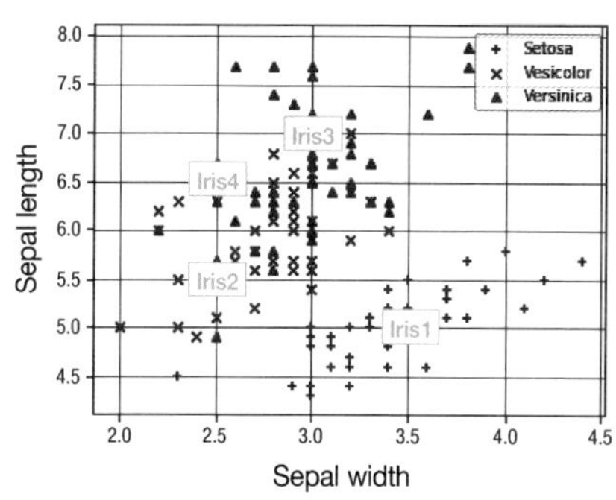

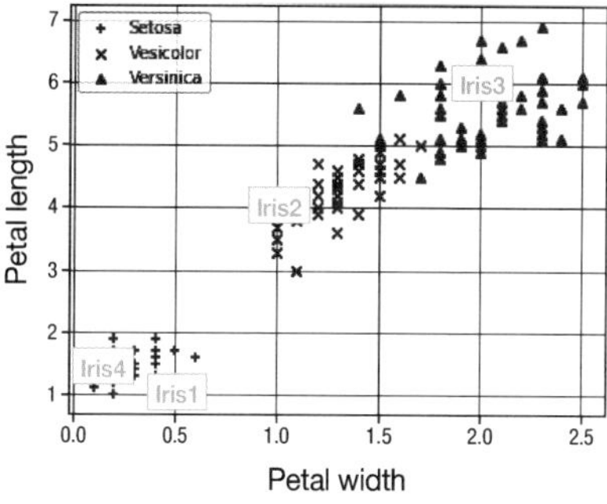

图 6.18　花的四个实测值

花卉品种的判定

```
samples = np.array([[5.0, 3.5, 1.0, 0.5],          # 鸢尾花1的实测值
                    [5.5, 2.5, 4.0, 1.0],          # 鸢尾花2的实测值
                    [7.0, 3.0, 6.0, 2.0],          # 鸢尾花3的实测值
                    [6.6, 2.5, 1.5, 0.2],          # 鸢尾花4的实测值
                   ])
# 标准化
ave_input = np.average(samples, axis=0)
std_input = np.std(samples, axis=0)
samples = (samples - ave_input) / std_input
# 判断（False表示不是训练数据）
forward_propagation(samples, False)
print(output_layer.y)
```

```
[[ 9.99999931e-01 6.90971741e-08 7.16976179e-16]    Iris1 → Setosa
 [ 3.63690191e-04 9.88093610e-01 1.15426999e-02]    Iris2 → Vesicolor
 [ 6.55087170e-11 3.58102746e-04 9.99641897e-01]    Iris3 → Versinica
 [ 5.22277726e-01 4.77722224e-01 5.07635321e-08]]   Iris4 → Setosa
```

在这个结果中，每一行对应一朵花，列是从左开始分别对应山鸢尾（Setosa）、变色秋海棠（Vesicolor）和维吉尼亚鸢尾（Versinica）三个品种。鸢尾花 1、鸢尾花 2、鸢尾花 3 分别被分类到山鸢尾、变色秋海棠、维吉尼亚鸢尾的概率也是最高的。这一结果与之前对分布图进行的分析是一致的。

鸢尾花 4 被分类到山鸢尾与被分类到变色秋海棠的概率值比较接近。看上去神经网络似乎也不知道究竟应该将它分类到哪个品种比较合适。至此，通过使用训练完毕的神经网络，就可以对花卉品种进行如上所述的判定。

小　结

本章我们首先对深度学习中所存在的问题及相应的解决方案进行了讲解。然后，尝试了对深度学习程序代码的构建，并使用深度神经网络对鸢尾花的特征进行了学习。最后，使用这个训练完毕的神经网络对鸢尾花的品种分类问题进行了实际的测试。

另外，虽然在学习过程中出现了过拟合现象，但是通过运用 AdaGrad 算法和 Dropout 机制等方法的组合，使这一问题得到了改善。

虽然，这次我们所构建的神经网络在深度学习中只能算是非常简单的实现，不过学习的过程几乎不需要花费时间，因此可以很方便地进行反复的练习和实验。通常，用“玩”的心态去学习，会让我们在不知不觉中使自身的水平得到快速提升，因此请大家一定要多玩玩深度学习这个有趣的游戏。

第7章

卷积神经网络（CNN）

卷积神经网络（Convolutional Neural Network，CNN）是以人类的视觉系统为模型设计而成的，在图像识别领域中得到了广泛应用。本章我们将在对卷积神经网络的原理进行讲解的基础上尝试从最基础的部分开始编程实现卷积神经网络模型。

7.1 卷积神经网络（CNN）概要

卷积神经网络（以下简称 CNN）是一种擅长模拟人类视觉对图像进行识别的网络模型。图 7.1 所示是 CNN 的应用示例，CNN 经常被用于解决将图像作为输入数据的分类问题。在图 7.1 中，网络输出层的各个神经元对应不同的动物，网络的输出值表示输出神经元对应动物的概率。

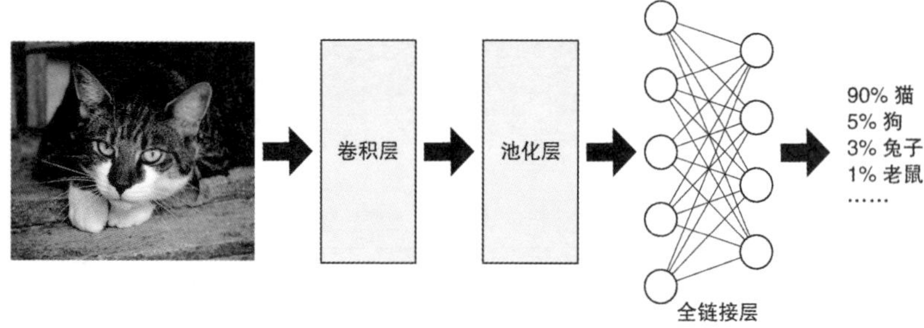

图 7.1　使用卷积神经网络（CNN）进行图像识别

在 CNN 网络中，卷积层、池化层、全连接层等名词会陆续出现。

例如，将猫的照片输入学习完毕的 CNN 网络中，会得到类似 90% 是猫、5% 是狗、3% 是兔子、1% 是老鼠等描述照片中的物体可能是哪种物体的概率最高的输出数据。

为了实现对图像进行兼具灵活性和高精度的识别，在 CNN 网络中采用一些在普通神经网络中所不具备的网络结构。其中，卷积层是负责对输出结果只受部分输入数据影响的需要对局部性特征进行强调处理的网络层，而池化层则是负责实现对需要识别对象的位置进行灵活对应的机制。

下面就来学习一下视觉原理和 CNN 的结构。

7.1.1 视觉的原理

由于 CNN 是以生物的视觉机制作为模型设计而成的，因此下面首先对生物视觉机制的结构进行讲解。人类对视觉信息进行处理的主要路径如图 7.2 所示。

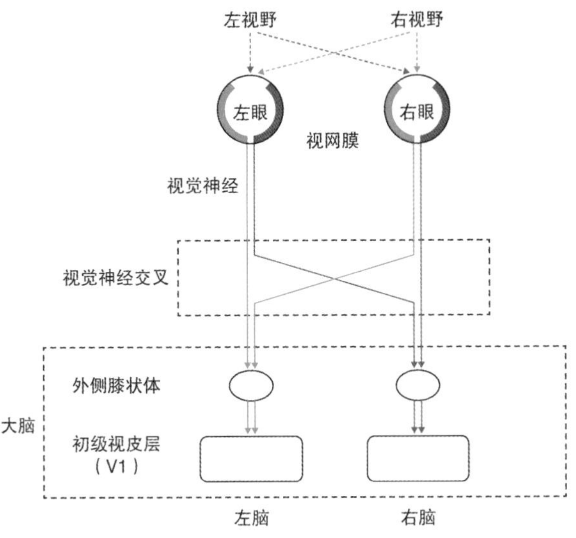

图 7.2　人类对视觉信息进行处理的主要路径

人的左右眼球中有一层视网膜，它与视觉神经连接。在左右两眼中，左侧的视网膜负责捕捉右视野中的信息，而右侧的视网膜则负责捕捉左视野中的信息。然后，在与视网膜相连的视觉神经中间进行了交叉，左视野中的信息被传递给右脑，而右视野中的信息则被传递给左脑。

来自左右视野的信息分别经过外侧膝状体（大脑的丘脑的一部分）的处理之后，被传递给位于大脑皮层最后面的初级视觉皮层（V1）。经过初级视觉皮层处理后的信息分别通过背侧皮层视觉通路和腹侧皮层视觉通路进行处理。

视网膜中负责将光信号的刺激转换为电子信号的细胞被称为感光细胞。感光细胞又分为负责在亮处工作的视锥细胞和负责在暗处工作的视杆细胞两种。单个眼球中包含大约 500 万个视锥细胞，但是位于视觉神经中的神经纤维约有 150 万根。由 500 万个视锥细胞接收的信息被传递给 150 万根神经纤维，这说明在视网膜中对视觉信息进行了压缩。

外侧膝状体通常被认为是对进入眼睛的信息进行分离处理的区域。

初级视觉皮层是被研究得比较多的大脑区域。通常认为，在初级视觉皮层中存在着约 1.4 亿个神经细胞，负责对视觉相关的信息进行处理。这些神经细胞具有表现选择性的行为特点，当视网膜的特定位置上接收到特定的图案时，这些细胞就会产生兴奋，而其他时候则不会产生兴奋。这些细胞又分为单纯型细胞和复杂型细胞两类，两者的性质也有差异。

视觉神经系统的每个细胞都具有一个感受野。所谓感受野，是指每个神经细胞所对应的视野范围，对于神经细胞而言就相当于一扇对外开放的小窗口。单个的单纯型细胞只拥有对应视网膜中极为有限范围内非常狭窄的感受野，但是由于感受野中存在着数量众多的细胞，每个细胞所掌握的视野范围综合在一起就形成了对整体视野的把握。

单纯型细胞是负责对具有特定倾斜角度的光线明暗边界线进行识别的细胞，对对象位置变化的反应较为敏感。而复杂型细胞则对对象位置变化的反应较为迟钝，只要被识别的对象仍然位于其感受野中，就会相应地产生兴奋。单纯型细胞就相当于卷积神经网络中的卷积层的神经元，而复杂型神经细胞则相当于池化层中的神经元。关于 CNN 的卷积层和池化层的内容我们将在稍后进行讲解。

被认为是 CNN 技术起源的神经认知机（Neocognitron）就是将这种视觉原理作为模型的图像识别系统。此后，对其进行进一步开发，加入了反向传播机制的 LeNet 被普遍认为是 CNN 技术的先驱。

地球的生物是在距今约 5.4 亿年前的寒武纪中，完成了寒武纪生命大爆发的进化。研究者普遍认为，导致这种激进式进化的原因之一就是眼睛的出现。对于捕食者而言，即使猎物的位置发生了若干变化也依然具有对其进行准确定位的能力，这在自然淘汰中是保持优势地位的有利条件。而对于被捕食者盯上的动物而言，只有能对危险的对手进行正确的识别才能采取有利于自身的行动。

寒武纪之后，眼睛的进化已经达到了极致，对于绝大多数生物而言，这是非常重要的。而眼睛正是从外部提取有价值的信息，对周围的状况进行把握，寻找食物和同伴，躲避天敌的攻击，确保自身生存所需的最为实用的生物信息系统。特别是对人类而言，从高度发达的眼睛所接收的信息在人脑所接收的所有信息中占据了绝大部分的比例。

CNN 相当于人工智能的眼睛，随着 CNN 技术的发展，在今后的人工智能世界中出现类似寒武纪大爆发的现象也未可知。

7.1.2 CNN 的结构

接下来我们对 CNN 的结构进行概要性的讲解，如图 7.3 所示。CNN 是由多个网络层组成的，这一点与之前介绍的神经网络是相同的。

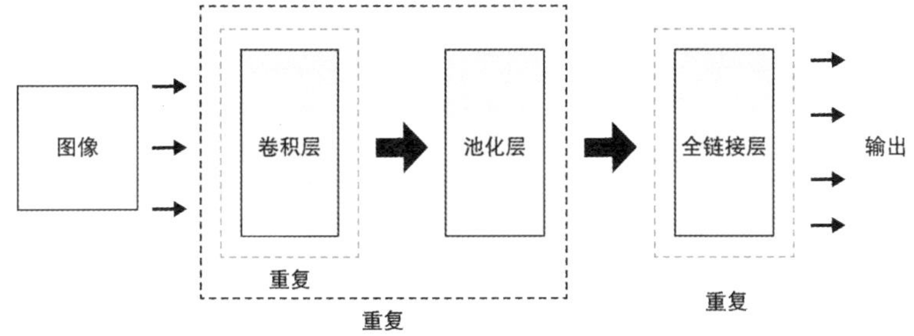

图 7.3 CNN 的结构

在 CNN 中，网络层分为卷积层、池化层和全连接层三种。图像最初是被输入到卷积层中，之后又经过多个卷积层和池化层的处理，最后连接到全连接层。也可能在多个全连接层中，位于最后的全连接层将作为输出层。

在卷积层中，输入的图像被传递给多个过滤器进行处理。经过过滤器的处理之后，输入的图像就被转换成多个用于表示输入图像特征的图片。然后，池化层在保持不损失这些图像特征的前提下缩小图像尺寸。全连接层则与神经网络的网络层一样，网络层之间的所有神经元都连接在一起。

全连接层与普通神经网络中所使用的网络层是完全相同的。

在接下来的内容中，我们将对这些网络层逐一进行详细的讲解。此外，我们还将对所谓的填充机制、步长的概念以及 CNN 的学习方法等内容进行讲解。

7.1.3 卷积层

卷积（Convolution）是在图像处理应用中非常流行的一种运算。通过对图像进行卷积运算，可以对图像的某个特征进行选择性地增强或减弱。在卷积层中运用卷积运算可以将输入图像转换成具有更突出特征的图像。

此外，图像的性质中还存在局部性。局部性是指各个像素点与其附近的像素点之间具有较强的关联性。例如，某些邻近的像素点具有类似颜色的可能性会比较高，而且由多个像素点所形成的区域也可能是构成物体轮廓的边界。卷积层就是利用这些图像的局部性对图像的特征进行检测。

在卷积层中使用多个过滤器对输入图像的特征进行侦测，不同的过滤器所提取出来的图像特征也不同。在卷积层中使用过滤器对输入图像进行卷积处理的示例如图 7.4 所示，图中每个像素的值都用数字表示，这个值对应的是该像素点的颜色。

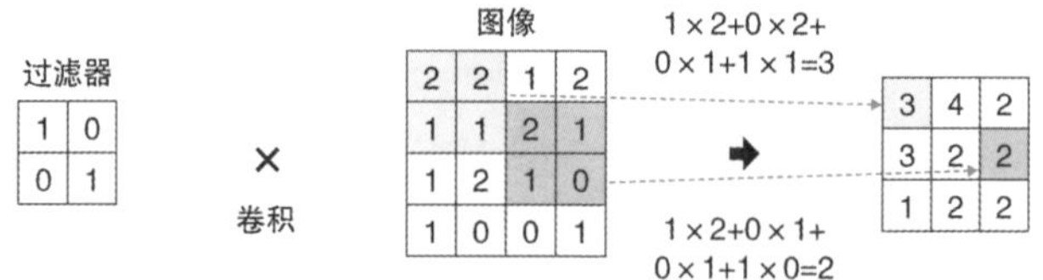

图 7.4　卷积处理

在图 7.4 中，为了便于理解，所使用的输入图像是 4×4 像素大小，过滤器的数量为 1 个，过滤器的尺寸为 2×2。卷积运算是将过滤器移动到输入图像的不同位置上，并在过滤器所覆盖的像素点的值之间进行乘法运算。然后将相乘的结果根据过滤器的位置进行相加，并将结果作为新的像素的值。最终得到一个 3×3 大小的新图像。

经过卷积运算产生的图像要比原有图像的尺寸小。在上面的示例中，4×4 的输入图像经过 2×2 的过滤器处理后，产生的图像大小是 3×3。如果输入图像的大小是 3×3，经过 2×2 的过滤器处理之后得到的图像大小则是 2×2；如果输入图像的大小是 5×5，经过 2×2 的过滤器处理之后得到的图像大小则是 4×4。

通过改变过滤器的内容，能将图像中的各种不同特征提取出来并转换为图像。对实际照片进行卷积处理的示例如图 7.5 所示。

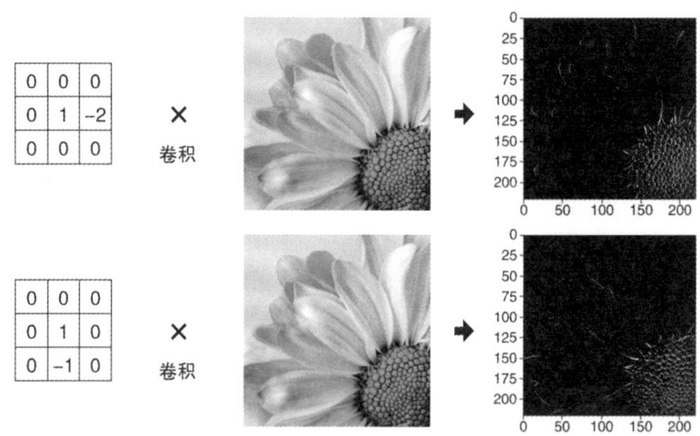

图 7.5　使用卷积进行轮廓检测

在图 7.5 中，上部是对垂直方向的轮廓进行检测的例子，下部是对水平方向的轮廓进行检测的例子。利用这种方法可以对通过各个过滤器提取出的不同特征进行检测。

在一般的图像数据中，每个像素点都包含 RGB 三种颜色。这幅图像的张数通常称为通道数。单色图像的通道数为 1，之前介绍的“卷积处理”的图片就是一个单色图像的例子。实际应用中的 CNN 通常使用多个过滤器对包含多个通道的图像进行卷积处理，如图 7.6 所示。

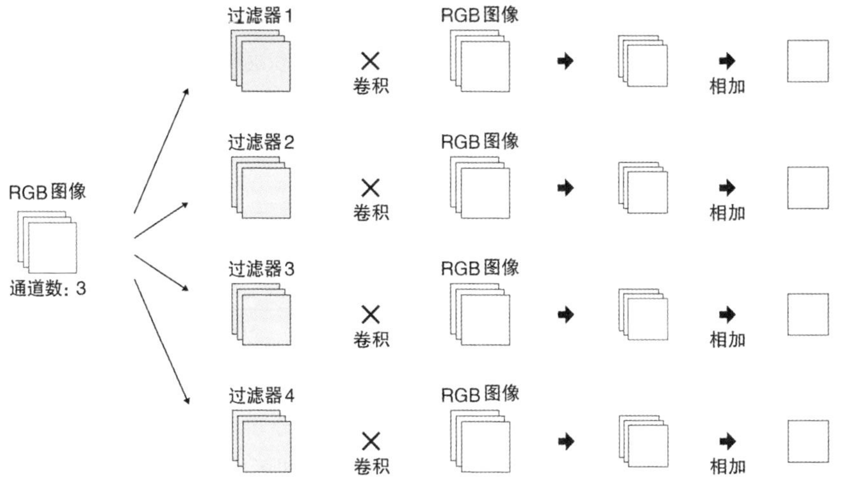

图 7.6　对 RGB 图像进行卷积

在图 7.6 中，通道数为 3 个，过滤器的数量为 4 个，其中每个过滤器都拥有与输入图像相同数量的通道。例如，如果输入的图像数据是 RGB 格式，那么每个过滤器中都必须有三个对应的通道。在各个过滤器中，每个通道分别进行卷积后就会产生三幅图像，然后再将这些图像中的每个像素点相加，最终输出的是一幅图像。每个过滤器分别处理的结果所生成的图像的张数与过滤器的总数量是相同的。

接下来，将通过卷积处理生成的图像中的每个像素与偏置相加，再交由激励函数进行处理。这部分内容与截止前一章中所接触过的神经元是相同的。此外，每个过滤器对应的偏置所取的值的数量为一个。也就是说，过滤器的数量与偏置的数量是相同的，如图 7.7 所示。

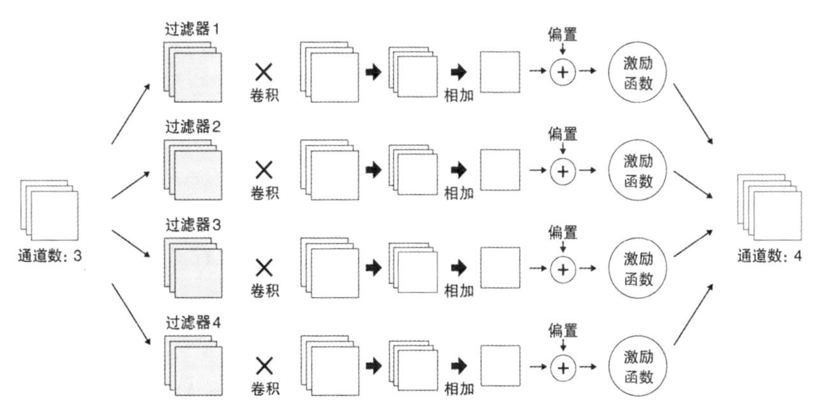

图 7.7　卷积层的整体结构

在图 7.7 中，卷积层输入的是通道数为 3 的图像，输出的是通道数为 4 的图像。由于进行了卷积处理，每张图像的尺寸都被缩小了。卷积层所输出的图像会被作为池化层、全连接层或者其他卷积层的输入数据使用。

图 7.8 所示是卷积层与全连接层的结构比较。

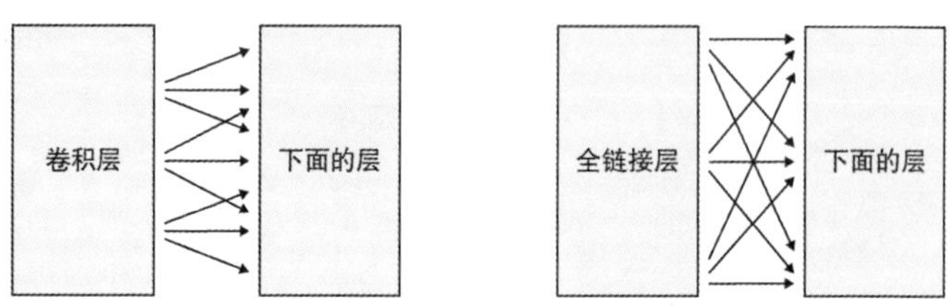

图 7.8　卷积层与全连接层的结构对比

由于卷积层是以过滤器为单位对输入数据进行处理的，因此相较于全连接层，其网络层之间的连接是局部性的。就如同视觉神经中的视觉皮层一样，卷积层使用的是一种非常适合用于捕获局部性特征的网络结构。而使用过滤器处理的图像区域，则相当于初级视觉皮层中的单纯型细胞的感受野。

7.1.4　池化层

池化层通常都被设置在与卷积层相连的下一层。池化层负责将图像的各个区域进行划分，并将各个区域的代表特征抽取出来，重新排列组合成一幅新的图像。这种处理被称为池化（Pooling），如图 7.9 所示。

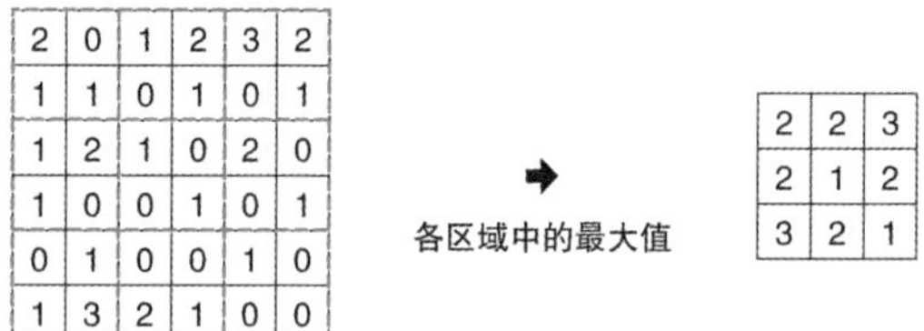

图 7.9　池化的例子

在图 7.9 中，每个区域的最大值被作为代表此区域的值。这种池化的方法被称为最大池化。此外，也有使用整个区域的平均值的池化方式，这种池化则被称为平均池化。不过，在 CNN 模型中大多使用的是最大池化，因此，在本书后续内容中所提到的池化，除无特别注明外均指最大池化。

从图 7.9 中可以看到，经过池化处理的图像尺寸被缩小了。例如，对图像中 8 × 8 像素的 2 × 2 区域进行池化处理，得到的图像尺寸就是 4 × 4 像素大小。

池化实际上就是对图像的模糊处理，因此对象位置的敏感度就降低了。这样一来，即使对象的位置发生了些许变化，所得到的结果也是相同的。池化层就相当于初级视觉皮层中的复杂型细胞，对画面中物体的位置变化不敏感，或者说具有稳健性。此外，经过池化处理的图像尺寸也被压缩了，因此对降低网络整体的运算量也有帮助。

池化层对图像划分的区域是固定的，没有需要用于学习的参数，因此也不需要进行学习。此外，也不会对图像的通道进行合并或者分流处理，因此输入的通道数与输出的通道数是相同的。

7.1.5 全连接层

全连接层（Fully Connected Layer）是指普通的神经网络中所使用的网络层。全连接层通常都被设置在经过卷积层和池化层多次叠加之后的位置上，负责对经过卷积层和池化层提取出来的特征量进行运算处理，并输出结果。

全连接层与全连接层之间的连接，与普通的神经网络中的神经层是一样的，每个神经元都与相邻网络层的全部神经元连接在一起。卷积层和池化层的输出被传递到全连接层的输入时，图像被转换成平坦的向量。例如，输出的图像高为 H，宽为 W，通道数为 F，全连接层的输入就是一个大小为 $H \times W \times F$ 的向量。进行反向传播时，该 $H \times W \times F$ 的向量又被恢复为高度为 H，宽度为 W，通道数为 F 的图像。

7.1.6 填充

在卷积层和池化层中，将输入的图像中的像素包围在中心进行设置的处理手法被称为填充（Padding），如图 7.10 所示。

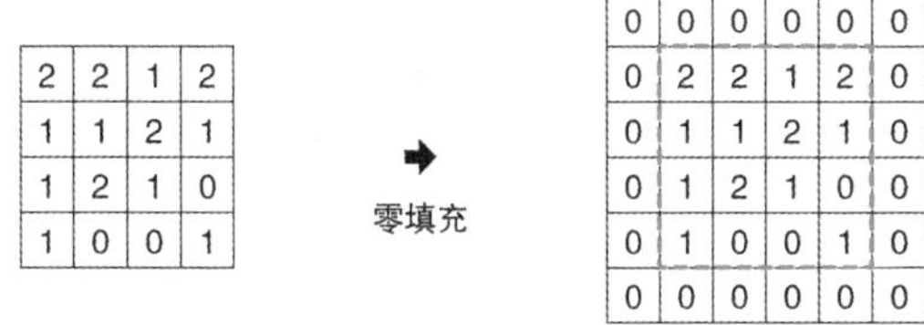

图 7.10 填充的示例

从图 7.10 中可以看到，图像的周围被设置成了值为 0 的像素点，这种填充方式被称为零填充。当然，也可以使用其他的填充方式，但是在 CNN 网络中使用得最多的就是零填充。

经过填充处理后，图像尺寸就变大了。例如，如果对 3×3 的图像进行宽度为 1 的零填充处理，得到的图像就被一层 0 像素所包围，图像的尺寸变成了 5×5。如果对 8×8 大小的图像进行宽度为 2 的填充处理，得到的图像尺寸就是 12×12。

经过卷积层和池化层处理的图像尺寸会缩小，如果经过多层卷积层和池化层处理，最终的图像大小就会被缩小到 1×1。因此，填充处理的目的之一就是确保经过卷积处理的图像大小能保持不变，如图 7.11 所示。

图 7.11　使用填充确保图像尺寸不变

从图 7.11 中可以看出，虚线框里是原有的图像，经过填充后再进行卷积处理得到的图像尺寸没有发生变化。

此外，卷积运算的特性决定了对图像边缘的卷积运算次数比较少，而经过填充后的图像的边缘数据能够更多地参与卷积运算，因此进行填充能够更多地获取图像边缘的特征。

7.1.7　步长

在卷积运算中，步长（Stride）是指过滤器每次移动的间隔距离。到目前为止的示例中，所使用的步长都是 1，在某些场合中步长也可能被设为 2 以上，如图 7.12 所示。

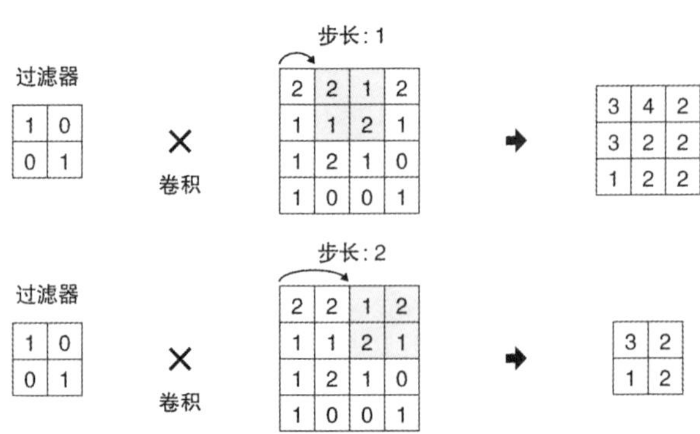

图 7.12　步长为 1 的情况（上）与步长为 2 的情况（下）

如果步长设置较大，过滤器每次移动的距离就会变大，因此最后生成的图像的尺寸就会变小。所以，对于尺寸特别大的图像可以通过修改步长大小对其进行缩小处理，但是这样可能会导致一部分图像特征丢失。为了防止图像特征的丢失，通常将步长设置为 1 是比较好的选择。

如果输入图像的尺寸为$I_h \times I_w$，过滤器的尺寸为$F_h \times F_w$，填充的幅度为 D，步长大小为 S，则得到的输出图像的高度O_h和宽度O_w可用如下公式进行计算。

$$O_h = \frac{I_h - F_h + 2D}{S} + 1$$

$$O_w = \frac{I_w - F_w + 2D}{S} + 1$$

7.1.8 CNN 的学习

CNN 网络与普通的神经网络相同，都是使用反向传播进行学习的。

在卷积层中是通过学习来实现过滤器的最优化的。具体的方式是根据传播来的输出数据与正确答案之间的误差，对组成过滤器的各个值的梯度进行计算，然后对过滤器的值进行更新。对于偏差也是使用同样的方法进行更新。而误差会通过卷积层继续被传递到更上层的网络层中。

在池化层中是不进行学习处理的。不过，误差还是可以通过池化层被继续传递给位于更上层的网络层。

全连接层则与普通神经网络的网络层使用相同的方法对误差进行传播。对上述内容进行总结，如表 7.1 所示。

表 7.1　各个网络层的学习

网络层	误差的传播	参与学习的参数
卷积层	是	过滤器、偏置
池化层	是	无
全连接层	是	权重、偏置

具体到卷积层的学习和池化层的误差传播的算法的话，就稍微有些难以理解了。详细情况将在后面进行讲解。

7.1.9 变量一览表

在卷积层、池化层上所进行的处理都有点复杂，在讲解的过程中会用到一些变量。在本章中对各个神经层进行说明时所用到的变量如表 7.2 所示。

表 7.2　变量名一览表

变量名	说　明	变量名	说　明
B	批次的大小	C	输入图像的通道数
I_h	输入图像的高度	I_w	输入图像的宽度
M	过滤器的数量	F_h	过滤器的高度
F_w	过滤器的宽度	O_h	输出图像的高度
O_w	输出图像的宽度	P	池化区域的大小

7.2　im2col 与 col2im

在本节中，为了让卷积层与池化层的实现代码比较简洁，并且保持较快的代码执行速度，将引入 im2col 和 col2im 两种算法。im2col（image to columns）算法可以将用于表示图像的四维数组转换为矩阵，而 col2im（columns to image）则可以将矩阵转换为用于表示图像的四维数组。

7.2.1　im2col 与 col2im 概要

接下来，以卷积层为例子，对 im2col 和 col2im 的使用进行讲解。如果不考虑批次和通道，输入卷积层的图像可以用一个很简单的矩阵表示，如图 7.13 所示。

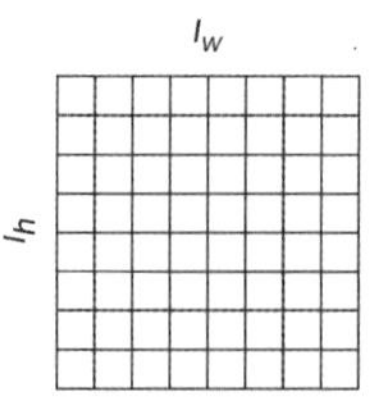

图 7.13　输入卷积层的图像

然而，在实际应用中必须要对批次学习、小批次学习等学习方式提供支持，而且需要能够处理包含多个通道的 RGB 格式的图像。包含批次和多通道的输入图像如

图 7.14 所示。

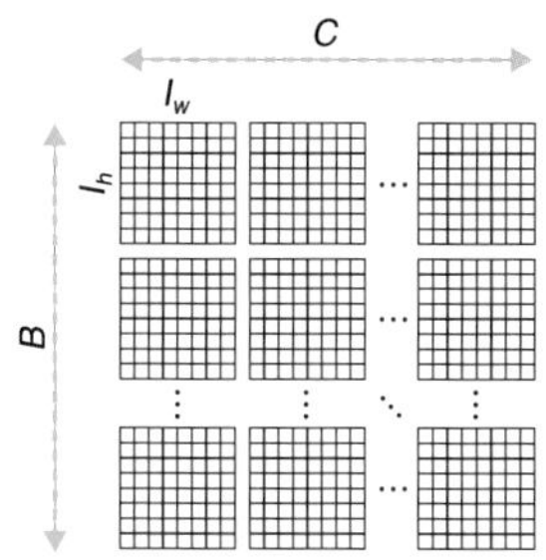

图 7.14　输入卷积层的图像中包含批次处理和多通道

如图 7.14 所示，输入的图像是一个四维数组，也就是四阶的张量，产生的输出图像也是相同的格式。

此外，还需要使用多个过滤器，每个过滤器的通道数量与输入图像的通道数量是相同的。过滤器的整体示意图如图 7.15 所示。

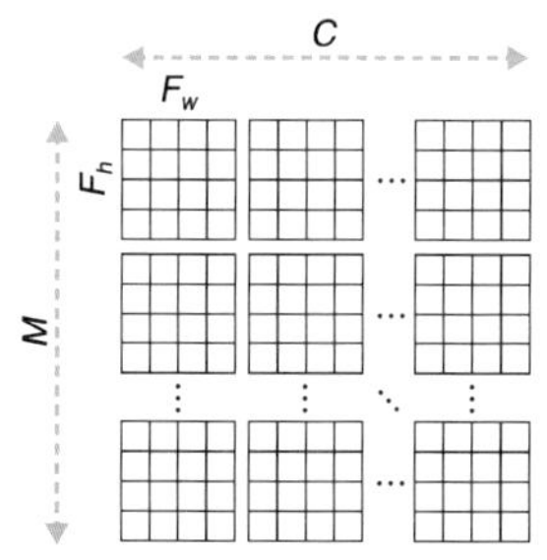

图 7.15　过滤器的整体示意图

过滤器也与输入图像类似，是一个四维的数组，也就是四阶张量。

由此可知，在编程实现卷积层时，需要考虑存在很多复杂元素的情形，因此必须实现对多层重叠在一起的多维数组的处理。

如果使用 for 语句编写的循环来处理多维数组，就会编写出多层嵌套循环处理的代码，整个程序代码就会变得非常复杂。尽管 NumPy 可以对矩阵运算进行高速化的执行，但是用于执行循环的代码会消耗更多的执行时间。

因此需要尽可能地避免使用循环，保持代码的简洁性，这就需要用到 im2col 和 col2im 算法。im2col 可以将用于表示图像的四维数组转换成矩阵，而 col2im 则可以将矩阵还原成用于表示图像的四维数组。使用 im2col 和 col2im 算法进行变换的示意图如图 7.16 所示。

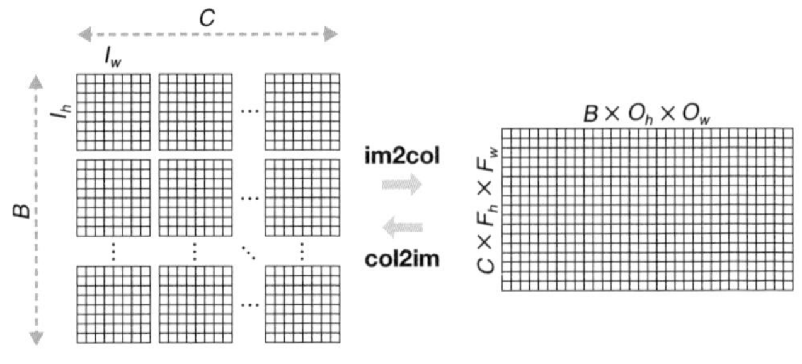

图 7.16　使用 im2col 和 col2im 进行变换的示意图

在进行正向传播时使用 im2col，在进行反向传播时则使用 col2im，通过使用这两个算法可以最大限度地降低对耗费执行时间的循环语句的使用，将主要的运算统一集中到一个矩阵中进行。实际上 im2col 和 col2im 也同样可以运用到池化层的实现中，在后面的小节中将会进行更详细的讲解。

接下来，我们将对 im2col 和 col2im 算法相关的知识进行详细的讲解。

7.2.2　im2col 的算法

卷积运算可以通过使用矩阵乘法运算来编写成比较简洁的代码实现。要做到这一点，需要将输入图像的形状变换为适合矩阵运算的形状，这个时候就需要用到 im2col 算法。而且，在池化层中对输入图像的各个区域中的最大值进行提取时，也可以使用 im2col 算法。由于 im2col 兼具简洁性和高效的执行速度，在深度学习的专用软件库 Chainer 和 Caffe 中也可以使用。

从本质上讲，im2col 是将图像中的长方形区域转换成矩阵的列的一种算法，其示意图如图 7.17 所示。

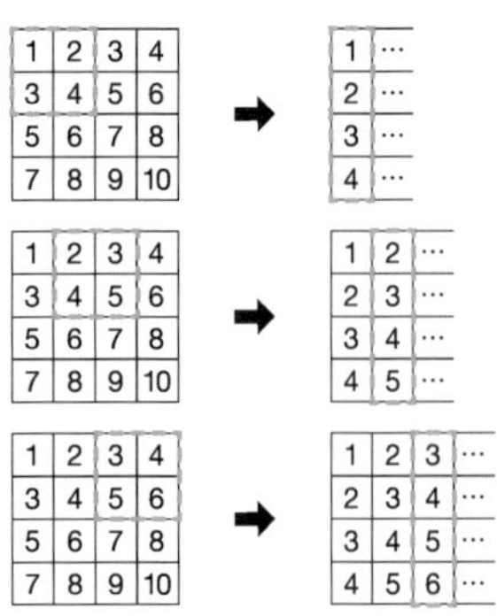

图 7.17　im2col 算法

从图 7.17 中可以看到，图像中的区域是从左上方向右侧滑动，区域中的元素被转换成矩阵的一个列。当区域的范围到达图像最右边时，就被往下移动一格，然后继续从左向右滑动。经过上述的变换，图像被转换成如图 7.18 所示的矩阵。

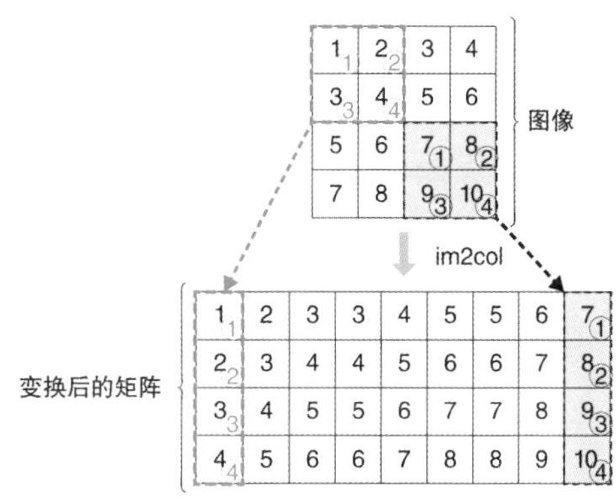

图 7.18 使用 im2col 进行变换

由于所选区域滑动的范围是重叠的，因此最后得到的矩阵的元素数量要比原图像中的像素数量更多。

在卷积运算中使用 im2col 时，过滤器是在输入图像上相互重叠的区域之间滑动的。此时，所产生矩阵的列数就是过滤器所重叠的位置的数量，与输出图像的像素数量O_hO_w相等。而矩阵的行数则与过滤器的像素总数F_hF_w相等。因此，如果不考虑批次和通道，使用 im2col 所生成的矩阵的形状（O_hO_w, F_hF_w）如图 7.19 所示。

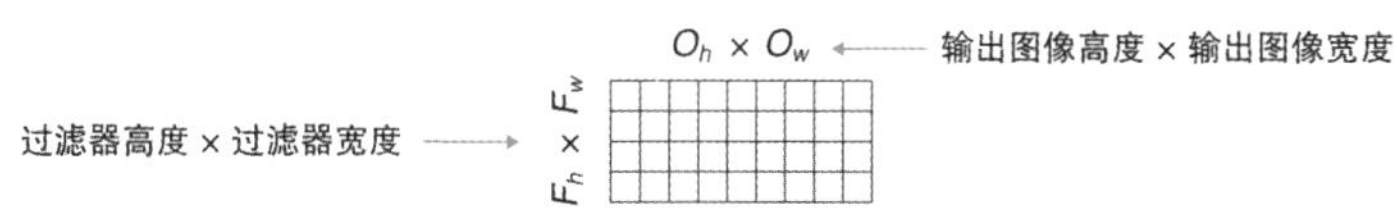

图 7.19 使用 im2col 生成的矩阵

接下来继续考虑输入图像需要对应批次和通道时的处理。由于过滤器的数量与通道数是一致的，而输出的数量则与批次的大小相同，如果通道数为 C、批次尺寸为 B，使用 im2col 所得到的矩阵的形状就是（CF_hF_w, BO_hO_w）。使用 im2col 生成包含批次和通道的矩阵如图 7.20 所示。

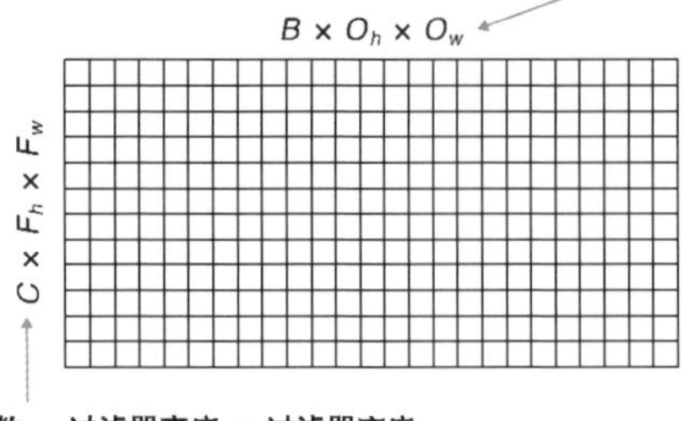

图 7.20　使用 im2col 生成包含批次和通道的矩阵

由此可见，使用 im2col 算法，即使对于包含批次和多通道的情况，也可以使用单一的矩阵对输入的图像进行表示。

为了对这个矩阵与过滤器进行矩阵乘法运算，需要将多个过滤器集中转换到同一个矩阵中，如图 7.21 所示。

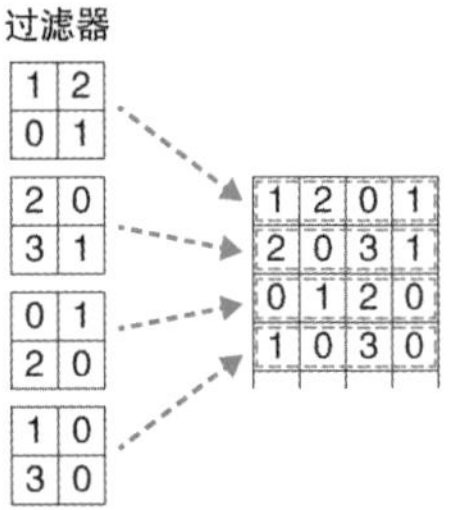

图 7.21　将多个过滤器集中转换到同一个矩阵中

如果再加上通道，就可以将所有过滤器都集中存放到同一个矩阵中，如图 7.22 所示。

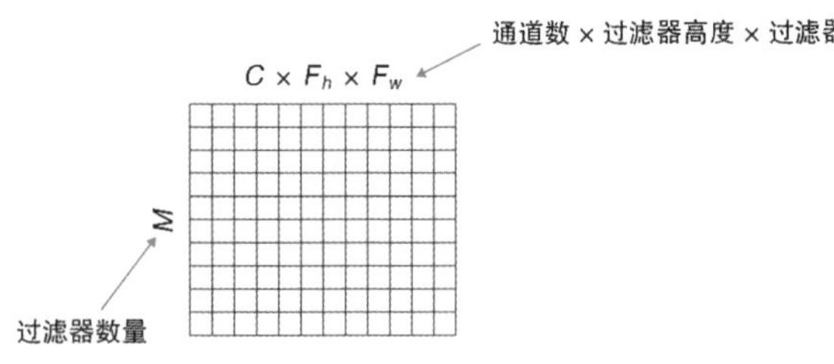

图 7.22　包含全部过滤器的矩阵

过滤器可能存在有多个，如果过滤器的数量为 M，矩阵的形状就为（M, CF_hF_w）。这个矩阵的列数 CF_hF_w 与由输入图像所生成的矩阵的行数 CF_hF_w 是一致的，可以对二者进行矩阵乘法运算。通过这个矩阵乘法运算可以一次性地完成对图像卷积的计算，如图 7.23 所示。

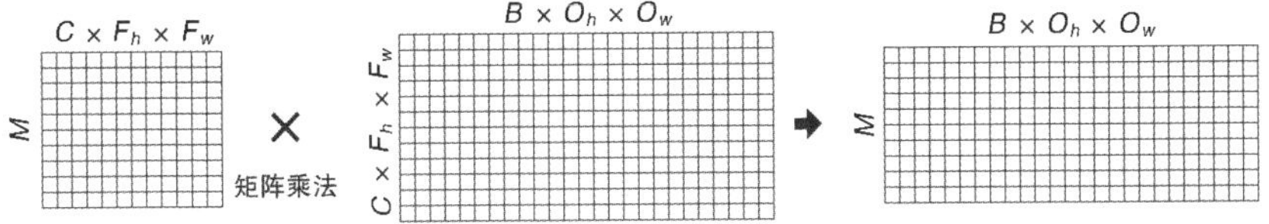

图 7.23　使用矩阵乘法进行卷积

在图 7.23 中，乘号前面的矩阵中各个行对应的是各个过滤器，而乘号后面的矩阵中各个列对应的则是这些过滤器所覆盖的区域。经过矩阵乘法运算后得到的矩阵的形状是（M，BO_hO_w），再将其转换为（B, M, O_h, O_w），得到卷积层输出数据的形状。

7.2.3　im2col 的实现——简单的 im2col

接下来使用 Python 语言来编程实现 im2col 算法。由于 im2col 的实现代码的逻辑比较复杂，理解这段代码有困难的读者可以跳过这部分内容的学习。因为，只要理解了 im2col 函数的基本概念，直接使用已经编写好的 im2col 代码也是可以的。如果想深入理解其中的实现原理，可以继续阅读下面的内容。

首先，只考虑不需要支持多通道和批次的情形下的实现。当然，也可以认为此时的通道数为 1，批次尺寸也为 1。不进行填充处理，步长设置为 1。这种情况下，im2col 的代码如下。

im2col 函数的定义

```
import numpy as np

def im2col(image, flt_h, flt_w, out_h, out_w):

    img_h, img_w = image.shape                    # 输入图像的高度和宽度

    # 生成的矩阵的尺寸
    cols = np.zeros((flt_h*flt_w, out_h*out_w))

    for h in range(out_h):
        h_lim = h + flt_h
        for w in range(out_w):
            w_lim = w + flt_w
            cols[:, h*out_w+w] = img[h:h_lim, w:w_lim].reshape(-1)

    return cols
```

这个函数需要使用输入图像、过滤器的高度与宽度、输出图像的高度与宽度等参数。

通过 for 语句根据输出图像的高度和宽度进行循环处理，对输入图像中的大小为过滤器尺寸的区域进行切片。然后，使用 reshape(-1) 将滑动的区域进行平坦化处理，并存入最后生成的矩阵 cols 的列中。上述代码中的 h*out_w+w 是矩阵 cols 列的索引。

接下来，我们尝试调用这个函数。下面的代码将生成一个 4×4 像素大小的图像，并交给 im2col 函数进行处理。

使用 im2col 函数

```
img = np.array([[1, 2, 3, 4],
                [5, 6, 7, 8],
                [9, 10,11,12],
                [13,14,15,16]])
cols = im2col(img, 2, 2, 3, 3)
print(cols)
```

```
[[ 1.  2.  3.  5.   6.   7.   9.  10.  11.]
 [ 2.  3.  4.  6.   7.   8.  10.  11.  12.]
 [ 5.  6.  7.  9.  10.  11.  13.  14.  15.]
 [ 6.  7.  8.  10. 11.  12.  14.  15.  16.]]
```

上述是过滤器尺寸为 2 时函数 im2col 执行的结果，所生成的矩阵的各个列对应着过滤器的每个区域中的各个像素的值。

但是，上述的代码也存在一个明显的问题。需要执行 out_hXout_w 次的循环，这就相当于需要对与输出图像的像素总数相同数量的 NumPy 数组进行访问。因此，当输出图像的尺寸特别大时，代码的执行速度则会非常慢，这是由 NumPy 的特性所决定的。

因此，需要尽可能地降低对 NumPy 数组的访问次数。对上述代码也可以做出如下改进。

改进 im2col 函数

```
import numpy as np

def im2col(image, flt_h, flt_w, out_h, out_w):
```

```
img_h, img_w = image.shape
cols = np.zeros((flt_h, flt_w, out_h, out_w))

for h in range(flt_h):
    h_lim = h + out_h
    for w in range(flt_w):
        w_lim = w + out_w
        cols[h, w, :, :] = img[h:h_lim, w:w_lim]

cols = cols.reshape(flt_h*flt_w, out_h*out_w)

return cols
```

上述这段代码的执行结果与之前相同，但是循环次数变为了 flt_hXflt_w 这一点是不同的。由于过滤器的尺寸比输出图像的尺寸小得多，这样做可以有效地降低执行循环处理的次数。

刚开始设置的数组 cols 形状是(F_h, F_w, O_h, O_w)的四维数组。关于各个变量的定义，请参考本书后面的变量一览表。变量 cols 中保存的是，使用如下代码以过滤器的像素为单位所划分的输入图像的区域切片。

```
cols[h, w, :, :] = img[h:h_lim, w:w_lim]
```

对其使用如下代码进行 reshape 处理

```
cols = cols.reshape(flt_h*flt_w, out_h*out_w)
```

就变成(F_hF_w, O_hO_w)形状的数组。这样一来，不仅循环的次数减少了，执行所得到的结果也与之前的代码完全相同。

接下来，基于这段代码，继续构建能够支持批次、通道、填充、步长等处理的代码。

7.2.4 im2col 的实现——im2col 的实用化

接下来我们将在实现了 im2col 对批次和多通道支持的基础上，继续实现对填充和补充的处理。当输入图像的批次尺寸大于 2 且包含多个通道时，im2col 的实现代码如下。参数 images 对批次和多通道提供了支持。

支持批次和多通道的 im2col 函数

```
def im2col(images, flt_h, flt_w, out_h, out_w):

    # 批次尺寸，通道数，输入图像的高度和宽度
    n_bt, n_ch, img_h, img_w = images.shape

    cols = np.zeros((n_bt, n_ch, flt_h, flt_w, out_h, out_w))

    for h in range(flt_h):
        h_lim = h + out_h
        for w in range(flt_w):
            w_lim = w + out_w
            cols[:, :, h, w, :, :] = images[:, :, h:h_lim, w:w_lim]

    cols = cols.transpose(1, 2, 3, 0, 4, 5).reshape(n_ch*flt_h*flt_w, n_bt*out_h*out_w)
    return cols
```

刚开始数组 cols 被设置为(B,C,F_h,F_w,O_h,O_w)形状的六维数组（六阶张量）。对于这种张量形状的表达，我们在第 3 章中进行了讲解。

这个六维数组中存入的是，使用如下代码对以过滤器的像素为单位所分配的 images 的区域进行切片的结果。这里的切片包含了对多个通道和批次的处理。

```
cols[:, :, h, w, :, :] = images[:, :, h:h_lim, w:w_lim]
```

然后，对这个数组使用 transpose(1,2,3,0,4,5) 进行坐标轴切换得到(C,F_h,F_w,B,O_h,O_w)。再使用 reshape 方法，将其变为(CF_hF_w,BO_hO_w)的矩阵。这样一来，就可以使用图 7.23“使用矩阵乘法进行卷积”展示的矩阵运算对其进行处理了。

如果还需要考虑对填充和步长处理的支持，可以使用下面的 im2col 代码。函数所使用的参数中增加了 stride 和 padding 的宽度两个变量。

支持填充与步长处理的 im2col 函数

```
def im2col(images, flt_h, flt_w, out_h, out_w, stride, pad):

    n_bt, n_ch, img_h, img_w = images.shape

    img_pad = np.pad(images, [(0,0), (0,0), (pad, pad), (pad, pad)], "constant")
    cols = np.zeros((n_bt, n_ch, flt_h, flt_w, out_h, out_w))

    for h in range(flt_h):
```

```
        h_lim = h + stride*out_h
        for w in range(flt_w):
            w_lim = w + stride*out_w
            cols[:, :, h, w, :, :] = img_pad[:, :, h:h_lim:stride, w:w_lim:stride]

    cols = cols.transpose(1, 2, 3, 0, 4, 5).reshape(n_ch*flt_h*flt_w, n_bt*out_h*out_w)
    return cols
```

代码中使用了 NumPy 的 pad 函数来实现对图像的填充。其中，pad 指定的是填充的幅度。数组 images 中存入的是以批次和通道为单位的图像。

```
img_pad = np.pad(images, [(0,0), (0,0), (pad, pad), (pad, pad)],"constant")
```

执行这行代码后，就得到了在输入图像的上、下、左、右都插入了 0 的新数组。最后的参数指定为 constant，表示使用固定的值进行插入，如果不指定额外的参数，就使用缺省值 0 进行插入。

对于步长的处理是在下面的代码中实现的。

```
for h in range(flt_h):
    h_lim = h + stride*out_h
    for w in range(flt_w):
        w_lim = w + stride*out_w
        cols[:, :, h, w, :, :] = img_pad[:, :, h:h_lim:stride, w:w_lim:stride]
```

stride 指定的是步长的幅度。过滤器每次跳过 stride 大的间隔进行卷积计算，因此从 img_pad 中切片的区域设置为 stride 倍大，切片的间隔也设置为 stride 大小。

为了使用上述的 im2col 函数，将执行如下代码。

↓ im2col 函数的执行

```
img = np.array([[1, 2, 3, 4],
                [5, 6, 7, 8],
                [9, 10,11,12],
                [13,14,15,16]])
cols = im2col(img, 2, 2, 3, 3, 1, 0)
print(cols)

..................................................................................

[[ 1.  2.  3.  5.  6.  7 .  9. 10. 11.]
 [ 2.  3.  4.  6.  7.  8. 10. 11. 12.]
 [ 5.  6.  7.  9. 10. 11. 13. 14. 15.]
 [ 6.  7.  8. 10. 11. 12. 14. 15. 16.]]
```

img 是一个四维数组，批次尺寸为 1，通道数为 1。其中，im2col 函数使用的参数包括输入图像、过滤器的高度和宽度、输出图像的高度和宽度、步长的幅度、填充的幅度。所使用的条件与实现了对批次和多通道支持之前的实现相同，因此执行的结果也与之前的代码相同。

至此，我们就完成了可以用于实际应用的 im2col 函数的编程实现。

7.2.5 col2im 的算法

col2im 实现的是 im2col 的逆处理，是将矩阵转换为图像的算法，在卷积层和池化层的反向传播中会使用到。col2im 算法示意图如图 7.24 所示。

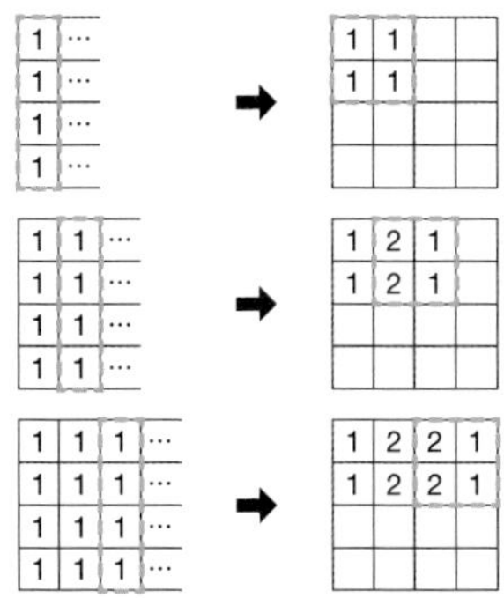

图 7.24 col2im 算法示意图

将矩阵的每一列恢复到过滤器所覆盖的区域中，并在转换时对重复的位置进行求和处理。对矩阵中所有的列进行这一处理的执行结果如图 7.25 所示，可以实现将矩阵转换为图像。

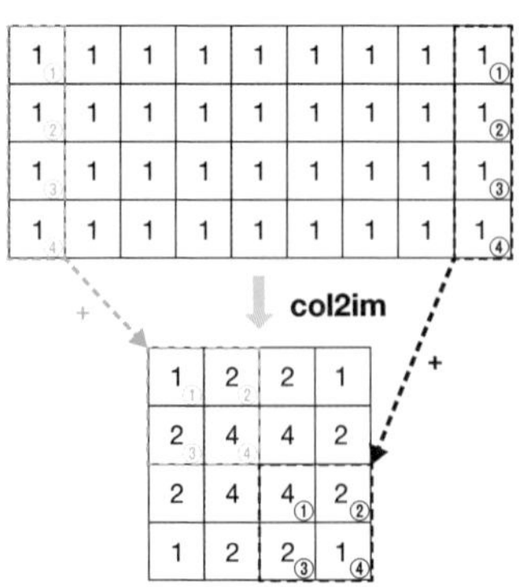

图 7.25 使用 col2im 进行转换的示例

由于过滤器所经过的区域有重叠的部分，因此得到的图像的像素总数要比矩阵的元素的总数小。而且，对位于图像边缘的像素的加法运算次数也相应地减少了。

如果还要考虑批次和多通道的问题，使用 col2im 进行处理前矩阵的形状如下：

$$\left(CF_hF_w, BO_hO_w\right)$$

然后，将此矩阵按照图 7.26 展示的方式转换成图像。转换后得到的图像是与输入图像相同形状的四阶张量（四维数组）。

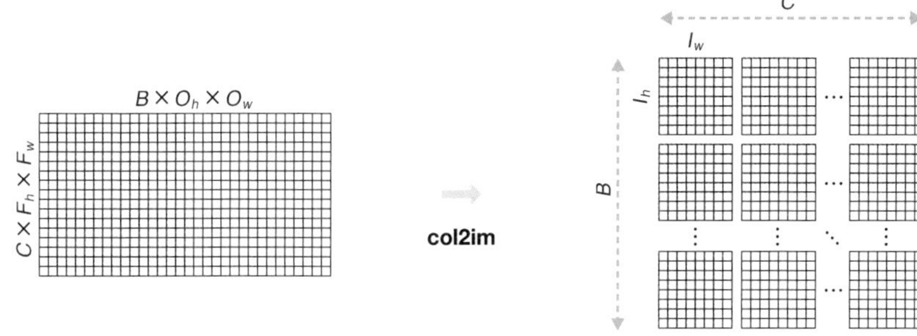

图 7.26 使用 col2im 进行转换（支持批次和多通道）

7.2.6 col2im 的实现

接下来对 col2im 的编程实现进行讲解。col2im 的实现代码与 im2col 类似，也使用了较难理解的编程逻辑。对 col2im 函数的内部实现机制感兴趣的读者可以继续阅读接下来的内容。

使用 col2im 可以将矩阵转换为如下的四维数组的形状，这一形状与输入图像的形状是一样的。

$$\left(B, C, I_h, I_w\right)$$

col2im 的实现代码如下。

col2im 函数的定义

```
def col2im(cols, img_shape, flt_h, flt_w, out_h, out_w, stride, pad):

    n_bt, n_ch, img_h, img_w = img_shape

    cols = cols.reshape(n_ch, flt_h, flt_w, n_bt, out_h, out_w).transpose(3, 0, 1, 2, 4, 5)
    images = np.zeros((n_bt, n_ch, img_h+2*pad+stride-1, img_w+2*pad+stride-1))
```

```
    for h in range(flt_h):
        h_lim = h + stride*out_h
        for w in range(flt_w):
            w_lim = w + stride*out_w
            images[:, :, h:h_lim:stride, w:w_lim:stride] += cols[:, :, h, w, :, :]

    return images[:, :, pad:img_h+pad, pad:img_w+pad]
```

作为参数指定的矩阵 cols 的形状如下：

$$(CF_hF_w, BO_hO_w)$$

然后，在如下代码所在的地方将其分解为六维的数组，并对坐标轴进行切换。

```
cols = cols.reshape(n_ch, flt_h, flt_w, n_bt, out_h,
                    out_w).transpose(3, 0, 1, 2, 4, 5)
```

经过上述代码的处理，得到的数组的形状如下：

$$(B, C, F_h, F_w, O_h, O_w)$$

接下来是使用下面的代码创建用于保存转换后的图像的四维数组。这段代码中增加了填充部分的高度和宽度，考虑到可能出现步长值无法除尽图像尺寸的情况，还增加了 stride−1 的高度和宽度。

```
images = np.zeros((n_bt, n_ch, img_h+2*pad+stride−1,
                   img_w+2*pad+stride−1))
```

然后，在下面的代码中将 cols 中过滤器所对应的区域保存到 images 变量中。

```
images[:, :, h:h_lim:stride, w:w_lim:stride] += cols[:, :, h, w, :, :]
```

最后，使用切片将填充的部分去掉就得到了转换完毕的图像。

```
return images[:, :, pad:img_h+pad, pad:img_w+pad]
```

接下来尝试执行 col2im 的实现代码。下面的代码是将一个 4×4 大小的全部元素都为 1 的矩阵 cols 转换为图像。转换后的图像的形状在 img_shape 变量中设置，其中批次尺寸和通道数量设置为 1，高度和宽度设置为 3。此外，传递给 col2im 函数的参数包括 cols、img_shape、过滤器的高度（2）、宽度（2）、输出图像的高度（2）、宽度（2）、步长幅度（1）、填充幅度（0）。

↓ col2im 函数的执行

```
cols = np.ones((4, 4))
img_shape = (1, 1, 3, 3)
images = col2im(cols, img_shape, 2, 2, 2, 2, 1, 0)
print(images)
```

```
[[[[ 1.  2.  1.]
   [ 2.  4.  2.]
   [ 1.  2.  1.]]]]
```

上述将批次尺寸和通道数都设置为 1，经过 col2im 函数的处理后矩阵形状被变换为(B,C,I_h,I_w)。

此外，图像的中心部分由于进行加法运算的次数比较多，最终得到的值也比较大。

由于可以很方便地将矩阵转换为图像的形状，因此 col2im 函数在卷积层的反向传播中经常会使用到。

7.3 卷积层的编程实现

本节我们将对卷积层具体的实现方法进行讲解。在对卷积层进行了概要性的介绍后，再进一步对正向传播、反向传播的实现方法结合实际的代码进行讲解。

7.3.1 编程实现的概要

卷积层中具体的数据处理流程如图 7.27 所示。与普通的神经网络类似，正向传播是将输出数据的梯度传递给下一层网络层，而反向传播是将输入数据的梯度传递给下一层网络层。

图 7.27 中上方是正向传播的流程。其中，cols 是经过 im2col 变换得到的矩阵，然后通过这个 cols 与过滤器的矩阵乘积进行卷积处理，并将加上偏置后经过激励函数处理产生的结果作为输出数据。

正向传播的处理相对比较简单，而图 7.27 中下方的反向传播的处理流程则要稍微复杂一些。使用激励函数对从下层网络传播回来的输出的梯度进行微分得到的结果作为δ，偏置的梯度就变成δ。过滤器的梯度则可以通过δ与 cols 的矩阵乘法运算得到。然后，δ与过滤器的矩阵乘积作为 cols 的形状，再经过 col2im 处理就被恢复成图像形状的数组，最后这个数组就被作为输入的梯度。在使用δ对过滤器、权重和输入的梯度进行求解这一点上，与普通的神经网络是非常相似的。

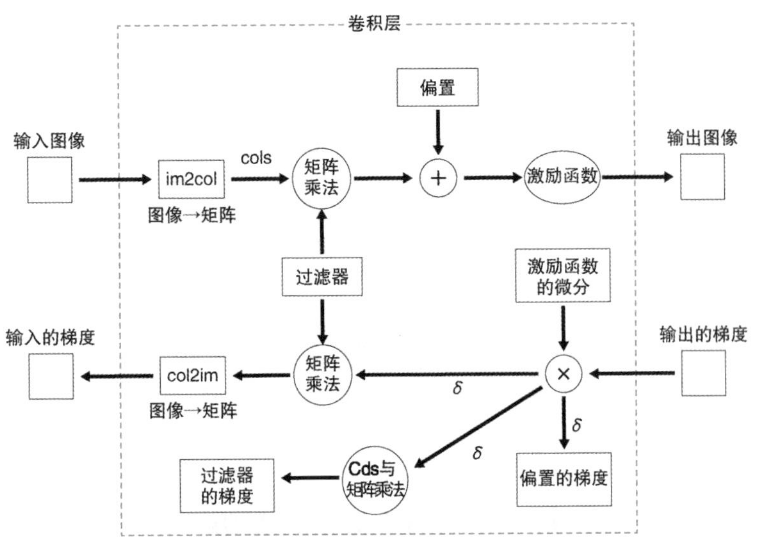

图 7.27　卷积层中具体的数据处理流程

使用如下的类来对卷积层进行定义。

ConvLayer 类的构造函数

```
class ConvLayer:

  # x_ch:输入的通道数量, x_h:输入图像高度, x_w:输入图像宽度
  # n_flt:过滤器数量, flt_h:过滤器高度, flt_w:过滤器宽度
  # stride:步长的幅度, pad:填充的幅度

  def __init__(self, x_ch, x_h, x_w, n_flt, flt_h, flt_w, stride, pad):

      # 将参数集中保存
      self.params = ( x_ch, x_h, x_w, n_flt, flt_h, flt_w, stride, pad)

      # 过滤器和偏置的初始值
      self.w = wb_width * np.random.randn( n_flt, x_ch, flt_h, flt_w)
```

```
        self.b = wb_width * np.random.randn(1, n_flt)

        # 输出图像的尺寸
        self.y_ch = n_flt                                    # 输出的通道数量
        self.y_h = (x_h – flt_h + 2*pad) // stride + 1       # 输出的高度
        self.y_w = (x_w – flt_w + 2*pad) // stride + 1       # 输出的宽度
    ...
```

在构造器（__init__ 方法）中，对不需要进行变更或从外部进行访问的参数全部集中保存到 self.params 属性中，并对过滤器（self.w）和偏置（b）进行初始化设置。另外，为了允许从外部对输出图像的通道数、高度、宽度等信息进行访问，在 self 中添加了相应的属性。

接下来，在这个类中对实现正向传播和反向传播的类方法进行编写。

7.3.2 正向传播

卷积层中所使用的正向传播处理可以用下面的公式表示，其中 f 是激励函数。

cols = im2col(输入数据)

输出数据 = f(过滤器与 cols 的矩阵乘积 + 偏置)

一般的神经网络是通过下面的公式进行正向传播处理的，这与卷积神经网络非常相似。

输出数据 = f(输入数据与权重的矩阵乘积 + 偏置)

图 7.28 所示是从图 7.27 中单独提出来的正向传播处理流程图。

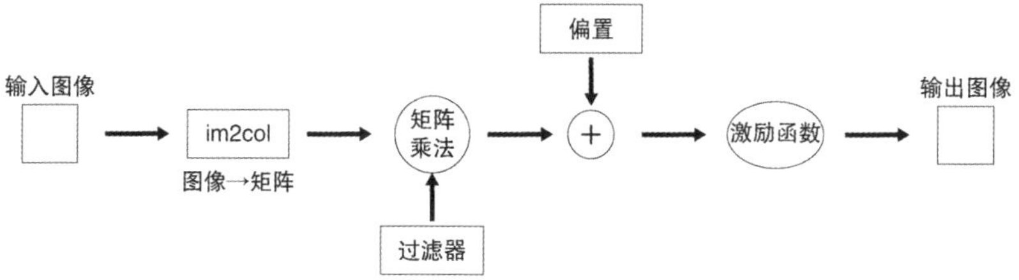

图 7.28 卷积层中的正向传播

接下来，根据图 7.28，按照如下流程对正向传播的处理进行编程实现。

(1) 使用 im2col 将输入的图像转换成矩阵。

(2) 将多个过滤器转换到同一个矩阵中。

(3) 对表示输入图像的矩阵和表示过滤器的矩阵进行矩阵乘法运算。

(4)与偏置相加。

(5)调整最终输出的张量形状。

(6)使用激励函数进行处理。

接下来我们一起看一下正向传播的类方法的实现。

正向传播的类方法

```
def forward(self, x):
    n_bt = x.shape[0]
    x_ch, x_h, x_w, n_flt, flt_h, flt_w, stride, pad = self.params
    y_ch, y_h, y_w = self.y_ch, self.y_h, self.y_w

    # 将输入图像和过滤器转换成矩阵
    self.cols = im2col(x, flt_h, flt_w, y_h, y_w, stride, pad)
    self.w_col = self.w.reshape(n_flt, x_ch*flt_h*flt_w)

    # 输出的计算：矩阵乘法、与偏置相加、激励函数
    u = np.dot(self.w_col, self.cols).T + self.b
    self.u = u.reshape(n_bt, y_h, y_w, y_ch).transpose( 0, 3, 1, 2)
    self.y = np.where(self.u <= 0, 0, self.u)
```

带有 self 的变量是可以与其他类方法共享的实例变量。作为参数进行接收的输入图像 x 具有如下形状。关于各个函数所代表的意义，请参考第 7.1.9 小节中的变量一览表。

$$(B,C,I_h,I_w)$$

另外，过滤器 self.w 具有如下形状。

$$(M,C,F_h,F_w)$$

在这个类方法的内部，首先使用 im2col 将输入图像转换成矩阵。

```
self.cols = im2col(x, flt_h, flt_w, y_h, y_w, stride, pad)
```

经过 im2col 处理后，矩阵 self.cols 的形状就变成了如下形式。

$$(CF_hF_w,BO_hO_w)$$

关于为何矩阵的形状会变成上述形式，请参考前一节中对 im2col 函数的讲解部分。然后，过滤器是通过下面的代码变换成矩阵的。变量 self.w 是过滤器，self.w_col 是从过滤器转换而成的矩阵。

```
self.w_col = self.w.reshape(n_flt, x_ch*flt_h*flt_w)
```

这个矩阵 self.w_col 的形状如下：

$$(M, CF_hF_w)$$

如下代码使用 NumPy 的 dot 函数对 self.w_col 和 self.cols 进行矩阵乘法计算。

```
u = np.dot(self.w_col, self.cols).T + self.b
```

矩阵乘法的结果是如下形状的矩阵。

$$(M, BO_hO_w)$$

为了让这个矩阵与偏置的列数相符，首先对其进行坐标轴转置，然后再与偏置相加。接下来，再使用 reshape 和 transpose 方法对输出的形状进行调整。

```
self.u = u.reshape(n_bt, y_h, y_w, y_ch).transpose(0, 3, 1, 2)
```

通过上述语句的执行，self.u 形状就变成下面的形式。

$$(B, M, O_h, O_w)$$

上述的过滤器数量 M 也可以看作是输出图像的通道数。因此，与输入图像类似，输出数据也可以对批次和多通道处理提供支持。最后，使用激励函数对 self.u 变量进行处理，并输出正向传播的处理结果。激励函数中使用的是 ReLU 函数。

```
self.y = np.where(self.u <= 0, 0, self.u)
```

以上就是正向传播处理的编程实现。如果将过滤器看作权重，就与一般的神经网络的网络层之间的正向传播机制几乎是一样的。

7.3.3 反向传播

卷积层中的反向传播处理就是，接收下层网络的输入数据的梯度（这个层的输出数据的梯度），并对过滤器的梯度、偏置的梯度、该网络层的输入数据的梯度（上层网络的输出数据的梯度）进行求解。然后，将这个网络层的输入数据的梯度传播给上层网络。与一般的神经网络不同的是，其中求取的是过滤器的梯度而不是权重。

在第 5 章中，我们使用的是下面的公式对中间层的各个梯度进行计算的。

$$\delta_j = \frac{\partial E}{\partial u_j} = \partial y_j \frac{\partial y_j}{\partial u_j}$$

$$\partial \omega_{ij} = y_i \delta_j$$

$$\partial b_j = \delta_j$$

$$\partial y_i = \sum_{q=1}^{m} \delta_q \omega_{iq}$$

与此类似，卷积层也需要对每个梯度进行计算。在卷积层中，通过图 7.29 所示的方式对各个梯度进行求解。

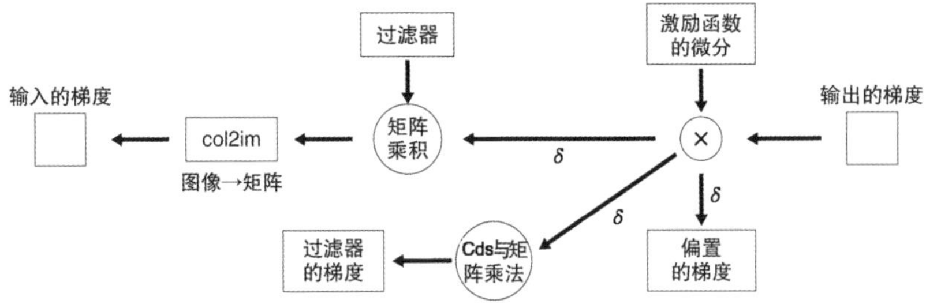

图 7.29　卷积层中的反向传播

在反向传播处理中，需要使用在正向传播中所用的过滤器，以及在进行正向传播处理时使用 im2col 生成的 cols 变量。根据图 7.29，将对卷积层中反向传播按照如下流程进行编程实现。

（1）delta = 输出的梯度 × 激励函数的微分。

（2）过滤器的梯度 = cols 与 delta 的矩阵乘积。

（3）偏置的梯度 = delta。

（4）cols 的梯度 = delta 与过滤器的矩阵乘积。

（5）输入的梯度 = col2im(cols 的梯度)。

接下来我们一起看一下反向传播的类方法的实现代码。

反向传播的类方法

```
def backward(self, grad_y):
    n_bt = grad_y.shape[0]
    x_ch, x_h, x_w, n_flt, flt_h, flt_w, stride, pad = self.params
    y_ch, y_h, y_w = self.y_ch, self.y_h, self.y_w
```

```
# delta
delta = grad_y * np.where(self.u <= 0, 0, 1)
delta = delta.transpose(0,2,3,1).reshape(n_bt*y_h*y_w, y_ch)

# 过滤器与偏置的梯度
grad_w = np.dot(self.cols, delta)
self.grad_w = grad_w.T.reshape(n_flt, x_ch, flt_h, flt_w)
self.grad_b = np.sum(delta, axis=0)

# 输入的梯度
grad_cols = np.dot(delta, self.w_col)
x_shape = (n_bt, x_ch, x_h, x_w)
self.grad_x = col2im(grad_cols.T, x_shape, flt_h, flt_w, y_h, y_w, stride, pad)
```

在这个类方法中，接收的参数是输出的梯度（下层网络的输入的梯度）。输出的梯度 grad_y 变量与输出具有如下所示的相同形状。

$$\left(B, M, O_h, O_w\right)$$

然后，将其与激励函数的微分形式相乘得到 delta。这里使用的是 ReLU 的微分形式。

```
delta = grad_y * np.where(self.u <= 0, 0, 1)
```

在此基础上，再使用 transpose 和 reshape 对 delta 矩阵进行转换。

```
delta = delta.transpose(0,2,3,1).reshape(n_bt*y_h*y_w, y_ch)
```

这样，delta 就变成了具有如下形状的矩阵。

$$\left(BO_hO_w, M\right)$$

矩阵的列就能够与过滤器对应上了。

接下来，对过滤器和偏置的梯度进行求解。为了计算过滤器的梯度，首先对 self.cols 和 delta 进行矩阵乘法运算。

```
grad_w = np.dot(self.cols, delta)
```

矩阵乘法的计算结果 grad_w 变量具有如下形状。

$$\left(CF_hF_w, M\right)$$

对这个 grad_w 进行坐标轴转置后，再使用 reshape 将其转换成符合过滤器形状的矩阵，这样就可以对过滤器的梯度 self.grad_w 进行计算了。

```
self.grad_w = grad_w.T.reshape(n_flt, x_ch, flt_h, flt_w)
```

变量 self.grad_w 的形状如下所示。它与过滤器的形状是一致的，因此能将其与过滤器进行矩阵运算。

$$(M, C, F_h, F_w)$$

偏置的梯度是通过对 delta 中的每个列（与过滤器对应）进行求和计算得到的。

```
self.grad_b = np.sum(delta, axis=0)
```

最后，对输入的梯度进行求解。为此，先使用 delta 与在进行正向传播处理时求得的 self.w_col 的矩阵乘积对 cols 的梯度进行计算。

```
grad_cols = np.dot(delta, self.w_col)
```

这样一来，grad_cols 就变成了如下的形状。

$$(BO_hO_w, CF_hF_w)$$

对这个矩阵进行转置后，就得到了与 self.cols 的形状相同的矩阵，然后通过 col2im 函数将其转换为图像的形状，并作为输入的梯度 self.grad_x。

```
x_shape = (n_bt, x_ch, x_h, x_w)
self.grad_x = col2im(grad_cols.T, x_shape, flt_h, flt_w, y_h, y_w, stride, pad)
```

self.grad_x 的形状如下所示。由于是输入的梯度，因此与输入图像的形状是一致的。

$$(B, C, I_h, I_w)$$

然后将这个输入的梯度 self.grad_x 传播到上层网络中。

7.4 池化层的编程实现

本节我们将对池化层的具体实现方法进行讲解。在先对其概要进行讲解的基础上，再分别对正向传播和反向传播结合各自的实现代码进行讲解。

7.4.1 编程实现的概要

池化层的输入输出图像与卷积层的输入输出具有相同的形式，也是包含批次和多通道的四阶张量（四维数组）。由于这次要实现的是最大池化处理，因此在正向传播中，将选取图像各个区域中的最大值来生成被缩小的图像。

在实现代码中将使用到 im2col 函数。如图 7.30 所示，使用 im2col 将输入数据转换成矩阵，并通过将过滤器的宽度和步长的幅度设置成相同的值，将图像分割成正方形的区域，这样被划分出来的区域就可以被转换成矩阵的列了。

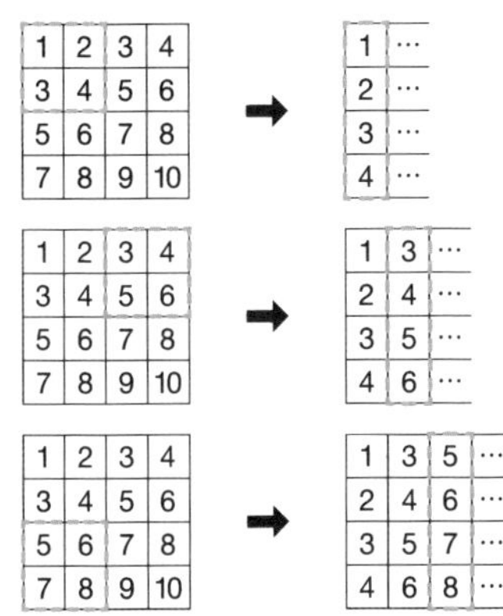

图 7.30　使用 im2col 转换为矩阵

然后，使用转换出来的这个矩阵中每个列的最大值组成新的图像。这样就得到了使用图像中各个区域中最大值所生成的图像，如图 7.31 所示。

图 7.31　最大值的抽取与图像的重构

由于池化处理后像素的总数量减少了，因此产生的图像的尺寸也变小了。在池化层中所进行的处理流程如图 7.32 所示。

其中的反向传播处理是将输入的梯度在网络层之间进行传播，这一点与卷积层和全连接层中的处理是相同的。进行正向传播时，是将 cols 的每个列中的最大值提取出来，同时对每个列的最大值的索引进行单独保存。进行反向传播时，是将输出的梯度放到与 cols 具有相同形状的矩阵中最大值索引的位置上，然后用 col2im 函数将其转换成图像的形状作为输入的梯度。关于反向传播的处理将在稍后进行详细的讲解。

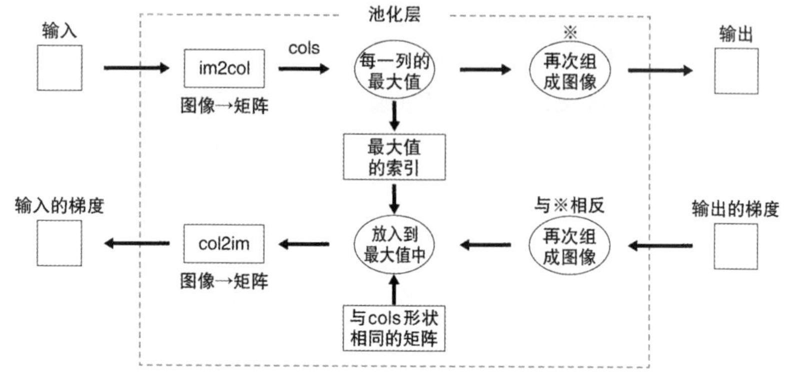

图 7.32　在池化层中所进行的处理流程

池化层是封装为类来实现的，具体代码如下。

池化层的类与构造器

```
class PoolingLayer:

    # x_ch:输入图像的通道数, x_h:输入图像的高度, x_w:输入图像的宽度
    # pool:池化区域的尺寸, pad:填充的幅度

    def __init__(self, x_ch, x_h, x_w, pool, pad):

        # 集中设置参数
        self.params = (x_ch, x_h, x_w, pool, pad)

        self.y_ch = x_ch                                         # 输出的通道数
        self.y_h = x_h//pool if x_h%pool==0 else x_h//pool+1    # 输出的高度
        self.y_w = x_w//pool if x_w%pool==0 else x_w//pool+1    # 输出的宽度
...
```

在构造器中，我们将不需要改动的参数和不需要从外部进行访问的参数集中保存到 self.params 变量中。此外，为了允许从外部对输出图像的通道数、高度、宽度等信息进行访问，将其添加到了 self 的实例变量中。

之后将在这个类中实现正向传播和反向传播的类方法。

7.4.2　正向传播

从图 7.32 中单独提取出来的正向传播处理部分的流程如图 7.33 所示。

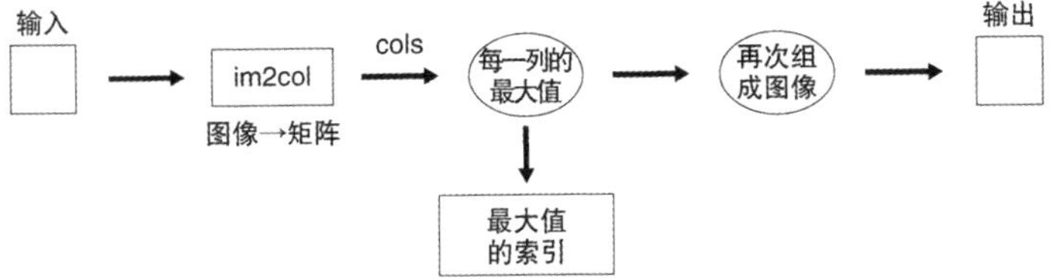

图 7.33　池化层中的正向传播

根据图 7.33，我们将按照下面的流程对正向传播进行编程实现。

(1) 使用 im2col 函数将输入图像转换为矩阵。

(2) 对每个列求取最大值。

(3) 使用求得的最大值对图像进行重构，并将其作为输出数据。

(4) 对每个列中的最大值的索引进行保存。

实现上述流程的类方法的代码如下：

池化层中的正向传播处理的类方法

```
def forward(self, x):
    n_bt = x.shape[0]
    x_ch, x_h, x_w, pool, pad = self.params
    y_ch, y_h, y_w = self.y_ch, self.y_h, self.y_w

    # 将输入图像转换为矩阵
    cols = im2col(x, pool, pool, y_h, y_w, pool, pad)
    cols = cols.T.reshape(n_bt*y_h*y_w*x_ch, pool*pool)

    # 计算输出：最大池化
    y = np.max(cols, axis=1)
    self.y = y.reshape(n_bt, y_h, y_w, x_ch).transpose( 0, 3, 1, 2)

    # 保存最大值的索引
    self.max_index = np.argmax(cols, axis=1)
```

输入图像的格式与卷积层中的相同。首先，使用 im2col 将输入图像转换为矩阵，并将过滤器的宽度和高度、步长的幅度指定为池化区域的大小。这样就将输入图像分割成正方形的区域，并将各个区域分别作为矩阵的各个列。

```
cols = im2col(x, pool, pool, y_h, y_w, pool, pad)
```

矩阵 cols 的形状如下所示。P 是池化区域的大小。

$$(CPP, BO_hO_w)$$

然后，对这个 cols 进行坐标轴转置，并调用 reshape 函数将其转换为方便提取最大值的矩阵形状。

```
cols = cols.T.reshape(n_bt*y_h*y_w*x_ch, pool*pool)
```

执行完上述代码，cols 就变成了如下形状。

$$(BO_hO_wC, PP)$$

接下来，对矩阵 cols 的每一行的最大值进行求取。关于 NumPy 的 max 函数，在第 2 章中已进行了讲解。

```
y = np.max(cols, axis=1)
```

通过上述代码，y 就变成将 cols 降低一个维度后得到如下形状的向量（一维数组）。

$$(BO_hO_wC)$$

对 y 的形状进行调整后，得到作为输出数据的 self.y。

```
self.y = y.reshape(n_bt, y_h, y_w, x_ch).transpose(0, 3, 1, 2)
```

输出数据的形状如下所示。

$$(B,C,O_h,O_w)$$

最后，对每个列的最大值的索引进行保存，方便之后在反向传播中使用。关于 NumPy 的 argmax 函数，我们在第 2 章中进行了讲解。

```
self.max_index = np.argmax(cols, axis=1)
```

self.max_index 与 y 相同，是具有如下形状的向量。

$$(BO_hO_wC)$$

7.4.3 反向传播

在池化层的反向传播处理中，也同样是对输入的梯度进行传播。不过，池化层的反向传播只对每个区域中具有最大值的像素进行误差传播。因此，需要使用正向传播时保存的每个区域中最大值的索引，其中的算法较为复杂。

这个算法，首先是创建一个与在进行正向传播时所取得的各个区域中最大值的索引矩阵具有相同形状的矩阵。然后，将输出的梯度保存在这个矩阵的每个列中相应的最大值的元素内，如图 7.34 所示。

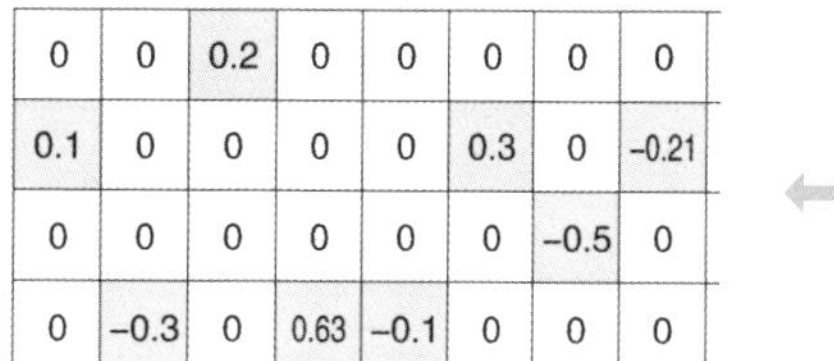

0 0 0.2 0 0 0 0 0
0.1 0 0 0 0 0.3 0 -0.21
0 0 0 0 0 0 -0.5 0
0 -0.3 0 0.63 -0.1 0 0 0

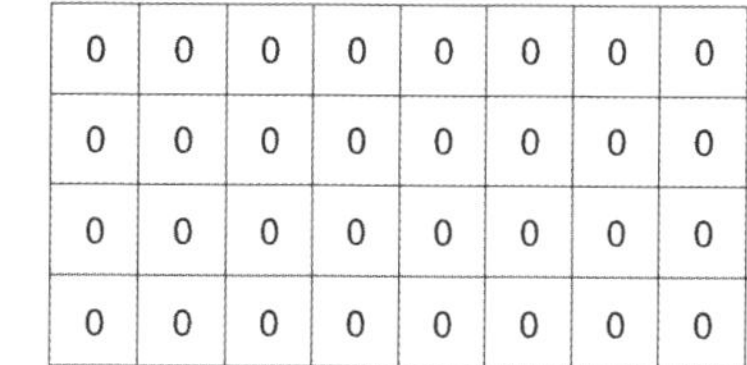

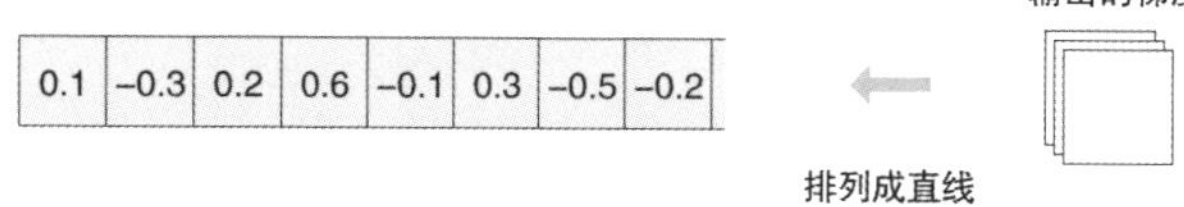

图 7.34　将输出的梯度保存到各列中具有最大值的元素内

将输出的梯度放入各个列中具有最大值的元素内，其余的元素设置为 0。然后，使用 col2im 函数将此矩阵恢复为图像，并作为输入的梯度，其示意图如图 7.35 所示。

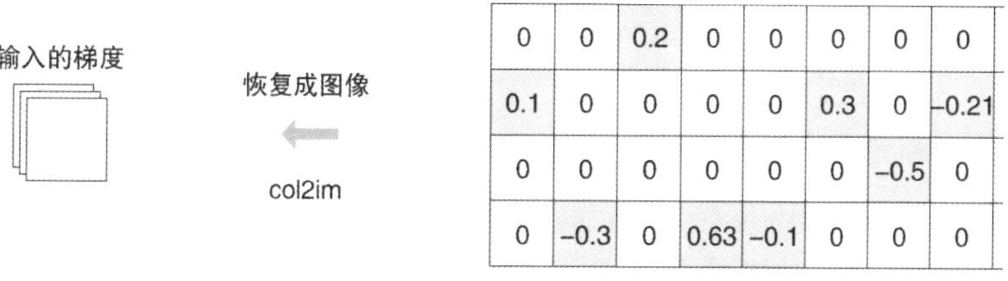

图 7.35　使用 col2im 函数将矩阵恢复为图像示意图

由于在池化层中是不进行学习处理的，因此也就不存在权重和偏置等参数。在反向传播中需要计算的只有输入的梯度。从图 7.32 中单独提取出来的反向传播部分的流程图如图 7.36 所示。

根据图 7.36，按照下面的流程对池化层的反向传播处理进行编程实现。

(1) 将输出的梯度从图像的形状转换为直线的形状。

(2) 创建与 cols 相同尺寸的矩阵。

(3) 将输出的梯度放入这个矩阵的每个列中具有最大值的元素内。

(4) 使用 col2im 函数将矩阵转换为图像的形状，并将其作为输入的梯度。

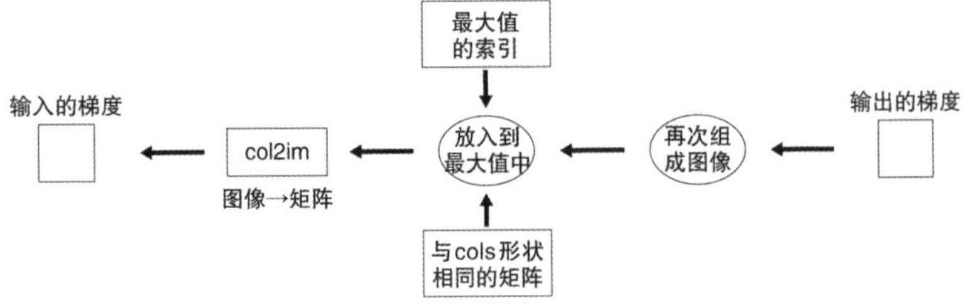

图 7.36　池化层中的反向传播

实现上述流程的类方法的代码如下。

池化层中的反向传播处理的类方法

```
def backward(self, grad_y):
    n_bt = grad_y.shape[0]
    x_ch, x_h, x_w, pool, pad = self.params
    y_ch, y_h, y_w = self.y_ch, self.y_h, self.y_w

     # 切换输出的梯度的坐标轴
    grad_y = grad_y.transpose(0, 2, 3, 1)

     # 创建矩阵
    grad_cols = np.zeros((pool*pool, grad_y.size))
     # 将输出的梯度放入这个矩阵的每个列中具有最大值的元素内
    grad_cols[self.max_index.reshape(-1),
              np.arange(grad_y.size)] = grad_y.reshape(-1)
    grad_cols = grad_cols.reshape( pool, pool, n_bt, y_h, y_w,y_ch)

    grad_cols = grad_cols.transpose(5,0,1,2,3,4)
    grad_cols = grad_cols.reshape( y_ch*pool*pool, n_bt*y_h*y_w)

     # 输入的梯度
    x_shape = (n_bt, x_ch, x_h, x_w)
    self.grad_x = col2im(grad_cols, x_shape, pool, pool, y_h, y_w, pool, pad)
```

作为参数接收到的输出的梯度 grad_y 的形状如下。由于池化层中通道的数量是不变的，将这个网络层的通道数设置为 C。

$$\left(B, C, O_h, O_w\right)$$

使用 transpose 对该坐标轴进行如下转换。

```
grad_y = grad_y.transpose(0, 2, 3, 1)
```

这样一来，grad_y 的形状就变为如下形式。

$$(B, O_h, O_w, C)$$

然后，使用 NumPy 的 zeros 函数创建一个所有元素的值都为 0 的矩阵。这个矩阵就是图 7.34 展示的矩阵。

```
grad_cols = np.zeros((pool*pool, grad_y.size))
```

矩阵 grad_cols 的行数是 pool*pool，也就是池化层的区域中的元素总数。然后，列数是 grad_y.size，也就是 grad_y 中的元素的总数。grad_cols 变量的形状如下：

$$(PP, BO_hO_wC)$$

接下来，将 grad_y 放入该矩阵中。放入的位置是根据进行正向传播处理时所保存的 self.max_index 中的位置来确定的。

```
grad_cols[self.max_index.reshape(-1),
np.arange(grad_y.size)] = grad_y.reshape(-1)
```

在上述代码中，使用 self.max_index.reshape(-1) 指定行的索引值，和使用 np.arange (grad_y.size) 指定从 0 到 grad_y.size-1 范围内的列的索引值。然后根据所指定的索引值，将被 grad_y.reshape(-1) 转换成一维数组的输出的梯度放入对应的位置。对于这种使用两个数组指定索引的方法，在第 2 章的 NumPy 和对元素的访问部分已进行了讲解。

```
grad_cols = grad_cols.reshape(pool, pool, n_bt, y_h, y_w, y_ch)
grad_cols = grad_cols.transpose(5,0,1,2,3,4)
grad_cols = grad_cols.reshape( y_ch*pool*pool, n_bt*y_h*y_w)
```

执行完上述代码后，grad_cols 的形状就变为了如下形式。

$$(P, P, B, O_h, O_w, C)$$

$$(C, P, P, B, O_h, O_w)$$

$$(CPP, BO_hO_w)$$

这样就变成了可以使用 col2im 进行转换的形状。然后，如图 7.35 所示那样，使用 col2im 将其还原为图像，并作为输入的梯度 self.grad_x。

```
x_shape = (n_bt, x_ch, x_h, x_w)
self.grad_x = col2im( grad_cols, x_shape, pool, pool, y_h, y_w, pool, pad)
```

由于在池化层的反向传播中不需要对权重和偏置的梯度进行计算，因此对于反向传播处理的实现至此就完成了。

7.5 全连接层的编程实现

由于全连接层与一般的神经网络中的神经层是完全相同的，因此其实现方法与之前章节中所介绍的方法也是完全相同的。中间层和输出层的代码实现如下：

中间层和输出层

```
# -- 全连接中间层 --
class MiddleLayer(BaseLayer):
  def forward(self, x):
      self.x = x
      self.u = np.dot(x, self.w) + self.b
      self.y = np.where(self.u <= 0, 0, self.u)

  def backward(self, grad_y):
      delta = grad_y * np.where(self.u <= 0, 0, 1)

      self.grad_w = np.dot(self.x.T, delta)
      self.grad_b = np.sum(delta, axis=0)

      self.grad_x = np.dot(delta, self.w.T)

# -- 全连接输出层 --
class OutputLayer(BaseLayer):
  def forward(self, x):
      self.x = x
      u = np.dot(x, self.w) + self.b
      self.y = np.exp(u)/np.sum(np.exp(u), axis=1).reshape(-1, 1)

  def backward(self, t):
      delta = self.y – t

      self.grad_w = np.dot(self.x.T, delta)
      self.grad_b = np.sum(delta, axis=0)

      self.grad_x = np.dot(delta, self.w.T)
```

在上述的示例代码中，中间层的激励函数使用的是 ReLU 函数，输出层的激励函数使用的是 SoftMax 函数。此外，损失函数使用的是交叉熵误差函数。

7.6 卷积神经网络的实践

接下来，使用各个网络层对 CNN 网络进行编程实现。这次将使用 CNN 网络来实现对手写数字的识别。

7.6.1 需要使用的数据集

关于手写文字的数据集，还是跟前一章一样从 scikit-learn 的 datasets 中获取。这个数据集中包含了大量的从 0 到 9 的手写数字的图片。此外，还同时提供了注明这些图像中所表示的数字所对应的正确数值的正确答案数据。

从 scikit-learn 的 datasets 中获取手写文字的数据集，并将图像数据的形状及对最初的图像进行显示的代码如下。

读取手写文字数据集并显示

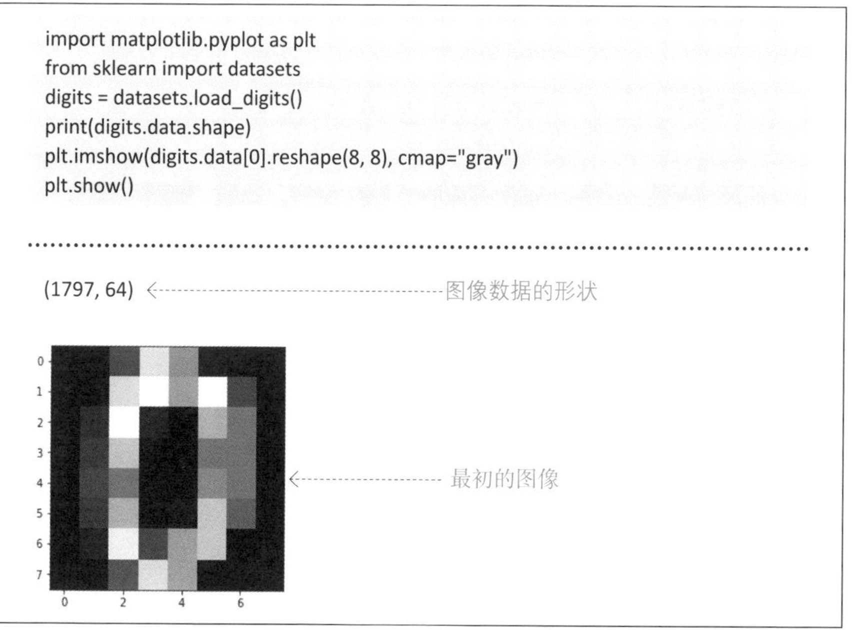

```
import matplotlib.pyplot as plt
from sklearn import datasets
digits = datasets.load_digits()
print(digits.data.shape)
plt.imshow(digits.data[0].reshape(8, 8), cmap="gray")
plt.show()
```


上述代码中，使用 datasets 的 load_digits() 函数对手写文字的图像数据进行读取，并使用 digits.data.shape 获取图像数据的形状。从输出结果可以看出，图像数据将 64 个像素排放在一条直线上，其中共有 1797 个图像。

此外，由于图像的尺寸是 8×8 的像素，因此使用 reshape(8,8) 进行转换后再使用 matplotlib 将其显示出来。可以看出这是 8×8 像素的单色图像，其中画的是 0 这个数字。数据集中共包含 1797 个类似这样的图像。

变量 digits.target 中，提供了各个图像实际所对应的数值。下面的代码展示了 digits.target 的形状以及开头的 50 个数字。

确认 digits.target

```
print(digits.target.shape)
print(digits.target[:50])
```

```
(1797,)
[0 1 2 3 4 5 6 7 8 9 0 1 2 3 4 5 6 7 8 9 0 1 2 3 4 5 6 7 8 9 0 9 5 5 6 5 0 9 8 9 8 4 1 7 7 3 5 1 0 0]
```

从上述代码中可以看到，数值的总数是 1797 个，与对应的图像总数是相同的。此外，还可以看到 digits.target 中包含从 0 到 9 范围内的数字。

接下来，让我们看一下其他的图像。数据集中所包含的 0 到 9 的图像如图 7.37 所示。在每幅图像的上方显示的是其对应的数值。

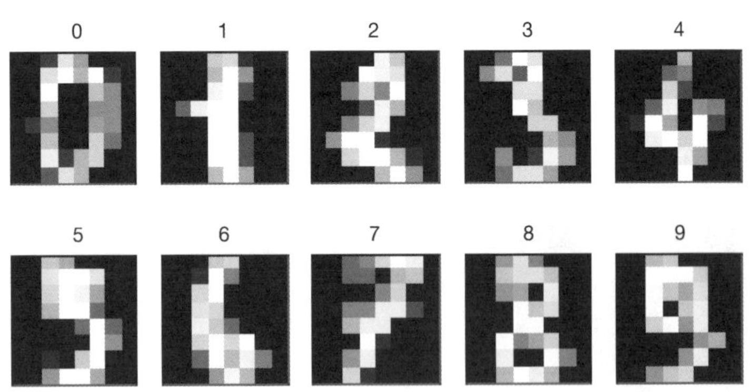

图 7.37　从 0 到 9 的手写数字图像

接下来使用这些图像与数值所组成的集合对 CNN 网络进行训练，实现 CNN 网络对手写数字的识别功能。

7.6.2　构建网络

这次要构建的 CNN 网络的结构如图 7.38 所示。

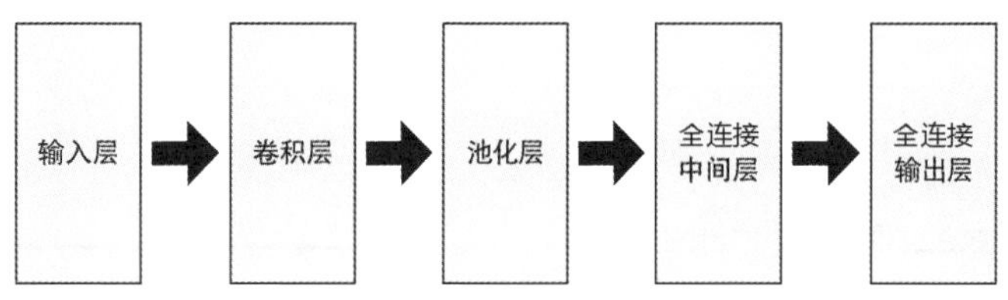

图 7.38　构建 CNN 网络的结构

输入层的后面连接的是卷积层和池化层，经过中间层连接到最后的输出层。输出层的输出数据有 10 个，每个输出数据代表的是分类到对应数值的概率。

其他几个比较主要的网络和学习的设置如下。

卷积层的激励函数：ReLU

中间层的激励函数：ReLU

输出层的激励函数：SoftMax 函数

损失函数:交叉熵

最优化算法：aGrad

批次尺寸：8

7.6.3　CNN 的实现代码

接下来，我们将根据上述设定对 CNN 网络进行编程实现。代码总共约有 360 行，按照各部分的实现分开进行讲解。

首先，我们先对手写文字图像的读取和预处理进行实现。对输入数据进行标准化处理，将正确答案数据转换为独热编码格式。此外，将整个数据集的 1/3 作为测试数据，其余的则作为训练数据。

```
import numpy as np
import matplotlib.pyplot as plt
from sklearn import datasets

# -- 手写文字数据集的读入 --
digits_data = datasets.load_digits()
input_data = digits_data.data
correct = digits_data.target
n_data = len(correct)
```

```
# -- 输入数据的标准化 --
ave_input = np.average(input_data)
std_input = np.std(input_data)
input_data = (input_data - ave_input) / std_input

# -- 将正确答案转换为独热编码格式 --
correct_data = np.zeros((n_data, 10))
for i in range(n_data):
    correct_data[i, correct[i]] = 1.0

# -- 训练数据与测试数据 --
index = np.arange(n_data)
index_train = index[index%3 != 0]
index_test = index[index%3 == 0]

input_train = input_data[index_train, :]          # 训练 输入数据
correct_train = correct_data[index_train, :]      # 训练 正确答案
input_test = input_data[index_test, :]            # 测试 输入数据
correct_test = correct_data[index_test, :]        # 测试 正确答案

n_train = input_train.shape[0]                    # 训练数据的采样数
n_test = input_test.shape[0]                      # 测试数据的采样数
```

接下来，对学习相关的各个值进行设置。

```
# -- 各个设置值 --
img_h = 8                    # 输入图像的高度
img_w = 8                    # 输入图像的宽度
img_ch = 1                   # 输入图像的通道数
wb_width = 0.1               # 权重与偏置的扩散度
eta = 0.01                   # 学习系数
epoch = 50
batch_size = 8
interval = 10                # 显示进度的间隔时间
n_sample = 200               # 误差计算的采样数
```

然后，对 im2col 和 col2im 函数定义。关于这两个函数的代码，在之前的小节中已进行了讲解。

```
# -- im2col --
def im2col(images, flt_h, flt_w, out_h, out_w, stride, pad):

    n_bt, n_ch, img_h, img_w = images.shape

    img_pad = np.pad(images, [(0,0), (0,0), (pad, pad), (pad, pad)], "constant")
    cols = np.zeros((n_bt, n_ch, flt_h, flt_w, out_h, out_w))
```

```
    for h in range(flt_h):
        h_lim = h + stride*out_h
        for w in range(flt_w):
            w_lim = w + stride*out_w
            cols[:, :, h, w, :, :] = img_pad[:, :, h:h_lim:stride, w:w_lim:stride]

    cols = cols.transpose(1, 2, 3, 0, 4, 5).reshape(n_ch*flt_h*flt_w, n_bt*out_h*out_w)
    return cols

# -- col2im --
def col2im(cols, img_shape, flt_h, flt_w, out_h, out_w, stride, pad):

    n_bt, n_ch, img_h, img_w = img_shape

    cols = cols.reshape(n_ch, flt_h, flt_w, n_bt, out_h, out_w).transpose(3, 0, 1, 2, 4, 5)
    images = np.zeros((n_bt, n_ch, img_h+2*pad+stride-1, img_w+2*pad+stride-1))

    for h in range(flt_h):
        h_lim = h + stride*out_h
        for w in range(flt_w):
            w_lim = w + stride*out_w
            images[:, :, h:h_lim:stride, w:w_lim:stride] += cols[:, :, h, w, :, :]

    return images[:, :, pad:img_h+pad, pad:img_w+pad]
```

卷积层和池化层是作为类进行封装实现的。关于这两个类的实现代码，在前面的小节中已进行了讲解。

```
# -- 卷积网络层 --
class ConvLayer:

    # n_bt:批次尺寸, x_ch:输入的通道数量, x_h:输入图像的高度, x_w:输入图像的宽度
    # n_flt:过滤器的数量, flt_h:过滤器的高度, flt_w:过滤器的宽度
    # stride:步长的幅度, pad:填充的幅度
    # y_ch:输出的通道数量, y_h:输出的高度, y_w:输出的宽度

    def __init__(self, x_ch, x_h, x_w, n_flt, flt_h, flt_w, stride, pad):

        # 将参数集中保存
        self.params = (x_ch, x_h, x_w, n_flt, flt_h, flt_w, stride, pad)

        # 过滤器和偏置的初始值
        self.w = wb_width * np.random.randn(n_flt, x_ch, flt_h, flt_w)
        self.b = wb_width * np.random.randn(1, n_flt)

        # 输出图像的尺寸
```

```
        self.y_ch = n_flt                                  # 输出的通道数量
        self.y_h = (x_h - flt_h + 2*pad) // stride + 1     # 输出的高度
        self.y_w = (x_w - flt_w + 2*pad) // stride + 1     # 输出的宽度

        # AdaGrad算法用
        self.h_w = np.zeros((n_flt, x_ch, flt_h, flt_w)) + 1e-8
        self.h_b = np.zeros((1, n_flt)) + 1e-8

    def forward(self, x):
        n_bt = x.shape[0]
        x_ch, x_h, x_w, n_flt, flt_h, flt_w, stride, pad = self.params
        y_ch, y_h, y_w = self.y_ch, self.y_h, self.y_w

        # 将输入图像和过滤器转换成矩阵
        self.cols = im2col(x, flt_h, flt_w, y_h, y_w, stride, pad)
        self.w_col = self.w.reshape(n_flt, x_ch*flt_h*flt_w)

        # 输出的计算：矩阵乘积、偏置的加法运算、激励函数
        u = np.dot(self.w_col, self.cols).T + self.b
        self.u = u.reshape(n_bt, y_h, y_w, y_ch).transpose(0, 3, 1, 2)
        self.y = np.where(self.u <= 0, 0, self.u)

    def backward(self, grad_y):
        n_bt = grad_y.shape[0]
        x_ch, x_h, x_w, n_flt, flt_h, flt_w, stride, pad = self.params
        y_ch, y_h, y_w = self.y_ch, self.y_h, self.y_w

        # delta
        delta = grad_y * np.where(self.u <= 0, 0, 1)
        delta = delta.transpose(0,2,3,1).reshape(n_bt*y_h*y_w, y_ch)

        # 过滤器和偏置的梯度
        grad_w = np.dot(self.cols, delta)
        self.grad_w = grad_w.T.reshape(n_flt, x_ch, flt_h, flt_w)
        self.grad_b = np.sum(delta, axis=0)

        # 输入的梯度
        grad_cols = np.dot(delta, self.w_col)
        x_shape = (n_bt, x_ch, x_h, x_w)
        self.grad_x = col2im(grad_cols.T, x_shape, flt_h, flt_w, y_h, y_w, stride, pad)

    def update(self, eta):
        self.h_w += self.grad_w * self.grad_w
        self.w -= eta / np.sqrt(self.h_w) * self.grad_w

        self.h_b += self.grad_b * self.grad_b
        self.b -= eta / np.sqrt(self.h_b) * self.grad_b
```

```
# -- 池化层 --
class PoolingLayer:

    # n_bt:批次尺寸, x_ch:输入的通道数量, x_h:输入图像的高度, x_w:输入图像的宽度
    # pool:池化区域的尺寸, pad:填充的幅度
    # y_ch:输出的通道数量, y_h:输出的高度, y_w:输出的宽度

    def __init__(self, x_ch, x_h, x_w, pool, pad):

        # 将参数集中保存
        self.params = (x_ch, x_h, x_w, pool, pad)

        # 输出图像的尺寸
        self.y_ch = x_ch                                        # 输出的通道数量
        self.y_h = x_h//pool if x_h%pool==0 else x_h//pool+1    # 输出的高度
        self.y_w = x_w//pool if x_w%pool==0 else x_w//pool+1    # 输出的宽度

    def forward(self, x):
        n_bt = x.shape[0]
        x_ch, x_h, x_w, pool, pad = self.params
        y_ch, y_h, y_w = self.y_ch, self.y_h, self.y_w

        # 将输入图像转换成矩阵
        cols = im2col(x, pool, pool, y_h, y_w, pool, pad)
        cols = cols.T.reshape(n_bt*y_h*y_w*x_ch, pool*pool)

        # 输出的计算：最大池化
        y = np.max(cols, axis=1)
        self.y = y.reshape(n_bt, y_h, y_w, x_ch).transpose(0, 3, 1, 2)

        # 保存最大值的索引值
        self.max_index = np.argmax(cols, axis=1)

    def backward(self, grad_y):
        n_bt = grad_y.shape[0]
        x_ch, x_h, x_w, pool, pad = self.params
        y_ch, y_h, y_w = self.y_ch, self.y_h, self.y_w

        # 对输出的梯度的坐标轴进行切换
        grad_y = grad_y.transpose(0, 2, 3, 1)

        # 创建新的矩阵，只对每个列中具有最大值的元素所处位置中放入输出的梯度
        grad_cols = np.zeros((pool*pool, grad_y.size))
        grad_cols[self.max_index.reshape(-1), np.arange(grad_y.size)] = grad_y.reshape(-1)
        grad_cols = grad_cols.reshape(pool, pool, n_bt, y_h, y_w, y_ch)
```

```
        grad_cols = grad_cols.transpose(5,0,1,2,3,4)
        grad_cols = grad_cols.reshape( y_ch*pool*pool, n_bt*y_h*y_w)

        # 输入的梯度
        x_shape = (n_bt, x_ch, x_h, x_w)
        self.grad_x = col2im(grad_cols, x_shape, pool, pool, y_h, y_w, pool, pad)
```

全连接层也是作为类来进行封装和实现的。

```
# -- 全连接层的祖先类 --
class BaseLayer:
    def __init__(self, n_upper, n):
        self.w = wb_width * np.random.randn(n_upper, n)
        self.b = wb_width * np.random.randn(n)

        self.h_w = np.zeros(( n_upper, n)) + 1e-8
        self.h_b = np.zeros(n) + 1e-8

    def update(self, eta):
        self.h_w += self.grad_w * self.grad_w
        self.w -= eta / np.sqrt(self.h_w) * self.grad_w

        self.h_b += self.grad_b * self.grad_b
        self.b -= eta / np.sqrt(self.h_b) * self.grad_b

# -- 全连接的中间层 --
class MiddleLayer(BaseLayer):
    def forward(self, x):
        self.x = x
        self.u = np.dot(x, self.w) + self.b
        self.y = np.where(self.u <= 0, 0, self.u)

    def backward(self, grad_y):
        delta = grad_y * np.where(self.u <= 0, 0, 1)

        self.grad_w = np.dot(self.x.T, delta)
        self.grad_b = np.sum(delta, axis=0)

        self.grad_x = np.dot(delta, self.w.T)

# -- 全连接的输出层 --
class OutputLayer(BaseLayer):
    def forward(self, x):
        self.x = x
        u = np.dot(x, self.w) + self.b
        self.y = np.exp(u)/np.sum(np.exp(u), axis=1).reshape(-1, 1)
```

```
    def backward(self, t):
        delta = self.y – t

        self.grad_w = np.dot(self.x.T, delta)
        self.grad_b = np.sum(delta, axis=0)

        self.grad_x = np.dot(delta, self.w.T)
```

接下来，构建 CNN 网络。在进行正向传播中，当池化层的输出传递到全连接层的输入时，需要将池化层输出的四维数组转换为二维数组作为全连接层的输入数据。在进行反向传播中，则需要反过来将二维数组转换成四维数组。

在卷积层中，将步长设置为 1，填充的幅度也设置为 1。之所以要进行填充处理，是为了防止经过卷积处理后图像的尺寸出现被过分缩小的问题。此外，forward_sample 类方法是用来对采样的误差及正确率进行测算的函数。

```
# -- 各个网络层的初始化 --
cl_1 = ConvLayer(img_ch, img_h, img_w, 10, 3, 3, 1, 1)
pl_1 = PoolingLayer(cl_1.y_ch, cl_1.y_h, cl_1.y_w, 2, 0)

n_fc_in = pl_1.y_ch * pl_1.y_h * pl_1.y_w
ml_1 = MiddleLayer(n_fc_in, 100)
ol_1 = OutputLayer(100, 10)

# -- 正向传播 --
def forward_propagation(x):
    n_bt = x.shape[0]

    images = x.reshape(n_bt, img_ch, img_h, img_w)
    cl_1.forward(images)
    pl_1.forward(cl_1.y)

    fc_input = pl_1.y.reshape(n_bt, –1)
    ml_1.forward(fc_input)
    ol_1.forward(ml_1.y)

# -- 反向传播 --
def backpropagation(t):
    n_bt = t.shape[0]

    ol_1.backward(t)
    ml_1.backward(ol_1.grad_x)

    grad_img = ml_1.grad_x.reshape(n_bt, pl_1.y_ch, pl_1.y_h, pl_1.y_w)
    pl_1.backward(grad_img)
```

```
    cl_1.backward(pl_1.grad_x)

  # -- 权重和偏置的更新 --
  def update_wb():
    cl_1.update(eta)
    ml_1.update(eta)
    ol_1.update(eta)

  # -- 对误差进行计算 --
  def get_error(t, batch_size):
    return -np.sum(t * np.log(ol_1.y + 1e-7)) / batch_size              # 交叉熵误差

  # -- 对样本进行正向传播 --
  def forward_sample(inp, correct, n_sample):
    index_rand = np.arange(len(correct))
    np.random.shuffle(index_rand)
    index_rand = index_rand[:n_sample]
    x = inp[index_rand, :]
    t = correct[index_rand, :]
    forward_propagation(x)
    return x, t
```

接下来，使用构建完毕的 CNN 网络进行学习。每完成一轮 epoch，将对训练误差和测试误差进行计算并将其记录下来。此外，还将按照 interval 设定的间隔时间对整个处理进度进行显示。

```
  # -- 用于对误差进行记录 --
  train_error_x = []
  train_error_y = []
  test_error_x = []
  test_error_y = []

  # -- 用于对学习过程进行记录 --
  n_batch = n_train // batch_size
  for i in range(epoch):

    # -- 误差的测算 --
    x, t = forward_sample(input_train, correct_train, n_sample)
    error_train = get_error(t, n_sample)

    x, t = forward_sample(input_test, correct_test, n_sample)
    error_test = get_error(t, n_sample)

    # -- 误差的记录 --
    train_error_x.append(i)
    train_error_y.append(error_train)
```

```
        test_error_x.append(i)
        test_error_y.append(error_test)

        # -- 处理进度的显示 --
        if i%interval == 0:
            print("Epoch:" + str(i) + "/" + str(epoch),
                  "Error_train:" + str(error_train),
                  "Error_test:" + str(error_test))

        # -- 学习 --
        index_rand = np.arange(n_train)
        np.random.shuffle(index_rand)
        for j in range(n_batch):

            mb_index = index_rand[j*batch_size : (j+1)*batch_size]
            x = input_train[mb_index, :]
            t = correct_train[mb_index, :]

            forward_propagation(x)
            backpropagation(t)
            update_wb()
```

最后，对学习的结果进行显示。训练误差和测试误差的记录是通过图表显示的，并使用全部的训练数据和测试数据分别对结果的正确率进行评估。

```
    # -- 显示记录误差的表格 --
    plt.plot(train_error_x, train_error_y, label="Train")
    plt.plot(test_error_x, test_error_y, label="Test")
    plt.legend()

    plt.xlabel("Epochs")
    plt.ylabel("Error")

    plt.show()

    # -- 正确率的测定 --
    x, t = forward_sample(input_train, correct_train, n_train)
    count_train = np.sum(np.argmax(ol_1.y, axis=1) == np.argmax(t, axis=1))

    x, t = forward_sample(input_test, correct_test, n_test)
    count_test = np.sum(np.argmax(ol_1.y, axis=1) == np.argmax(t, axis=1))

    print("Accuracy Train:", str(count_train/n_train*100) + "%",
          "Accuracy Test:", str(count_test/n_test*100) + "%")
```

7.6.4 执行结果

以上代码的执行结果如图 7.39 所示。

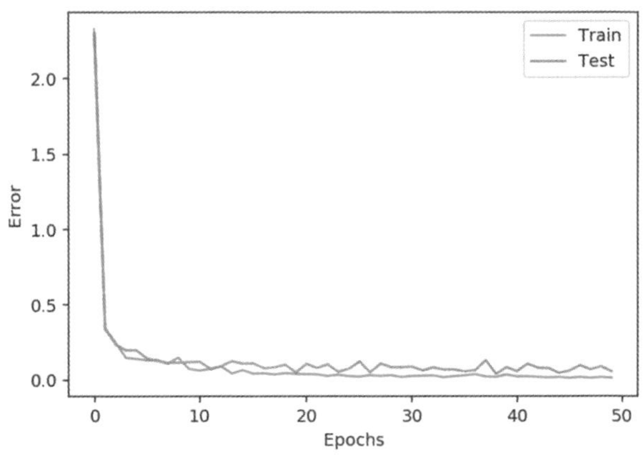

图 7.39 CNN 网络的执行结果

从图 7.39 中可以看出，训练误差和测试误差都得到了收敛，并且没有出现过拟合现象。经过 50 轮 epoch 学习之后，训练数据的正确率达到了 99.9%，而测试数据的正确率达到了 98.2%。此外，由于使用了随机数，实际的正确率会有稍许不同。

接下来看一下回答正确的测试数据的采样和回答不正确的测试数据的采样结果，如图 7.40 所示。

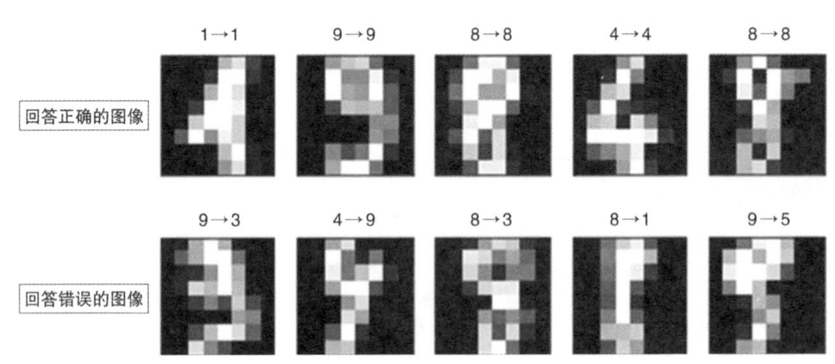

图 7.40 回答正确的图像与回答错误的图像（箭头左边是正确答案，箭头右边是推测结果）

从图 7.40 中可以看出，那些判断错误的图像中显示的内容是一些即使是人眼也很容易看错的数字。

接下来，尝试使用训练好的 CNN 网络对几幅图像进行判断，执行代码如下。

图像判断的示例

```
samples = input_test[:5]
forward_propagation(samples)
print(ol_1.y)
print(correct_test[:5])
```

....

```
[[ 9.99908672e-01 9.50194142e-09 1.97976443e-06 7.50974714e-07
   5.88085002e-06 3.72905353e-05 7.63071549e-08 1.03872038e-06
   2.14662150e-06 4.21543388e-05]
 [ 8.36960424e-08 3.43879755e-06 3.29570351e-06 9.98714020e-01
   8.78464555e-09 2.87573232e-04 5.71603453e-07 6.52314577e-06
   1.85565549e-05 9.65928104e-04]
 [ 3.23048156e-05 2.16545611e-03 1.38213797e-06 7.21277713e-06
   3.92729124e-05 3.26700800e-06 9.97242161e-01 1.67595025e-09
   5.08907468e-04 3.42489532e-08]
 [ 6.21935892e-04 1.08840602e-05 4.96543480e-10 2.42645910e-05
   3.54509810e-03 4.89917259e-02 4.17175189e-08 1.4448119e-04
   2.82994232e-04 9.46378574e-01]
 [ 1.70355252e-05 2.67838956e-03 9.96056743e-01 5.38051953e-04
   1.53395068e-05 4.22693363e-05 6.83256621e-05 2.13406688e-06
   5.71799025e-04 9.91280698e-06]]
[[ 1. 0. 0. 0. 0. 0. 0. 0. 0. 0.]
 [ 0. 0. 0. 1. 0. 0. 0. 0. 0. 0.]
 [ 0. 0. 0. 0. 0. 0. 1. 0. 0. 0.]
 [ 0. 0. 0. 0. 0. 0. 0. 0. 0. 1.]
 [ 0. 0. 1. 0. 0. 0. 0. 0. 0. 0.]]
```

变量 samples 中保存的是测试数据中最开头的五条数据。然后，使用 forward_propagation 函数将其进行正向传播，并对输出层的输出结果进行显示。此外，还对其所对应的正确答案进行显示。

最终的执行结果看上去不太容易理解，位于上侧的矩阵的每一行中，显示的是 10 个输出层产生的输出结果的值。其中，每一行中最大值的位置与位于下侧的矩阵中的正确答案的位置是一致的。图 7.41 中显示的是上述计算结果及其对应的图像，并在图中对结果中可能性最高的三个候选结果进行了展示。

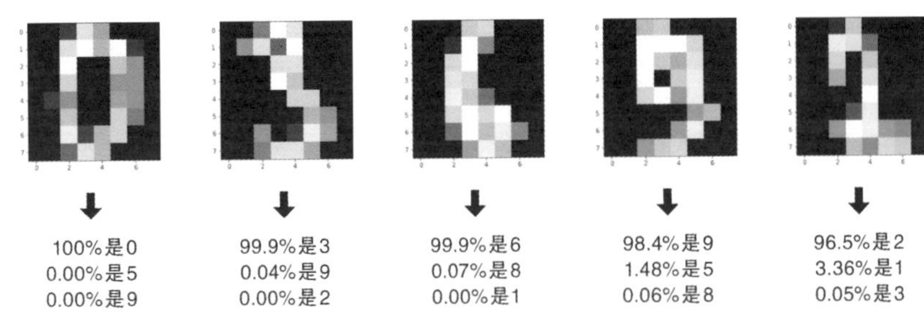

图 7.41　使用训练好的 CNN 网络对手写文字进行识别

从图 7.41 中可以看到，通过使用训练完毕的 CNN 网络，成功实现了对手写文字的自动识别。

7.6.5　卷积层的可视化

接下来，对卷积层的过滤器和输出结果进行可视化处理。将学习前与学习后的过滤器的图像并排显示，如图 7.42 所示。

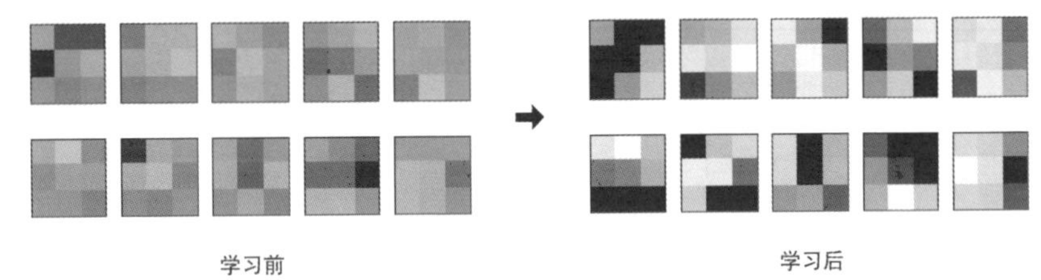

图 7.42　学习前的过滤器与学习后的过滤器

学习前的过滤器中是随机的数值，而经过学习后，可以看到每个过滤器都因为捕捉到了不同的特征而发生了变化。将学习后的卷积层的输出结果排列在一起的图像如图 7.43 所示。

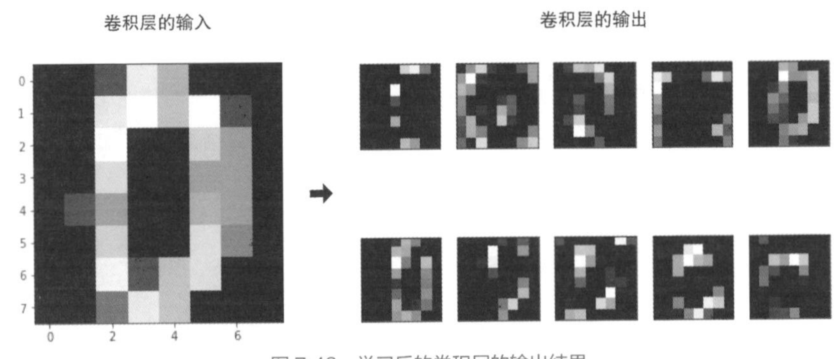

图 7.43　学习后的卷积层的输出结果

各个输出结果中显示的是从原有图像中提取出来的特征。从中可以看到，卷积层的代码运行结果非常良好。

7.6.6 卷积层的效果

接下来，使用另一种方法对卷积层的运行状况进行评估。按照下面代码中的方式，将最后两行语句注释掉，停止对卷积层以外的更新操作。

```
# -- 权重和偏置的更新 --
def update_wb():
    cl_1.update(eta)
#     ml_1.update(eta)
#     ol_1.update(eta)
```

这样一来，就可以对卷积层中对误差降低的效果进行更为直观的判断。这段代码的执行结果如图 7.44 所示。

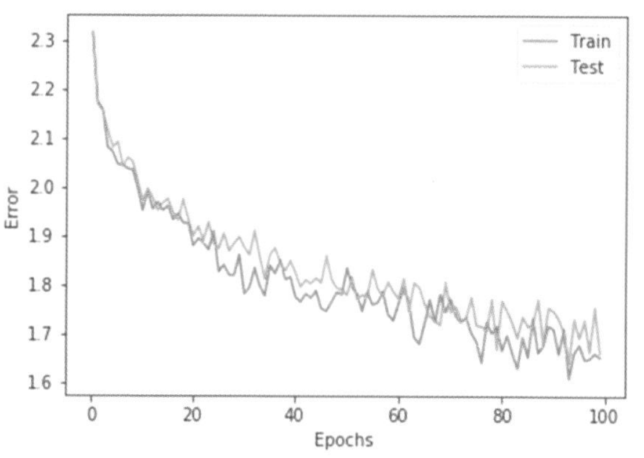

图 7.44 仅对卷积层进行学习

从图 7.44 中可以看到，误差得到了大幅度的降低。因此可以认为即使只使用卷积层，梯度下降算法也处理得非常好。卷积层对于图像的识别应用是非常有效的。

7.7 更深层次的网络

在本节中，将进一步增加卷积层和全连接层的数量，构建更深层次的神经网络。虽然构建这种深层次的网络很可能导致过拟合问题的发生，但是作为神经网络整体的表现能力肯定会有所提升的。

7.7.1　构建网络

接下来，尝试构建如图 7.45 所示的神经网络。

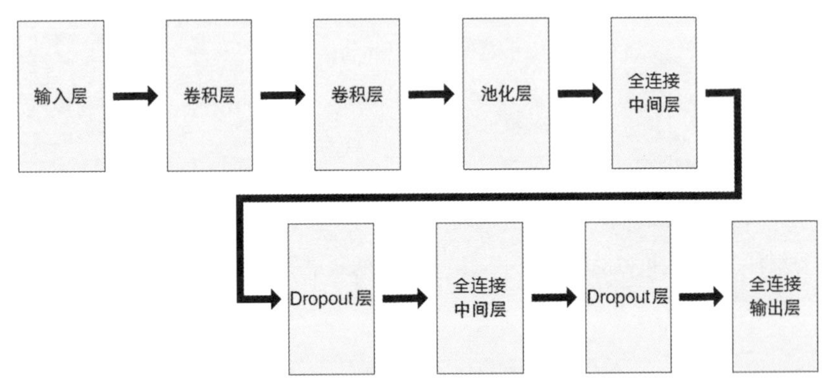

图 7.45　更深层次的神经网络

与前一节中的神经网络相比，我们对卷积层和全连接层各新增了一层。此外，还在全连接层的后面设置了 Dropout 层。这样做一方面是为了提升网络整体的表现能力；另一方面也是为了抑制过拟合现象的发生。关于 Dropout 层，我们在前面的章节中进行了讲解。

为了实现图 7.45 展示的神经网络，在代码中添加了在上一章中所使用的 Dropout 类，并将各个网络层中的初始化、正向传播和反向传播做了如下修改。

```
# -- 各个网络层的初始化 --
cl_1 = ConvLayer(img_ch, img_h, img_w, 10, 3, 3, 1, 1)
cl_2 = ConvLayer(cl_1.y_ch, cl_1.y_h, cl_1.y_w, 10, 3, 3, 1, 1)
pl_1 = PoolingLayer(cl_2.y_ch, cl_2.y_h, cl_2.y_w, 2, 0)

n_fc_in = pl_1.y_ch * pl_1.y_h * pl_1.y_w
ml_1 = MiddleLayer(n_fc_in, 200)
dr_1 = Dropout(0.5)

ml_2 = MiddleLayer(200, 200)
dr_2 = Dropout(0.5)

ol_1 = OutputLayer(200, 10)

# -- 正向传播 --
def forward_propagation(x, is_train):
```

```
    n_bt = x.shape[0]

    images = x.reshape(n_bt, img_ch, img_h, img_w)
    cl_1.forward(images)
    cl_2.forward(cl_1.y)
    pl_1.forward(cl_2.y)

    fc_input = pl_1.y.reshape(n_bt, -1)
    ml_1.forward(fc_input)
    dr_1.forward(ml_1.y, is_train)
    ml_2.forward(dr_1.y)
    dr_2.forward(ml_2.y, is_train)
    ol_1.forward(dr_2.y)

# -- 反向传播 --
def backpropagation(t):
    n_bt = t.shape[0]

    ol_1.backward(t)
    dr_2.backward(ol_1.grad_x)
    ml_2.backward(dr_2.grad_x)
    dr_1.backward(ml_2.grad_x)
    ml_1.backward(dr_1.grad_x)

    grad_img = ml_1.grad_x.reshape(n_bt, pl_1.y_ch, pl_1.y_h, pl_1.y_w)
    pl_1.backward(grad_img)
    cl_2.backward(pl_1.grad_x)
    cl_1.backward(cl_2.grad_x)
```

从上面的代码中可以看到，网络层之间的处理代码增加了许多。此外，由于 Dropout 率设置的是 0.5，因此中间层的神经元数量也增加到 200 个，翻了一倍。这段程序的完整代码可以在下载的文件中找到。

7.7.2 执行结果

在这个深层次的神经网络中，学习过程中的误差变化如图 7.46 所示。

与上一节中的结果类似，在图 7.46 中可以看到，学习过程中没有出现明显的过拟合现象。虽然网络的层次更深了，但是还是成功地实现了网络的学习。

在执行结果中，训练数据的正确率约为 99.9%，测试数据的正确率约为 99.2%。虽然执行结果的正确率有些偏差，不过与上一节中的结果相比，有明显的提升。这也说明，随着网络层次的加深，其整体的识别精度也得到了相应的提高。

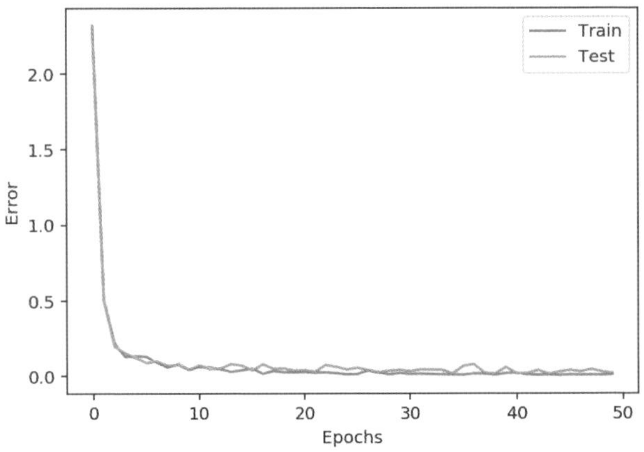

图 7.46　深层神经网络中的误差的变化

小　结

在本章中，首先对 CNN 模型的原理及概要进行了讲解，又进一步对卷积层、池化层和全连接层相关的知识进行了讲解。然后，对 CNN 模型进行了实际的编程实现，并将其对手写文字进行了学习。经过学习之后，卷积层运行状态良好，并成功地完成了对手写文字的高精度的识别。

此外，还尝试构建了具有两层卷积层、两层全连接层的更深层次的神经网络，并对其进行了同样的手写文字学习。尽管神经网络的层次进一步被加深，但是仍然顺利地完成了学习，并成功地提高了对文字识别的精度。

在本章中，由于考虑到代码的执行时间问题，所构建的 CNN 网络是非常简单的。但是，本章中的代码具有很高的可扩张性。建议感兴趣的读者可以利用这些代码，尝试一下构建更大规模的、可以识别更加复杂的图像的神经网络。

第 8 章

深度学习的相关技术

本章我们将对深度学习的关联技术进行介绍。深度学习技术正在以不同的形式、以日新月异的速度在持续发展中，并且正越来越广泛地被应用于各个行业的不同领域中。此外，在本章中不会像前面章节那样对程序代码进行讲解，而只对相关内容进行概括性的讲解。

8.1 循环神经网络（RNN）

人类大脑可以通过阅读上下文做出判断。这里所说的上下文是指事物随着时间推移所发生的变化。例如，骑自行车时，是根据对步行者、汽车、当前自行车的位置、速度等不同物体的时间变化的判断来决定下一步前进的路线。此外，也用于指代日常会话中的发言、对话的流程等。

循环神经网络（Recurrent Neural Network，RNN）就是一种能处理此类上下文的神经网络，适用于语音、文章、动画等内容的处理。循环神经网络可以将随着时间变化的数据即时间序列的数据作为输入数据进行处理。

8.1.1 RNN 概要

循环神经网络具有类似图 8.1 中所示的那样，中间层形成一个循环的结构。在这种结构中，中间层的输出数据将与输入数据一起作为中间层的输入数据。这种对自身进行循环处理的方式也被称为递归。

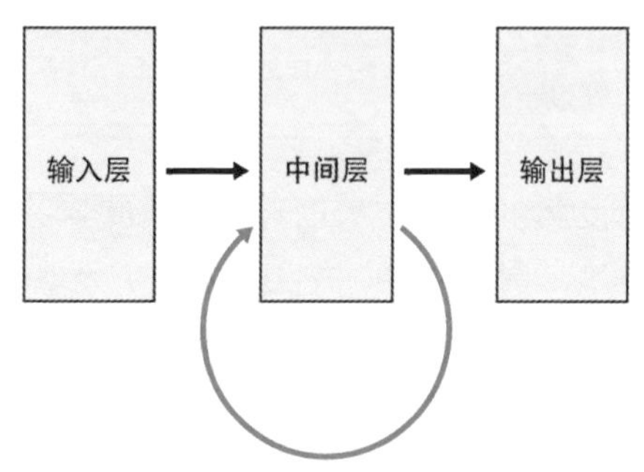

图 8.1　RNN 的结构

在 RNN 中，通常只使用 CNN 中的全连接层。由于中间层会受到前一时刻中间层状态的影响，所以神经网络需要对之前时刻的信息进行保存。正因如此，RNN 可以利用过往的记忆对数据进行判断处理。此外，RNN 与自然语言类似，具有可以对每次输入的长度都不同的数据进行处理的能力。

从图 8.2 中可以看到，过去的中间层之间全部都连接在一起，由此也可以看出，RNN 属于网络层次很深的一类神经网络。RNN 的学习是通过反向传播算法来实现的，但是所使用的误差的计算方法与普通的神经网络是不同的。RNN 的误差需要对过去的状态进行追溯，某一时刻的误差是该时刻的输出与正确答案的误差，再和追溯得到的误差相加所得到的值。RNN 通过这种方式，对全部时间内的误差进行追溯来计算梯度，并对权重和偏置量进行更新。

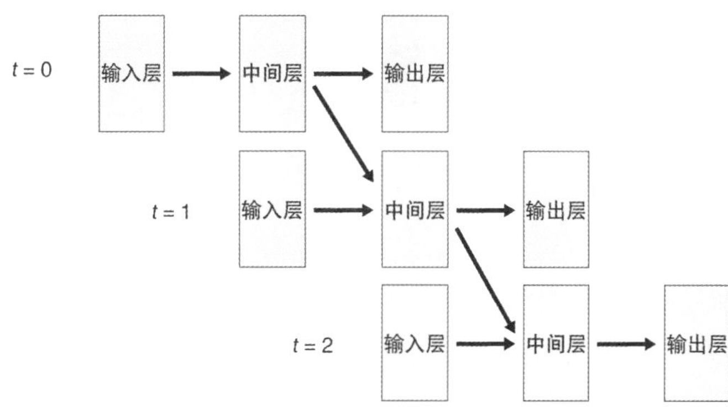

图 8.2　展开后的 RNN

RNN 使用时间序列来构建神经网络，但是如果通过太多的网络层进行误差传播，将会导致梯度消失或者产生发散的问题。由于 RNN 是使用从前一个时刻继承来的数据对同一个权重进行反复的乘法运算，因此这一问题的产生会比普通的神经网络显得更为突出。普通的神经网络由于不使用递归，每层网络之间的权重也不同，因此相较于 RNN 网络而言，发生这种问题的概率要低很多。正因为如此，使用 RNN 进行短期记忆是可以的，但是要实现长期记忆则比较困难。对于这种对数据进行长期性的记忆行为，通常也被称为长期依赖性。

作为示例，思考一下使用循环神经网络对文章进行处理的问题。“在我访问了意大利，流连于不同的城市，与各种各样的人相遇，获得了许多宝贵的体验之后，印象最为深刻的城市是【 】”。当我们对这段文字中【 】内的词进行预测时，最开始出现的“意大利”这个词对整个预测的影响是非常大的。对于这类问题，要想提高预测精度，就必须使用具有长期依赖性的神经网络。

8.1.2　LSTM

LSTM（Long Short-Term Memory）用于克服在 RNN 中实现长期记忆的保存非常困难的问题。正如其字面意思那样，无论长期记忆的保存还是短期记忆的保存，都可以通过 LSTM 来实现。LSTM 是循环神经网络中的一个分支，其中引入了被称为“门”

的机制，可以对过去的信息作出“忘掉吗？还是要记住？”的判断，并以此来实现在下一时刻中对必要的信息进行继承的目的，其示意图如图 8.3 所示。

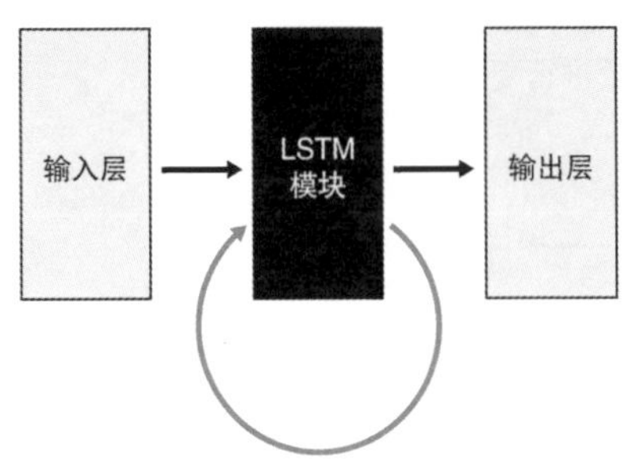

图 8.3　LSTM 的构造示意图

LSTM 与 RNN 一样具有递归的网络结构，但是在 LSTM 中使用被称为 LSTM 模块的类似电路的结构取代了 RNN 中使用的中间层。关于这个 LSTM 模块的结构可以参考图 8.4 所示的示意图。其中x_t表示输入，h_t 表示输出，h_{t-1} 表示前一次的输出，箭头表示向量的流向，长方形表示神经网络中的各个网络层。

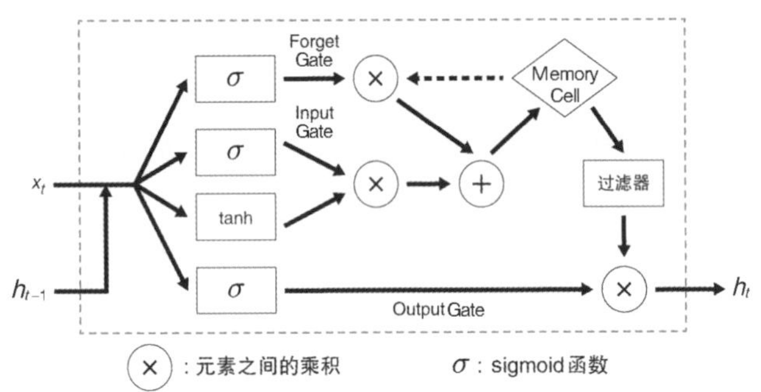

图 8.4　LSTM 模块

从图 8.4 中可以看到，LSTM 模块的结构比 RNN 的中间层更为复杂。在 LSTM 模块的内部包含以下各个部分。

- 记忆单元（Memory Cell）：用于保存前一时刻的记忆。
- 输入门层（Input Gate）：用于判断是否接受来自前一时刻的输入。
- 输出门层（Output Gate）：将过去的输出反馈到输入数据中。
- 忘记门层（Forget Gate）：对记忆单元中的内容进行重置。

由此可见，LSTM 模块的结构要比 RNN 中间层的结构更为复杂，功能也更为强大。通过对这一复杂机制的实现，LSTM 模块就具有了继承长期记忆的能力。

8.1.3 GRU

GRU（Gated Recurrent Unit）是对 LSTM 进行了改进的方案，最早是于 2014 年由 Cho 等研究人员所提出的。在 GRU 中，对输入门层和忘记门层进行了合并，统一成所谓的“更新门层（Update Gate）”。此外，记忆单元和输出门层也被去掉了。然后，增加一个所谓的“复位门层（Reset Gate）”，这是一种用于负责将值进行清零的门层。GRU 的模块结构如图 8.5 所示，与 LSTM 相比其结构更为简单，也更易于使用。

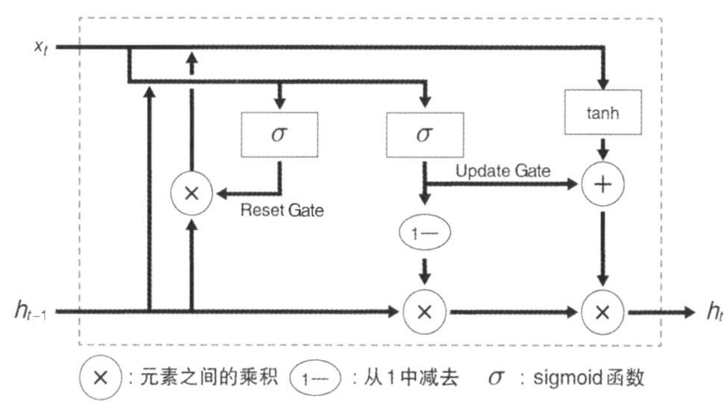

图 8.5　GRU 的模块结构

相比而言，GRU 的计算量要少一些，根据需要解决的任务的不同，某些情况下 GRU 比 LSTM 发挥的性能要更为优秀。此外，还有很多各种类型的 LSTM 的变形方案在不断地被提出，LSTM 技术仍然在不断地发展进步中。

8.2 自然语言处理

自然语言处理（Natural Language Processing，NLP）是一种对日常生活中所使用的语言在计算机上进行处理的技术。在本节中，我们将对使用神经网络处理自然语言的方法进行讲解，因此需要对文章先进行几道程序的处理，将其转换成 RNN 等神经网络容易接受的形式。

8.2.1 语素分析

语素分析（Morphological Analysis）是一种将自然语言分解成语素的技术。语素是指任意包含实际意义的最小单位的文字集合。例如，“李子也好桃子也好都是桃子”这句话可以通过语素分析拆分成如表 8.1 所示的形式。

表 8.1　分解成语素

文　字	词　性
李子	名词、普通
也好	助词、虚词
桃子	名词、普通
也好	助词、虚词
都是	副词、连词
桃子	名词、普通

日语、泰语、中文等语言与英文不同，词与词之间没有用空格隔开（分隔写法），因此对这类自然语言进行语素分析需要使用比较复杂的程序逻辑。

用于日语的语素分析引擎中，比较出名的有 MeCab、JUMAN、ChaSen 等。

8.2.2　单词嵌入

使用神经网络对自然语言进行处理之前，需要先将单词数据转换为便于神经网络使用的矢量型数据。而单词嵌入（Word Embedding）就是将自然语言中的单词进行矢量化的一种方法。通过对单词进行矢量化处理，可以对抽象的语言进行量化，从而使对单词之间的相似度计算、单词含义的加减运算等操作成为可能。

例如，日本人在日常生活中需要使用到的词汇约为数万条到数十万条，如果使用 word2vec 进行单词嵌入处理，可以将所有这些词汇通过包含 200 个元素左右的矢量来表示，如图 8.6 所示。

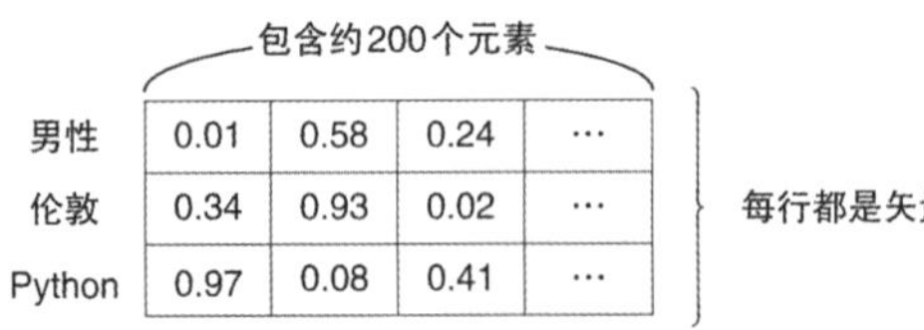

图 8.6　使用单词嵌入对单词进行矢量化

使用 word2vec 处理过的单词所得到的词向量的特点是，使用数值的排列来对单词进行量化。实际上，对单词与单词之间进行运算也是可能的。下面举几个实际的例子。

- 从表示“王”和“叔叔”的向量中，减去“男性”并加上“女性”，就得到“女王”和“阿姨”这两个词。也就是：

  “王”－“男性”＋“女性”＝“女王”

  “叔叔”－“男性”＋“女性”＝“阿姨”

类似这样的对关系的计算。

- “英国”－“伦敦”＋“东京”＝“日本”

  在上述示例中，“英国”－“伦敦”表示的是“将此城市作为首都的国家”这一抽象的概念。

在自然语言处理的研究领域中，对运用单词嵌入算法的研究非常活跃。word2vec是谷歌公司的Tomas Mikolov提出的模型，其基础理论是，同一语境中的单词具有相近的含义这样一种简单的算法思路。word2vec对单词进行向量转换时，主要用到的算法包括Continuous Bag-of-Words及skip-gram等。

此外，Facebook公司也公开了其在word2vec基础上开发的名为fastText的软件库。与word2vec不同的是，fastText加入了对类似“go”“goes”“going”等单词时态变化的支持。此外，fastText的执行速度更快，精度也更高。

8.3 生成式模型

生成式模型（Generative Model）是指通过对训练数据的学习，获得能够自动生成与训练数据相似的新的数据能力的一种模型。换句话说，就是能够通过学习获得使自动生成的数据的分布与训练数据的分布保持一致的能力的一种神经网络模型。

深度学习的用途并不仅仅局限于对现有对象的识别。使用生成式模型技术，还可以创造新的对象。在本节中，将着重对生成式模型中的GAN和VAE两种类型的网络模型进行介绍。

8.3.1 GAN

GAN（Generative Adversarial Networks，生成式对抗网络）通过运用生成器网络与识别器网络，让这两个网络进行相互竞争来实现学习。GAN模型经常被用于图像的自动生成，其具体原理如图 8.7 所示。

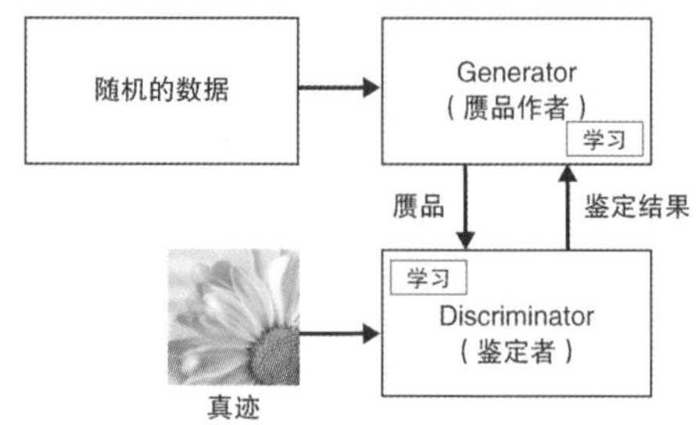

图 8.7　GAN 的原理

生成器网络也叫作 Generator，识别器网络也叫作 Discriminator。Generator 负责制造仿冒品，目的是欺骗 Discriminator。随机的数据被作为输入数据用于生成仿冒品，再利用仿冒品不断地尝试去欺骗 Discriminator 来达到学习的目的。

Discriminator 是负责鉴别仿冒品真伪的，其目的是识破哪些数据是由 Generator 生成的仿冒品。对网络进行教育是为了使其能对原图像与 Generator 生成的图像中哪怕是非常细微的区别都能有所觉察。

如果要打比方的话，Generator 就好比赝品的作者，而 Discriminator 就是真画鉴定家。赝品作者需要能瞒过鉴定者，而鉴定者需要能一眼识破赝品，二者之间不断地进行切磋，最终达到成功生成与原图像极为相似的作品的目的。

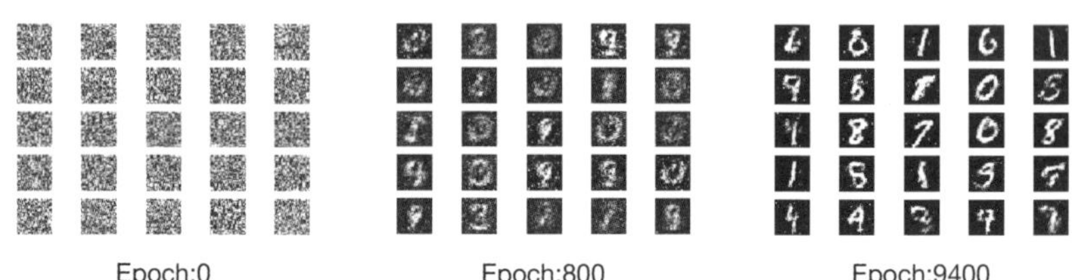

图 8.8　使用 GAN 模型生成手写数字图像的过程

DCGAN（Deep Convolutional Generative Adversarial Networks）是在 GAN 中进一步加入了卷积神经网络的模型。CNN 模型在图像识别应用中获得了巨大的成功，相关研究表明，利用 GAN 生成图像，需结合 CNN 才能取得更好的效果。DCGAN 中所使用的 Generator 的结构如图 8.9 所示。

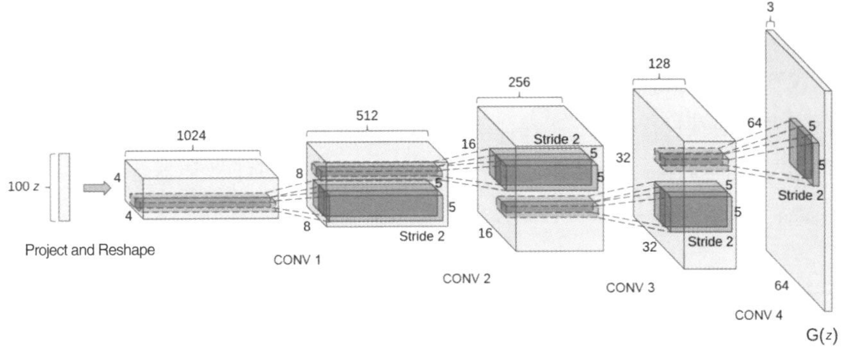

图 8.9　DCGAN 的网络结构

引用自 Alec Radford, Luke Metz, Soumith Chintala: Unsupervised Representation Learning with Deep Convolutional Generative Adversarial Networks: arXiv:1511.06434 [cs.LG]: 2015

图 8.10 所示是使用 DCGAN 模型生成的图像。对于这些图像，用肉眼很难分辨出哪些是由神经网络自动生成的。

图 8.10　使用 DCGAN 模型生成的图像

引用自 Alec Radford, Luke Metz, Soumith Chintala: Unsupervised Representation Learning with Deep Convolutional Generative Adversarial Networks: arXiv:1511.06434 [cs.LG]: 2015

像上面这样，通过在 GAN 模型中加入卷积层，可以实现对具有更高分辨率、内容更为复杂的图像的自动生成。此外，与 word2vec 一样，下式成立。

戴眼镜男 − 不戴眼镜男 + 不戴眼镜女 = 戴眼镜女

GAN 模型还可以用于实现在图像之间进行运算的功能。

8.3.2 VAE

VAE（Variational Autoencoder，变分自编码器）属于生成式模型的一类，通过对训练数据的特征进行捕捉，实现自动生成类似训练数据的数据。VAE 属于被称作自编码器（Autoencoder）的神经网络技术的一个发展派系。而自编码器是由 Encoder 和 Decoder 共同组成的，如图 8.11 所示。

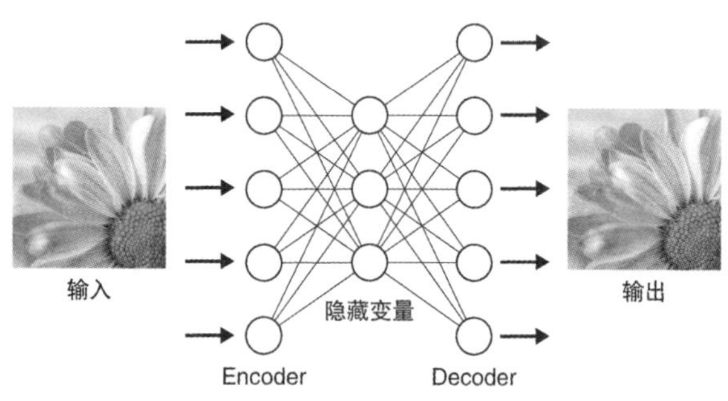

图 8.11　自编码器

其中，输入数据的尺寸与输出数据的相同，而中间层的尺寸则比输入和输出的尺寸都要小一些。网络通过学习实现在输出数据中对输入数据进行重现，而由于中间层的尺寸比输入数据尺寸更小，因此就实现了对数据的压缩。特别是在对图像进行处理的场合中，可以达到用更少量的数据对原有的图像进行保存的目的。

利用这一技术实现的 VAE 具有如图 8.12 所示的网络构造。

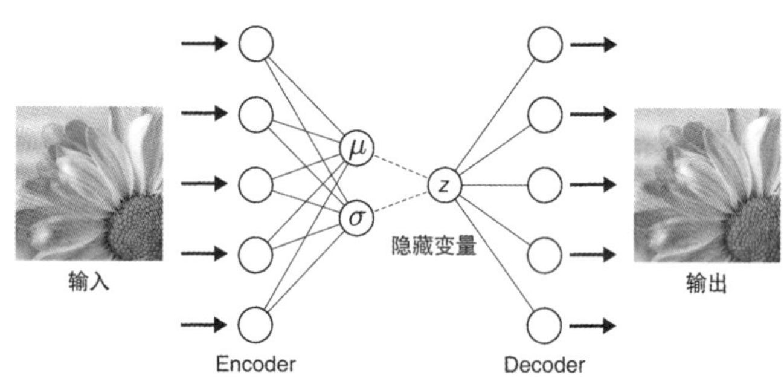

图 8.12　VAE

在 VAE 网络中，首先通过 Encoder 从输入数据中计算得到平均向量μ和分散向量σ。把这些向量按照一定的概率生成采样到 z 中，然后通过 Decoder 从 z 的输出数据实现对原有数据的重现。

VAE 的一大特点是，通过对隐藏变量 z 的调整可以实现对连续变化的数据的自动生成。使用 VAE 可以自动生成连续变化的手写数字的图像，如图 8.13 所示。

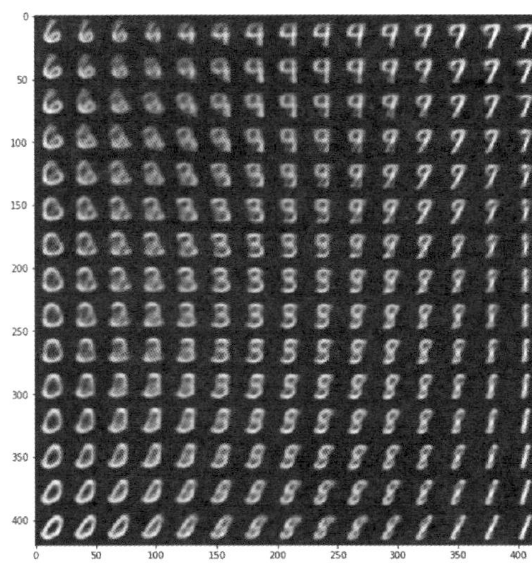

图 8.13 使用 VAE 自动生成的手写数字图像

通过应用这一技术，可以实现如自动生成可连续变化的人的表情的图像。由此可见，VAE 模型具有很高的灵活性，具有生成连续性变化数据的能力，因此也受到了广泛的关注。

8.4 强化学习

本节我们将对属于机器学习技术之一的强化学习（Reinforcement Learning）及与其相关的深度学习技术进行讲解。

8.4.1 强化学习概要

所谓强化学习，是通过反复试错的方式让"智能体"学习如何能"在给定的环境中采取最具价值的行动"这一知识的。强化学习的本质，就如同在镜子面前练习如何跳舞一样。智能体根据自身在镜子中所映射出来的行为对当前自身的"状态"进行把握，如果跳得好就会获得愉快的心情这一"奖赏"。然后，再继续为争取得到更多的奖赏来记住正确的舞姿，从而达到提高舞蹈水平的目的，如图 8.14 所示。强化学习就是通过计算机来对这一技能的学习方式进行模拟。

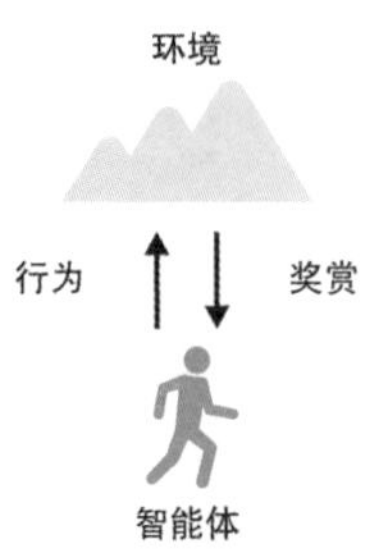

图 8.14 强化学习中的行为与奖赏

强化学习与深度学习的不同之处在于，强化学习不需要使用正确答案数据。但是，这也并非意味着完全不需要提供作为行动基准的数据。为了使网络能够产生与期望相符的行为，需要为智能体提供相应的“奖赏”。

例如，在围棋和象棋比赛中，将胜利或者失败设置为奖赏；在敲砖块游戏中，对于敲碎更多砖块的行为给予正面的奖赏，对于导致球落地的行为给予负面的奖赏等。

接下来，让我们将围棋和象棋这类对战型游戏作为参考事例进行分析。强化学习的原理并非教会智能体如何能像高手那样下棋，而仅仅是将游戏的胜负作为奖赏给予智能体。这样一来，强化学习系统就会以获取更多的奖励为目标对自身的行为进行小范围的调整，从而使得智能体逐渐变得比之前更为强大。如果强化学习的机制实现得比较好，智能体就可以在不需要开发者插手的情况下，达到比开发者本人的游戏水平更高的层次。

强化学习在其他各种领域中也得到了广泛的应用。下面列举了一些具体的应用事例。

- 机器人的控制。
- 游戏的 AI。
- 自动驾驶汽车。
- 电梯的控制。
- 无人机的控制。
- 金融。

需要注意的是，对于强化学习来说不仅仅要追求当前所能获得的奖励（即时奖励），还需要对将来的价值进行最大化。因此，在确定下一步的行为之前，不能追求即时奖励，而是追求能够获取最大化的长期奖励。

Q 学习（Q–learning）是强化学习技术中最具代表性的算法。在 Q 学习中，智能体是根据 Q 值，也被称为状态行动价值的数值，来决定自身的行为的。Q 值不是“奖励”而是“价值”，因此它的值并非代表短期的奖励，而是代表长期性的回报。

如果当前状态用 s 表示，采取的行动用 a 表示，Q 值就可以表示为函数$Q(s,a)$。例如，在某个时间点上，处于某种状态中所采取的行动有 a、b、c 三种，智能体就会根据三个 Q 值$Q(s,a)$、$Q(s,b)$、$Q(s,c)$来决定下一步所采取的行动。Q 学习通过 Q 值来确定“能迁移到具有更高价值状态的行为”。反过来说，就是要尽量避免选择“导致迁移到价值更低状态的行为”。

由于刚开始时$Q(s,a)$的值是未知的，智能体通过反复试错来对$Q(s,a)$进行学习。假设状态为s_t的智能体，通过采取行动a_t迁移到状态s_{t+1}中，$Q(s,a)$的更新公式可写为如下：

$$Q(s_t,a_t) \leftarrow Q(s_t,a_t)+\alpha\left(r_{t+1}+\gamma \max_{a_{t+1}} Q(s_{t+1},a_{t+1})-Q(s_t,a_t)\right)$$

在上述公式中，$\alpha(0<\alpha\leqslant 1)$是被称为学习率的参数，用于调整 Q 值更新的比例。r_t是智能体迁移到s_{t+1}状态时所获得的奖励（即时奖励）。而$\gamma(0<\gamma\leqslant 1)$是被称为折扣率的参数，用于决定对将来的价值打上多大的折扣。$\max\limits_{a_{t+1}} Q(s_{t+1},a_{t+1})$表示在下一个状态中伴随最大 Q 值的行动的 Q 值。

这个更新公式是将某个状态s_t中的某个动作a_t的 Q 值，对通过采取这一行动将会迁移进入的下一个状态s_{t+1}中具有最大 Q 值的行动的 Q 值进行逼近。此外，还可以通过设置折扣率γ和学习率α来调整更新量的大小。如此一来，就达到了将某个状态中的最佳行为的 Q 值传播到前一个状态的 Q 值中的目的。

此外，科学家们认为动物的大脑也是以某种形式在进行强化学习。Schultz 等研究者还尝试了在使用电极刺激猴子大脑的过程中，记录其大脑神经元活动状况的实验。结果表明，在完成学习任务后，大脑的黑质致密区和中脑腹侧被盖区中，负责释放多巴胺的神经元的活动状态发生了明显的改变。这一现象证明，大脑的学习机制与强化学习的原理非常相似。

8.4.2 深度强化学习

深度强化学习（Deep Reinforcement Learning）是将深度学习与强化学习相结合的一种学习方法。在运用了深度强化学习之后，即使是在之前对于计算机来说很难解决的复杂问题，也开始出现计算机对问题的解决能力超越人类的例子。例如，因为成功击败世界围棋冠军而一举成名的 DeepMind 公司制作的 AI——AlphaGo 所使用的就是这一技术。而在深度强化学习技术中，最为引人注目的又属运用了 Q 学习算法的 DQN（Deep Q-Network）模型。

Q 学习的一大弱点就是，在状态的数量非常多时，需要进行非常多的试错运算，从而导致学习时间过长。对于这一问题，可以通过使用 DQN 模型来解决。在 DQN 中，用于对诸如游戏中的 Q 值进行求解时，采用的神经网络结构如图 8.15 所示。

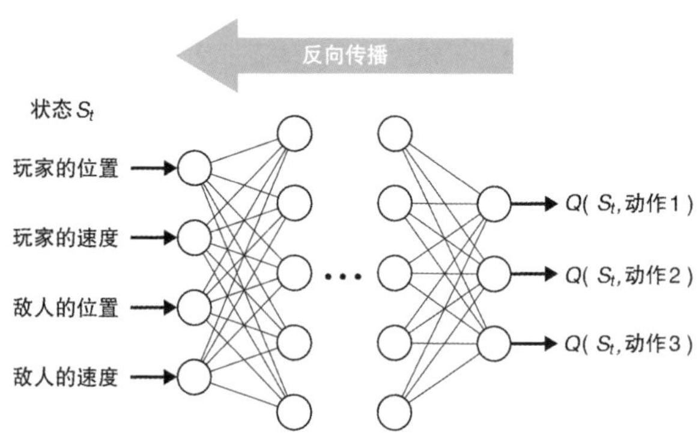

图 8.15　在 DQN 中用于对 Q 值进行求解的神经网络

这个神经网络的输入数据的值表示智能体的状态。例如，对于游戏 AI 的实现，玩家的位置、速度等信息被作为网络的输入数据。而输出层中各个神经元所产生的输出，则表示各个动作所对应的 Q 值。在进行学习时，是通过将各自定义的误差进行传播并计算梯度对参数进行更新，但是要实现成功的学习，还需要加入其他改进。此外，DQN 的神经网络与 CNN 类似，同样也使用了卷积层和全连接层等网络层结构。

8.5　GPU 的使用

GPU（Graphics Processing Unit）原本是专门用于实现高速化图像显示的处理器，但同样也可以通过发挥其强大的运算能力，实现高速化的深度学习计算。

8.5.1 什么是 GPU

GPU 和 CPU（Central Processing Unit）是经常被大家用来比较的对象。GPU 原先是专门设计用于实现图像绘制的处理器，而 CPU 则是用于负责对计算机整体控制的处理器。

GPU 与 CPU 的一个不同点是它们的核心的数量。核心是实际进行运算的部件，核心数量越多意味着能同时处理的任务也越多。CPU 的核心数量通常是 2~8 个，而 GPU 的核心数量通常则有数千个之多。如果仅从核心数量上看，GPU 拥有更强大的运算能力，除此之外，CPU 和 GPU 之间还存在很大的差别。

GPU 类似于通常所说的“人海战术”。虽然 GPU 只能完成非常简单的处理，但是允许大量的任务被同时执行，因此对于解决特定的任务而言，GPU 可以非常高效地完成处理。例如，图像的绘制，通过将画面划分成多个部分，并同时分配给多个 GPU 核心进行同时处理的方式，就是一种非常高效的实现方法。

与其相对的，CPU 则可以说是属于“少数精锐”，是负责掌管整个计算的通用部件。操作系统、应用程序、内存、外部存储器、外部接口等，各种各样的处理都需要通过 CPU 依次完成。因此，CPU 需要解决的任务不像 GPU 那样单纯，无法做到依靠大量的核心来同时执行。原则上，CPU 是高速地按顺序执行所有的任务的。

将 GPU 应用于图像处理以外的技术也被称为 GPGPU（General Purpose Graphics Processing Unit）技术。GPU 的特点是对连续访问内存且不包含条件分支计算的运算能力十分强大。因此，对于满足此类条件的运算，GPU 可以对其实现高速化的并行处理。由于在深度学习中需要执行大量的矩阵运算，因此 GPGPU 能充分发挥其性能。

8.5.2 深度学习中 GPU 的运用

在深度学习中，权重的数量经常达到数千个、数万个，有时甚至会有超过上亿个的权重需要处理。要在有限的时间内完成对庞大数量的参数进行最优化处理，就需要能够充分发挥 GPU 的作用。通过使用 GPU 进行并行处理，可以达到超过 CPU 速度 10 倍以上的学习速度。

虽然有很多厂商都在销售 GPU，但是用于深度计算，通常都会选择使用 NVIDIA 公司的产品。这是因为，很多的深度学习专用软件库都依赖于 NVIDIA 公司开发的软件 CUDA 和 cuDNN。CUDA 是针对 GPGPU 专用的综合开发环境，cuDNN 是在 CUDA 上运行的深度学习专用的软件库。

深度学习的程序代码中，使用了大量包含 for 语句等循环语句的矩阵运算。其理由之一就是 GPU 特别适合进行矩阵的运算。在第 7 章中所介绍的 im2col，可以将必要的计算集中在一个矩阵中实现，因此对于深度学习来说是非常适合的算法。

8.6 深度学习的专用框架

在本书中，在未使用任何框架的情况下实现对 CNN 模型的编程，但是如果使用深度学习专用的框架来实现则会更简单。如果使用下面介绍的框架，对于本章中所介绍的 RNN、LSTM、GAN 等模型也可以轻松地实现。

在本节中，将对深度学习应用中可以使用的众多框架中最具代表性的几个框架进行简要的介绍。

1. TensorFlow

TensorFlow 是谷歌公司在其产品的开发中使用的框架，也是目前用户数量最多的一个框架，其首次公开是在 2015 年。这个框架最早并不是专门针对深度学习应用的，而是一个用于计算张量的软件库。因此，除了深度学习应用之外，也可以应用于各种计算，在用于深度学习时还可以对其进行非常细致的设置。由于这个框架是使用 C++ 语言编写的，因此其运行速度非常快。

2. Keras

Keras 是使用 Python 编写的、在 TensorFlow 和 Theano 等框架上运行的一种框架，最早公开是在 2015 年。这个框架的特点是，可以通过简单地对神经层进行叠加来快速地实现深度学习，因此可用于各种实验中的快速开发。其优点是学习成本非常低，同时又保持了很高的灵活性。Keras 对 TensorFlow 和 Theano 等框架进行了完美的封装，使用时几乎感觉不到这些底层框架的存在。

3. Chainer

Chainer 框架是使用 Python 语言编写的，对习惯 Python 开发的人来说是一个使用非常方便的框架，最早公开是在 2015 年。使用这个框架，可以对 CNN、RNN 等各种神经网络进行非常灵活且直观的构建。虽然整个框架是使用 Python 语言编写的，但是计算部分是利用 NumPy 的矩阵运算来进行的，所以整体运行速度也是很快的。由于 Chainer 采用 Define-by-Run 的方式对数据进行传递，允许对数据的流程进行更改，因此可以用于构建动态的神经网络。

这个框架是由日本的 Preferred Networks 公司主导开发的。

4. Caffe

Caffe 是以加利福尼亚大学的研究中心 BVLC 为核心开发的深度学习框架，使用 C++ 编程实现，因此可以实现高速化运行。这个框架的特点是擅长进行图像识别，很多实现了高精度结果的论文都是使用 Caffe 进行验证的。此外，其开发社区非常活跃也是这个框架的一大特色。

5. PyTorch

PyTorch 是由 Facebook 公司主导开发的一个框架，最早公开是在 2016 年，整个框架是基于 Torch 软件库和 Chainer 框架开发的。由于使用这个框架编写的代码非常简洁，且可以快速地实现模型，在机器学习研究人员中非常受欢迎。与 Chainer 类似，这个框架也采用了 Define-by-Run 的执行方式。

6. CNTK

CNTK 是由微软公司主导开发的一个框架，最早公开是在 2016 年，通过对简单的组成部件搭配，实现各种神经网络的构建是这个框架的设计宗旨。此外，这个框架的一大优点是，支持同时使用多台主机的 GPU 进行计算，可以大幅缩短网络的运算时间。

这里介绍的都是一些非常著名的框架，还有其他很多由各个公司和团体持续开发的框架也同样可以用于深度学习。深度学习的专用框架绝大部分都是开源的。如果有一定的 Python 编程和数学基础，可以通过阅读这些框架的代码对深度学习的原理进行理解，感兴趣的读者如果能仔细阅读这些代码，相信一定会有很大的收获。

8.7 深度学习技术的未来

深度学习技术正在以不同的形式持续发展，在医疗、物流、金融、交通、艺术等不同的应用领域都有其用武之地。智能是为人类社会带来极大繁荣的普适性极高的一种能力，如果能以人工的方式对这种能力进行模仿，那么这种技术在更为广阔领域中的运用是非常令人期待的。

从这个层面上讲，包括深度学习在内的人工智能技术的终极目的，就是对生物智能的复制，甚至超越。由于人类对大脑运行机制的理解几乎还是一片空白，未来的道路还很漫长，不过即便如此，类似 CNN 这类的深度强化学习网络已经开始表现出超越人类智力的能力了。此外，RNN 模型还能够像大脑那样对时间序列的数据进行处理，强化学习在某种意义上来讲，也为探索实现类似人类情感的最佳解决方案提供了线索。GAN 和 VAE 等生成式模型还赋予了计算机进行自我创造的能力。如果能将这些技术充分结合，相信在不久的将来一定可以实现接近人类智力的人工智能。

深度学习是人工智能领域中最为前沿的研究分支，但是无论多么先进的技术最终都逃不过被更为先进的技术所替代的命运。相信今后还会陆续出现目前无法想象的技术。

小　结

本章我们对深度学习的关联技术、循环神经网络、自然语言处理、生成式模型、强化学习等知识进行了介绍。此外，还对如何利用 GPU 和框架实现深度学习进行了简要的讲解。

正是由于这些技术的不断发展，才使得我们运用深度学习技术进行复杂的数据处理成为可能。然而，在深度学习的研究领域中，还有很多未知的部分有待探索，相信今后还会有更多引人注目的研究陆续问世。

后　记

非常感谢将本书《写给新手的深度学习》一直读到结尾的读者。相信完成本书学习的读者，应该在一定程度上对 Python 和以数学知识为基础的深度学习技术的原理有所理解，甚至还能在一定程度上自己动手编写深度学习的程序了。

我们生活在一个非常有趣的时代。复杂的事物又会创造出更为复杂的事物，各种新兴技术正在以指数函数的形式在日新月异的进步当中。可以毫不夸张地说，深度学习技术正是这个时代中的象征性的技术。深度学习技术不仅仅是一种能帮助我们解决问题的技能，还是一种同时面向现代和未来的具有重大意义的学问。

为了尽可能使更多的读者受益于深度学习，笔者在编写本书时，力图做到尽量细致地对这项技术的本质进行详细的讲解。尽管如此，肯定还是会存在很多不足之处，欢迎广大读者以任何形式将您的宝贵意见反馈给我，以帮助我在今后的工作中做到更好。

最后，我想在此对很多支持我编写本书的朋友表示衷心的感谢。

SB Creative 的总编平山先生不仅为我提供了执笔本书的机会，还在编写过程中给予了极大的帮助和鼓励。在此，我再次表示深深的谢意。

我在在线教育平台 Udemy 上的课程开发和运用经验是我能够编写本书的基础。在此，我想对那些一直支持我的讲座的 Udemy 员工表示感谢。此外，还有很多学员为我提供了很多的意见反馈，这对我编写本书的帮助很大，在此我要感谢那些参加我的讲座的学员们。

此外，还有每天支持我工作的家人和朋友们，借此机会我也想对你们说声谢谢。

如果本书的内容能为各位读者今后的工作和生活带来任何形式的帮助，作为作者，我将会非常高兴。

我妻幸长

参考文献

[1] Yuval Noah Harari: Sapiens: A Brief History of Humankind: 2015

[2] Alan Mathieson Turing: Computing Machinery and Intelligence: Computing Machinery and Intelligence. Mind 49: 433–460. (1950)

[3] Ray Kurzweil: The Singularity Is Near: When Humans Transcend Biology: 2005

[4] Ian Goodfellow, Yoshua Bengio, Aaron Courville: Deep Learning: http://www.deeplearningbook.org

[5] Donald Olding Hebb: The Organization of Behavior: A Neuropsychological Theory New York, Wiley & Sons: 1949

[6] Bernard Widrow und Marcian Edward Hoff: Adaptive switching circuits. IRE WESCON Convention Record, vol. 4, Los Angeles 1960, S. 96 – 104

[7] T V Bliss, A R Gardner–Medwin: Long–lasting potentiation of synaptic transmission in the dentate area of the anaesthetized rabbit following stimulation of the perforant path. J. Physiol. (Lond.): 1973, 232(2);331–356

[8] Alexis Bédé carrats, Shanping Chen, Kaycey Pearce, Diancai Cai and David L. Glanzman: RNA from Trained Aplysia Can Induce an Epigenetic Engram for Long–Term Sensitization in Untrained Aplysia: eNeuro 14 May 2018, ENEURO.0038–18.2018

[9] Kyogo Kobayashi, Shunji Nakano, MutsukiAmano, Daisuke Tsuboi, Tomoki Nishioka, Shingo Ikeda, Genta Yokoyama, Kozo Kaibuchi, Ikue Mori: Single–Cell Memory Regulates a Neural Circuit for Sensory Behavior: Cell Reports·14·11–21·2016

[10] Shunichi Amari: Theory of adaptive pattern classifiers: IEEE Transactions Volume: EC–16, Issue: 3, 299 – 307 June 1967

[11] John Duchi, Elad Hazan, Yoram Singer: Adaptive Subgradient Methods for Online Learning and Stochastic Optimization: Journal of Machine Learning Research 12 (2011) 2121–2159

[12] Diederik P. Kingma, Jimmy Ba: Adam: A Method for Stochastic Optimization: Proceedings of the 3rd International Conference on Learning Representations (ICLR): 2014

[13] Srebro N., Shraibman A. (2005) Rank, Trace-Norm and Max-Norm. In: Auer P., Meir R. (eds) Learning Theory. COLT 2005. Lecture Notes in Computer Science, vol 3559. Springer, Berlin, Heidelberg

[14] 斎藤 康毅 . ゼロから作る Deep Learning Python で学ぶディープラーニングの理論と実装 . 2016: O'Relly 日本

[15] Nitish Srivastava, Geoffrey Hinton, Alex Krizhevsky, Ilya Sutskever, Ruslan Salakhutdinov: Dropout: A Simple Way to Prevent Neural Networks from Overfitting: Journal of Machine Learning Research 15 (2014) 1929–1958

[16] Ronald Aylmer Fisher (1936). "The use of multiple measurements in taxonomic problems". Annals of Eugenics. 7 (2): 179 - 188.

[17] Timotheus Budisantoso, Ko Matsui, Naomi Kamasawa, Yugo Fukazawa,Ryuichi Shigemoto: Mechanisms underlying signal filtering at a multi-synapse contact: J Neurosci. 2012 Feb 15;32(7):2357–2376.

[18] Kunihiko Fukushima: Neocognitron: A self-organizing neural network model for a mechanism of pattern recognition unaffected by shift in position: K. Biol. Cybernetics (1980) 36: 193.

[19] Yann Lecun, Leon Bottou, Yoshua Bengio, Patrick Haffner: Gradient-based learning applied to document recognition: Proceedings of the IEEE (Volume: 86, Issue: 11, Nov 1998)

[20] Kyunghyun Cho, Bart van Merrienboer, Caglar Gulcehre, Dzmitry Bahdanau, Fethi Bougares, Holger Schwenk, Yoshua Bengio: Learning Phrase Representations using RNN Encoder-Decoder for Statistical Machine Translation: arXiv:1406.1078 [cs.CL]: 2014

[21] Ian J. Goodfellow, Jean Pouget-Abadie, Mehdi Mirza, Bing Xu, David Warde-Farley, Sherjil Ozair, Aaron Courville, Yoshua Bengio: Generative Adversarial Networks: arXiv:1406.2661 [stat.ML]: 2014

[22] Alec Radford, Luke Metz, Soumith Chintala: Unsupervised Representation Learning with Deep Convolutional Generative Adversarial Networks: arXiv:1511.06434 [cs.LG]: 2015

[23] Diederik P Kingma, Max Welling: Auto-Encoding Variational Bayes: arXiv:1312.6114 [stat. ML]: 2013

[24] Wolfram Schultz, Peter Dayan, P. Read Montague: A Neural Substrate of Prediction and Reward, Science, 275, 1593–1599, 1997